BIAD 建筑设计标准丛书

建筑专业技术措施

2023 年版

北京市建筑设计研究院有限公司　编著

中国建筑工业出版社

图书在版编目（CIP）数据

建筑专业技术措施：2023 年版 / 北京市建筑设计研究院有限公司编著. — 北京：中国建筑工业出版社，2023.11（2024.6重印）

（BIAD 建筑设计标准丛书）

ISBN 978-7-112-29454-1

Ⅰ. ①建… Ⅱ. ①北… Ⅲ. ①建筑工程－工程技术－技术措施 Ⅳ. ①TU

中国国家版本馆 CIP 数据核字（2023）第 244802 号

责任编辑：刘瑞霞　梁瀛元
责任校对：张惠雯

BIAD 建筑设计标准丛书
建筑专业技术措施
2023 年版
北京市建筑设计研究院有限公司　编著

*

中国建筑工业出版社出版、发行(北京海淀三里河路 9 号)
各地新华书店、建筑书店经销
北京红光制版公司制版
北京同文印刷有限责任公司印刷

*

开本：787 毫米×1092 毫米　1/16　印张：17¼　字数：373 千字
2024 年 2 月第一版　　2024 年 6 月第二次印刷
定价：**88.00** 元
ISBN 978-7-112-29454-1
（41772）

"**BIAD**建筑设计标准丛书"编委会

主 任：邵韦平

委 员：徐全胜 张 宇 郑 实 叶依谦 柳 澎 奚 悦
　　　　束伟农 徐宏庆 孙成群

《建筑专业技术措施》（2023年版）编审名单

主 编：邵韦平 柳 澎 奚 悦

副主编：王 哲 冯 晔

章节负责人：

第1章	总则	奚 悦
第2章	规划控制与场地设计	柳 澎 杜立军
第3章	建筑基本规定	柳 澎 方志萍
第4章	地下工程	王 哲
第5章	外围护工程	柳 澎 陈 颖
第6章	室内工程	奚 悦
第7章	交通系统	奚 悦 冯 晔
第8章	服务空间	林爱华
第9章	专项与专题	焦 舰 包延慧
	附录	冯 晔

主审人：郑 实

审查人：陈淑慧 刘 杰 毕晓红

参编人：（以姓氏笔画为序）

王 祎 毛文清 田 东 田 晶 白 鸽 冯亚松 朱 江
任 烨 刘 畅 刘 健 刘 嵘 刘海平 祁艳梅 许 蕾

3

孙　蕾　李　淦　李小滴　杨晓超（科技质量中心）

杨晓超（体育建筑与产业发展研究院）吴　懿　吴越飞　何淼淼

张　茉　张广群　陈　华　陈昱夫　陈震宇　武舒韵　林爱华

和　静　郑　康　孟　妍　赵　天　钟　京　段昌莉　贺克瑾

高禄沛　康晓力　韩梅梅　焦博洋　解立婕　蔡　明　薛　军

编 写 说 明

　　《建筑专业技术措施》（2023 年版）是北京市建筑设计研究院有限公司（以下简称北京建院）编制的用以指导建筑工程设计的企业标准，是《建筑专业技术措施》（2006 年版）的升级版。编制目的是促使设计人员执行工程建设技术标准、规范及规定，提高建筑工程设计质量和设计效率。

　　本技术措施对国家、行业及北京市颁布的规范、标准规定的要点进行了提示和汇总，对民用建筑设计中的常见技术问题提出解决方案，列出参考做法或数据，包含部分新方法、新技术、新工艺、新材料，随正文配置说明，对正文未展开或不易理解的内容进行必要的解释和说明。附录提供了现行常用标准、图集、规定等文件目录，便于设计人员学习、查找和判定相关技术依据。

　　编制内容包括：总则；规划控制与场地设计；建筑基本规定；地下工程；外围护工程；室内工程；交通系统；服务空间；专项与专题。

　　《建筑专业技术措施》作为设计依据的补充文件，自 20 世纪 80 年代起在北京建院内应用以来，收到良好效果。随着行业技术发展，本技术措施不断完善更新，1999年、2006 年两次改版均得到行业内的广泛好评。本版扩大了编写范围，内容更加全面，系统更加完善，信息更加翔实，体现以下三个特征：

　　1. 体现协同设计方法下的系统性

　　随着协同设计方法的推广和应用，本版内容体现出明显的系统化特征，目录结构得到补充和完善，系统概念和层级关系更加清晰。通过建立相对完整的建筑技术体系，引导设计人员将系统化的思维方式和工作方法运用到工程实践中。

　　2. 体现建筑师负责制背景下的拓展性

　　随着建筑师负责制和全过程工程咨询等服务模式的推广，建筑师的职责在传统建筑设计板块基础上向前和向后延伸，包括前期的城市设计和后期的施工建造、运营维护等方面。引导建筑师关注城市设计与单体建筑的关系，关注设计理念与技术实现的衔接，关注整体品质和部品部件的性能、材料、构造的关系，进一步加强建筑师的全过程技术控制能力。

　　3. 体现对规范、标准的解读与应用

　　在上一版《建筑专业技术措施》的基础上，根据国家、住房和城乡建设部及北京市最新颁布的规范、标准、规定等，对相关内容进行更新。除易被忽略或为了对应描述技术措施而需要引用的规范条文之外，规范中已有明确规定的内容不再重复摘录。为便于设计人员全面掌握相关技术信息，部分章节采取图表等更直观的形式对不同规范所涉及的同类问题进行汇总、比较和分析。

本技术措施主要为规定性条文。部分章节涉及新方法、新技术、新工艺、新材料时，在【说明】中提供知识类信息。为便于在执行本技术措施条文时区别对待，对要求严格程度不同的用词说明如下：

1) 表示很严格，非这样做不可的：

正面词采用"必须"，反面词采用"严禁"；

2) 表示严格，在正常情况下均应这样做的：

正面词采用"应"，反面词采用"不应"或"不得"；

3) 表示允许稍有选择，在条件许可时首先应这样做的：

正面词采用"宜"，反面词采用"不宜"；

4) 表示有选择，在一定条件下可以这样做的，采用"可"。

《建筑专业技术措施》（2023年版）在设计执行中，如涉及技术标准内容，应以国家、行业、各地区有关规范、标准、规定现行版本要求为准。本技术措施引用的标准版本以2022年12月31日前正式实施的为准。

本技术措施由北京建院科技质量中心组织，由具有丰富实践经验的设计和技术管理人员共同编写。对本技术措施可能存在的问题，敬请使用者提出意见和建议，以便今后持续改进。

《建筑专业技术措施》（2023年版）由北京建院科技质量中心负责解释。

目 录

1 总 则

1.0.1 本技术措施是对于国家标准、行业标准、北京市地方标准及有关规定的要点提示及补充，总结了以北京地区为主的设计实践经验，对民用建筑设计中的共性问题和常见问题提出统一技术要求。

1.0.2 本技术措施适用于北京地区民用建筑工程设计，外埠工程可参照使用，并应符合当地条件及当地规定。

1.0.3 国家标准、行业标准系最低要求。当地方标准严于或高于国家标准、行业标准时，应按地方标准执行；当本技术措施严于或高于国家标准、行业标准、地方标准时，应按本技术措施执行。

2 规划控制与场地设计

2.1 规划控制

2.1.1 规划控制指城市规划对建设项目的控制性规定，包括对规划布局的限定条件与要求。一般规定见《民用建筑通用规范》GB 55031—2022 第 4 章、《民用建筑设计统一标准》GB 50352—2019 第 4 章。

2.1.2 规划控制要求包括建设用地性质、容积率、建筑高度、建筑密度、绿地率等指标要求，基础设施和公共服务设施配建要求，以及红、绿、蓝、紫、黑、橙、黄"七线"控制要求。主要规划控制线定义见表 2.1.2。

表 2.1.2　主要规划控制线定义

道路红线	规划的城市道路（含居住区级道路）用地边界线
用地红线	各类建筑工程项目建设时，经规划及相关部门批准的法定用地界线
建筑控制线	建筑物基底退后建设用地红线、道路红线、绿线、蓝线、紫线、黄线、黑线、橙线一定距离后的建筑基底位置不能超过的界线
城市绿线	城市各类绿地范围的控制线，绿线控制范围内的用地不得进行建筑设计，不得改作其他用途
城市蓝线	城市规划确定的江、河、湖、库、渠和湿地等城市地表水体保护和控制的地域界线
城市紫线	国家历史文化名城内的历史文化街区和省、市、自治区、直辖市人民政府公布的历史文化街区的保护范围界线，以及历史文化街区外经县级以上人民政府公布保护的历史建筑的保护范围界线
城市黄线	对城市发展全局有影响的、城市规划中确定的、必须控制的城市基础设施用地的控制界线
城市黑线	规划用于界定市政公用设施用地范围的控制线。控制各类市政公用设施、地面输送管廊的用地范围，以保证各类设施的正常运行
城市橙线	为了降低城市中重大危险设施的风险水平，对其周边区域的土地利用和建设活动进行引导或限制的安全防护范围的界线。 划定对象包括核电站、油气及其他化学危险品仓储区、超高压管道、化工园区及其他须进行重点安全防护的重大危险设施

2.1.3 城市设计可作为修建性详细规划的重要组成部分，是建筑设计的重要依据。城市设计中重点建筑设计要素见表 2.1.3。

表 2.1.3　重点建筑设计要素表

要素	释义	示例
建筑退线与贴线	规定了建筑物相对于规划地块边界的后退距离与后退方式，是对地块中建筑物可建造边界范围的控制。 建筑退线是指要求部分或全体建筑及其附属设施的外立面水平退离地块边线或城市中各种控制线进行建造的三维控制线。 建筑贴线在建筑退线的基础上，通过贴线率控制，要求建筑外立面在一定高度内按照相应的百分比紧贴退线建造	贴线率指建筑物贴建筑控制线的界面长度与建筑控制线长度的比值。 为形成连续的公共空间，通过建筑退线和贴线率控制建筑布局
建筑功能细化	指在控制性详细规划所确定的地块用地性质的指导下，针对公共空间、公共活动关系密切的地块或建筑物提出要求，包括对建筑内部进行细化控制和引导	考虑对街道空间的影响，在行人可感知的范围内尽量设置公共功能，有利于街道环境的营造。 功能细化有利于形成具有活力的街道空间
建筑高度细化	指在城市设计原则的指导下，主要对建筑物面向公共空间部分的建筑高度进行细化控制	可采用高宽比控制沿城市道路两侧建筑物的高度
高点建筑布局	指对地块中的建筑高点布局进行控制	高点建筑可有效地形成空间特色，提升地区识别性，加强场所认知感
沿街建筑底层	建筑底层是指与街道有密切联系、交互活动丰富的建筑空间，一般除首层外可包括二层、半地下层和地下一层	应避免连续内向、封闭的墙面，结合建筑功能和街区特色，通过控制出入口数量、位置和形式，增加底层的通透性和可进入性
地下空间	地下空间是指地表以下的空间	应加强地下空间一体化设计，注重地下空间出入口、垂直交通、下沉广场和中庭等空间节点的人性化设计，改善地下空间的自然环境，提升空间品质
建筑出入口	是连接建筑内部和外部的空间节点。 城市设计重点关注的是建筑沿街面出入口的设计控制，包括一定范围内与出入口相连通的城市空间	重要地段沿街建筑应控制出入口的数量、位置和形式，可结合公共服务设施一体化设计主要出入口空间
建筑衔接	指建筑物之间的连接空间，包括空中、地面和地下等多个层面	应采用连接通道，不应使用过大的体量，避免影响主体建筑群的形态特征。 应考虑对公共空间的视觉影响，应有利于形成相互对视，促进活动发生
建筑体量	指建筑体积，在视觉上对城市空间尺度产生影响	沿街设置小体量建筑，使大体量建筑位于地块内部，塑造舒适宜人的街道景观。 历史肌理保护较好的地区，新建建筑应通过体量细分，与周边环境相协调
建筑立面	指在建筑设计过程中对于立面形式的处理。 城市设计导则中对建筑毗邻街道、广场等公共空间一侧的立面提出控制要求	在历史文化保护区、重要历史建筑周边的新建建筑，其形式和尺度应与周边建筑相协调，包括相似的檐口、腰线高度、窗墙比例和细部处理等。 公共空间周边的建筑物，宜设置阳台、露台等休闲空间，可与公共活动产生互动

要素	释义	示例
建筑色彩	指由建筑材料和光线共同形成的色彩感受。建筑色彩包括主体色、强调色和点缀色	超过100m的连续界面应进行色彩区别性控制
建筑材质	指对建筑临城市公共空间和街道的立面材质的管控要求	通过建筑材料的使用突出标志性建筑。对建筑材料的控制有利于形成独特的肌理，塑造富有特色的城市空间
建筑屋顶形式	指建筑屋顶的外部形象，通常包括平屋顶和坡屋顶两种类型	应考虑当地太阳高度、风速、风向等自然因素，有利于形成舒适的街道环境

2.1.4 民用建筑设计应符合上位规划对项目所在区域的功能定位，符合城市总体规划、区域规划或修建性详细规划的控制指标和指导意见，尊重历史和文化，注重建筑与自然山水环境的融合与协调，落实总体规划提出的城市风貌要求。

2.1.5 民用建筑规划用地一般包括建设用地和代征用地。代征用地包括代征道路用地和代征绿化用地。涉及相关内容时，应在总平面图和技术经济指标表中准确表达。

2.1.6 应核定建设用地地貌、气象、水文、地质等基础资料，并按规划要求退让河湖隔离带、铁路隔离带、高压线走廊隔离带等，制定相应的场地安全防护措施。

2.1.7 北京市城市道路两侧和交叉路口周围新建建筑工程与城市道路（即规划道路红线）之间的距离要求见表 2.1.7。

表 2.1.7 建筑工程与城市道路之间最小距离

城市道路宽度		建筑工程与城市道路之间的距离
立体交叉	150m 以上	≥30m
	150m 以下（含150m）	≥15m
平交路口周围30m 范围内		10～20m
城市道路两侧（即非交叉路口路段）		应满足规划要求，如无具体要求，可参照执行《北京地区建设工程规划设计通则》

注：本表根据北京市人民政府发布的《关于在城市道路两侧和交叉路口周围新建、改建建筑工程的若干规定》京政发〔1987〕33 号编制，改建项目的具体要求详见该文件。

2.2 建 筑 布 局

2.2.1 场地设计包括建筑布局、道路与停车场、竖向、绿化、室外管线、雨水控制与利用等。场地设计应综合考虑规划条件、地形地貌、周边市政道路、管线、环境等因素，统筹协调并将各系统有机融合，满足使用功能的同时符合规划、交通、园林、消防、人防、环保等规定。场地设计应符合《民用建筑设计统一标准》GB 50352—2019 第 5 章的规定。

2.2.2 应按照国家、地方统一制定的标准坐标系，标定建（构）筑物的定位及其相对位置关系。常用坐标系有大地坐标系、北京 2000 坐标系、西安 1980 坐标系、上海平面坐标系、重庆市独立坐标系、天津市任意直角坐标系、宁波市独立坐标系等。部分项目可采用专用坐标系，如机场项目使用 P、H 相对坐标系。

【说明】大地坐标系是目前民用建筑工程常用定位坐标系统，其 X 轴方向为南北向并指向北，其值为纵坐标；Y 轴为东西向并指向东，其值为横坐标。

2.2.3 建筑布局原则

1. 应合理布局，集约用地，统筹近期建设和远期发展，避免远期建设影响既有建筑的使用。

2. 建筑布局应有利于自然通风和采光，防止冬季寒冷地区和多沙尘地区风害的侵袭。高层建筑布局应避免形成高压风带和风口。

3. 地形平缓地区，建（构）筑物长轴宜顺等高线或与其稍成小角度布置；复杂地形或较大坡度地段，建（构）筑物应结合地形布置。

4. 荷载大的建（构）筑物宜布置在地质条件较好或挖方地段，填方较多地段宜布置停车场、广场或有地下室的建筑。

5. 有较深地下设施的建（构）筑物宜布置在地下水位较低的地段。

6. 对外有排出气体及气味的建筑应布置在场地主导风向下侧。

7. 供电、供气、供热等设施应靠近主要服务对象或位于负荷中心。

2.2.4 建筑间距

1. 建筑间距应符合防火、日照、采光、通风、卫生、防视线干扰、防噪声、防灾及环保等有关规定。

2. 应根据所在气候分区日照间距系数要求，确定有日照要求的建筑间距，北京地区应同时符合《北京地区建设工程规划设计通则》（2003 年版）的规定。

3. 日照计算参数的设置（以北京地区为例）：

1）日照扫掠角设置为 12°。

2）日照计算应采用真太阳时，时间段可累计，可计入的最小连续日照时间设置为 15min。

3）计算时间间隔不应大于 1min。

4. 居住建筑间距除以日照间距系数控制外，还应满足日照计算。居住建筑日照间距应符合《城市居住区规划设计标准》GB 50180—2018 表 4.0.9 的规定。

5. 每套住宅至少有 1 个居住空间能获得冬季日照，北京地区不应低于大寒日日照时数 2h。

6. 有日照要求的公共建筑应符合各类建筑设计规范的规定：

1）托儿所、幼儿园的主要活动室、寝室及具有相同功能的区域，冬至日底层满窗日照不应小于 3h。

2）中小学建筑中普通教室冬至日满窗日照不应小于 2h，至少有一间科学教室或生物实验室的室内能在冬季获得直射阳光。

3）医院病房楼半数以上的病房，日照标准不应低于冬至日日照时数 2h。

4）老年人居住建筑的卧室、起居室日照标准不应低于冬至日日照时数 2h。

7. 居住建筑底层为商业等非居住建筑时，住宅间距计算可扣除底层高度。

【说明】目前北京地区居住用地的地块面积普遍较小，"小街区、密路网"的规划形式对建筑采光和通风带来一定限制。保障性住房的日照采光测算，出现过酌情降低的情况（非 100％住宅满足日照要求），其余住宅项目均应满足建筑间距和日照计算。

由于《民用建筑设计统一标准》GB 50352—2019 取消了原国家标准《民用建筑设计通则》GB 50325—2005 第 5.1.3 条第 4 款"医院半数以上的病房冬至日不小于 2h 的日照标准"，且《综合医院建筑设计规范》GB 51039—2014 对病房日照时数无要求，因此目前病房的日照标准不明确。当各地管理规定要求病房做日照分析时，日照标准可按 2h 控制。

《城市居住区规划设计标准》GB 50180—2018 第 4.0.9 条第 1 款提出老年人居住建筑的日照要求，但没有规定到房间。老年人居住空间日照标准的具体要求应符合现行行业标准《老年人照料设施建筑设计标准》JGJ 450—2018 的规定。

2.2.5 雨水控制与利用

1. 应与建筑布局、绿地、道路、广场等一体化设计。下凹绿地、透水铺装和雨水调蓄设施的调蓄能力、位置、做法应符合相关规范要求。

2. 计入绿化指标的绿地用地中应有不少于 50％设为下凹式绿地或生物滞留设施等滞蓄雨水的设施。

3. 下凹绿地边缘应低于周边道路、广场标高不小于 50mm，最低点标高应低于周边道路、广场标高 0.1~0.2m。当路面设置立道牙时，应采取道牙上设排水口等措施将雨水引入绿地。下凹绿地面积占总绿地面积比例不应小于 50％，宜选用耐淹、耐旱种类的植物。

4. 广场、停车场、室外活动场、车行道、人行道等区域，当覆土厚度不小于 0.6m 时宜采用透水铺装。透水铺装可采用透水砖、透水混凝土、透水沥青等材料。

5. 自重湿陷性黄土、膨胀土和高含盐土等特殊土壤地质及其他可能造成陡坡坍塌、滑坡灾害的场所不应采用透水铺装。当下沉广场周边采用挡土墙或自然土坡时，不应采用透水铺装。

6. 透水铺装应满足荷载、防滑、耐久性等要求。人行道宜采用透水铺装，轴载 4t 以下的行车区域宜采用半透水铺装。当土壤透水能力有限时，应在透水基层内设置排水管或排水板。透水铺装做法见图 2.2.5。

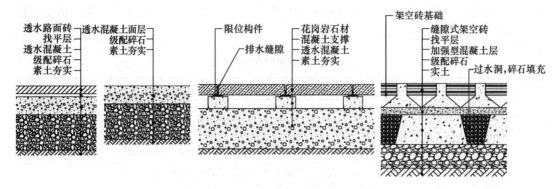

图 2.2.5　透水铺装做法示意

2.3 竖　向

2.3.1　竖向设计是在规划基础上，根据使用需求和自然地形特点，综合考虑防洪、排洪、土石方工程量、造价等因素，因地制宜地对自然地形进行改造和利用，并在此基础上确定场地及建筑出入口标高。

2.3.2　同一项目应采用统一的高程系统。国家标准的水准高程系统包括：56黄海高程、85高程基准、吴淞高程基准、珠江高程基准等。部分地区可采用区域高程系统，如天津地区采用天津大沽高程。

2.3.3　设计原则

1. 场地应与现有和规划的市政道路、管线、绿地等合理衔接。

2. 应充分考虑自然地形的标高、坡度、坡向等因素，因地制宜，减少土石方工程量，保持填挖方平衡（场地面积小且有大面积地下室除外）。

3. 当临近江、河、湖、海时，应考虑汛期最大水位及涨潮等对场地的影响。当临近山体或有山洪流经时，应采取防、排洪措施。

4. 场地出入口、道路、广场标高和坡向应在满足使用要求的前提下，确保场地雨水顺畅排入城市雨水系统，应满足海绵城市以及各地方对雨水控制与利用的相关要求。

5. 人行和车行出入口标高应在满足使用功能的前提下避免雨水倒灌。

6. 应确保建（构）筑物基础和室外管线有适宜的埋设深度，防止冰冻和机械损伤。

2.3.4　场地坡度不宜小于0.2%，可依据不同的自然地形采用平坡式、台阶式或混合式场地。

1. 当自然地形坡度≤5%时，应采用平坡式。

2. 当自然地形坡度≥8%时，应采用台地式，台地高度宜为1.5~3m，台地之间应设挡土墙或护坡。

3. 当自然地形坡度为5%~8%时，可采用混合式。

2.3.5 应结合等高线和地形特点合理利用山地地形，合理设置护坡或挡土墙。山地地形坡度划分及利用见表 2.3.5。

表 2.3.5 山地地形坡度利用

地形类型	坡度（%）	建筑布局
平坡地	<3	建筑可自由布置
缓坡地	3～8	建筑布局不受地形约束，不做分台处理
中坡地	8～25	建筑布局受到限制，可划分成若干台地，并组织好台地之间的联系
陡坡地	25～50	重点关注建筑与场地等高线的关系，组织好建筑内部的竖向联系
急坡地	50～100	应研究场地特点，建筑工程与场地工程（如护坡、排截水沟）一体化设计
悬崖坡地	>100	不适于作建设用地

2.3.6 场地四周设计标高宜高于周边市政道路标高 0.3～0.6m。当地形复杂、自然地形坡度较大的山地项目无法满足要求时，至少应有一面的设计标高高于相邻市政道路标高 0.3～0.6m。

2.3.7 场地设计标高应满足重力流管线覆土厚度不小于 0.8m，冻土深度大于 0.8m 或有特殊要求的场地，覆土厚度不应小于冻土深度或按特殊要求执行。

2.3.8 当场地处在洪散区时，建筑正负零标高及出入口标高均应高于泄洪设计水位 0.5m 以上。

2.3.9 建筑正负零标高宜大于场地设计标高 0.15m，人行出入口处室内外高差宜大于 0.15m。当采用平入口时，室内外高差不应小于 20mm，且应设置与建筑垂直的坡度为 3%～5% 的缓坡，或与建筑平行的横坡为 2%～3% 的道路或广场。出地面附属建筑物（如：窗井、通风竖井等）口部底标高宜高于场地标高 0.5m。

2.3.10 机动车、非机动车库出入口标高应高于连接道路或广场标高 0.15m。

2.3.11 道路、广场及各种活动场地的设计坡度见表 2.3.11，所有道路横坡宜为 1.5%～2%。

表 2.3.11 道路及各种场地设计坡度

名称		适宜坡度（%）	最大坡度（%）	备注
道路	机动车道	0.3～5	8	当坡度为 8% 时，坡长应≤200m。 特殊路段，坡度应≤11%，坡长应≤100m。 积雪或冰冻地区坡度应≤6%，坡长应≤350m
	电瓶车道	0.3～4	6	—
	自行车道	0.3～2.5	3.5	当坡度为 3.5% 时，坡长应≤150m。 在积雪或冰冻地区坡度应≤2%，坡长应≤100m
	三轮车道	0.3～2.5	3	当坡度为 3% 时，坡长应≤200m
	人行道	0.3～6	8	积雪或冰冻地区坡度应≤4%

续表

名称		适宜坡度（%）	最大坡度（%）	备注
场地	一般场地	0.3	8	—
	密实性地面或广场	0.3～3	3	可根据地形和广场的形状、大小，采用单面坡、双面坡或多面坡
	停车场	0.25～0.5	1～2	停车场一般坡度为 0.5%
	消防扑救场地	3	5	—
	儿童游戏场	0.3～2.5	3	—
	运动场	0.2～0.5	1	—
	杂用场地	0.3～3	10	—
	绿地	0.5～10	30	—
	湿陷性黄土地面	0.5～7	8	—

注：1. 本表依据《城乡建设用地竖向规划规范》CJJ 83—2016 第 5.0.1.3 条和《民用建筑设计统一标准》GB 50352—2019 第 5.3.2 条，以及《建筑设计防火规范》GB 50016—2014（2018 年版）第 7.2.2 条编制。

2. 当各技术标准要求或规定不一致时，下限规定应采用高值，上限规定应采用低值。

2.3.12 当地下室顶板上无机动车道、室外管线、排水设施时，板上覆土厚度不宜小于 0.6m 且应满足绿化种植要求。当地下室顶板上设有机动车道、室外管线、排水设施时，顶板应满足机动车荷载、室外管线布置、地面排水等要求，覆土厚度宜为 1.5～3.0m。

2.3.13 场地雨水排放方式包括自然排放、明沟排放和暗管排放。

1. 自然排放适用于场地小、降雨量少且土壤渗水性很强的地区，排水坡度宜为 0.5%～2%，有困难时可为 0.3%～6%，特别困难时不应小于 0.2% 或大于 8%。

2. 当地下室顶板覆土厚度不满足雨水管线埋设要求，或场地仅设有横坡或为岩石地段时，宜采用明沟排雨水，沟底坡度宜为 0.3%～1%。当场地内设置挡土墙时，挡土墙上方和下方宜采用明沟排水。

3. 当场地面积大且地形比较平坦时，宜采用暗管排雨水，坡度宜为 0.4%～1%。

2.4 场地平整与土石方量

2.4.1 设计原则

1. 当上层土层耐压力大于下层土层时，宜避免挖方。当土层越深耐压力越大时，可挖方。

2. 在岩石地段，宜避免或尽量减少挖方。

3. 在土壤受湿后耐压力发生急剧下降的湿陷性黄土地段，应适当加大场地坡度，避免积水。

4. 当地下水位较高时，宜避免或尽量减少挖方，减小地下水对建筑基础的侵蚀和因结构抗浮造成的成本增加。

2.4.2 场地平整一般分为连续式平土和重点式平土，平土标高的计算方法包括断面法、方格网法和最小二乘法。

【说明】连续式平土是在整个建设场地内连续进行平土工作，不保留原自然地面。重点式平土是只对建（构）筑物有关场地进行平土工作，其他场地保留原自然地面。

2.4.3 土石方工程量分一次土石方工程量和二次土石方工程量，计算方法包括网格法、垂直断面法和等高线水平截面法。网格法是土方工程计算的常用方法，垂直断面法主要用于等高线较规则、形状呈带状的场地，等高线水平截面法主要用于面积较大且等高线比较均匀的场地。

【说明】建筑场地平整土方工程量为一次土方工程量，建（构）筑物基础、道路、管线工程余方工程量为二次土方工程量。网格法是在场地竖向设计图的基础上，按 20m 或 40m 间距设置方格网，当场地小、地形复杂需要高准确度时，可采用 5m 或 10m 间距。

2.4.4 在不同类型的土壤中，土石经开挖、回填、压实，其体积会发生变化。土石方量计算须依据土壤可松动系数进行换算，见表 2.4.4。

表 2.4.4　土壤松散系数和压实系数

系数名称	土壤种类	系数（%）
松散系数	非黏性土壤（砂、卵石）	1.5～2.5
	黏性土壤（黏土、粉质黏土、砂质粉土）	3～5
	岩石类土壤	10～15
压实系数	大孔性土壤（机械压实）	10～20

2.4.5 土石方平衡应遵循就近合理平衡的原则，根据规划和建设时序，分工程、分地段利用周围取土和弃土条件。当挖方量过大时，可提高建筑正负零标高或降低地下室高度，当填方量过大时，可降低建筑正负零标高或增加地下室高度。

【说明】土石方平衡是通过土石方计算，令场地内高处需要挖出的土方量和低处需要填进的土方量相等或接近，减少运进或运出的土方量。土方工程量影响工程造价，是场地竖向设计时应重点考虑的因素之一。

2.5　道　　路

2.5.1 场地道路系统应有利于场地的功能分区和建筑布局之间的有机联系，应确保与市政道路的顺畅衔接，满足消防车道及消防扑救场地要求，满足道路排水要求，符合现行国家标准《建筑与小区雨水控制及利用工程技术规范》GB 50400 的规定。北京地区应符合现行地方标准《海绵城市雨水控制与利用工程设计规范》DB11/685 的规定。

2.5.2 场地机动车出入口应符合下列要求:

1. 与大中城市主干道交叉口的距离,自道路红线交叉点起不应小于 70m。

2. 与人行横道线、人行过街天桥、人行地下通道边缘线的距离不应小于 5m。

3. 距地铁出入口、公共交通站台边缘不应小于 15m。

4. 距离公园、学校、幼儿园及残疾人使用建筑的出入口不应小于 20m。

5. 场地道路与市政道路连接段的坡度应符合本书第 2.3.11 条的规定。

6. 场地道路与市政道路接口角度应为 75°~90°且应具有良好的通视条件。

7. 居住区内应有不少于两个机动车出入口,宜设置在两个不同的方向上。

2.5.3 消防车道、消防救援场地的设置应符合现行国家标准《建筑防火通用规范》GB 55037、《建筑设计防火规范》GB 50016 的规定。消防车转弯半径一般不小于 9m,大型消防车转弯半径一般不小于 12m。

【说明】消防车登高操作场地应布置在用地红线内,一般不应借用市政道路。在"小街区、密路网"规划条件下,应积极与主管部门沟通,为市政道路兼作消防车登高操作场地预留条件。北京市消防车荷载最大为 600kN,常用的有 200kN、300kN、400kN。当消防车道或救援场地下方为地下室顶板或埋设重要设备管线时,结构计算应考虑消防车荷载。

2.5.4 居住区内部道路边缘至建(构)筑物的最小距离见表 2.5.4。

表 2.5.4　道路边缘至建(构)筑物最小距离(m)

与建(构)筑物关系	道路级别	城市道路	附属道路
建筑物面向道路	无出入口	3.0	2.0
	有出入口	5.0	2.5
建筑物山墙面向道路		2.0	1.5
围墙面向道路		1.5	1.5

注:本表摘自《城市居住区规划设计标准》GB 50180—2018 第 6.0.5 条。

2.5.5 机动车道宽度与纵坡度见表 2.5.5-1。当采用最大纵坡时,冰冻地区应增加防滑措施。单车道横坡一般为单坡,双车道横坡可根据排水条件采用单坡或双坡。道路横坡度见表 2.5.5-2。

表 2.5.5-1　道路宽度与纵坡度

名称	城市型			郊区型			
	路面宽度 (m)	最小纵坡 (%)	最大纵坡 (%)	路面宽度 (m)	路肩宽度 (m)	最小纵坡 (%)	最大纵坡 (%)
单车道	≥3.0	0.3	8	≥3.5	≥1.0	不限	6
双车道	≥6.0	0.3	8	≥6.0	≥1.0	不限	6

注:1. 本表按小型车、行车速度为 15km/h 计算。货车、大客车等车型可适当增加道路宽度,减小道路坡度。
　　2. 地形平坦,能保证排除场地雨水的情况下,城市型道路最小纵坡可适当降低。
　　3. 物流、体育建筑等特大人流量、车流量的道路宽度,应根据其功能适当加宽。

表 2.5.5-2　道路横坡度

道路面层	横坡度（%）	道路面层	横坡度（%）
水泥混凝土、沥青混凝土	1.0～1.5	半整齐、不整齐路面	2.0～2.5
厂拌碎石、沥青贯入式碎石、整齐石块、花岗岩	1.5～2.5	水泥砖铺装	1.5～2.0

注：1. 在降雨量大的地区宜采用高限，反之宜采用低限。
　　2. 郊区型道路路肩横坡度宜大于路面横坡度 0.5%。

2.5.6　机动车道横断面分为城市型和郊区型，可根据建筑布局、地形复杂程度以及场地排水条件等设置。城市型道路断面见图 2.5.6-1，郊区型道路断面见图 2.5.6-2。

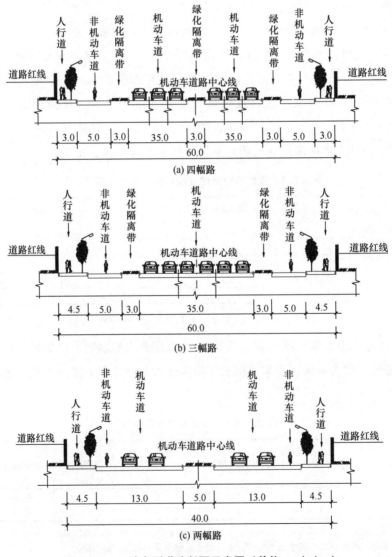

图 2.5.6-1　城市型道路断面示意图（单位：m）（一）

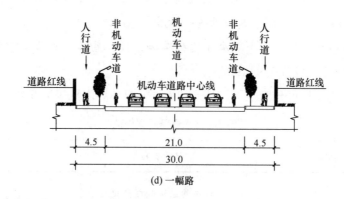

图 2.5.6-1 城市型道路断面示意图（单位：m）（二）

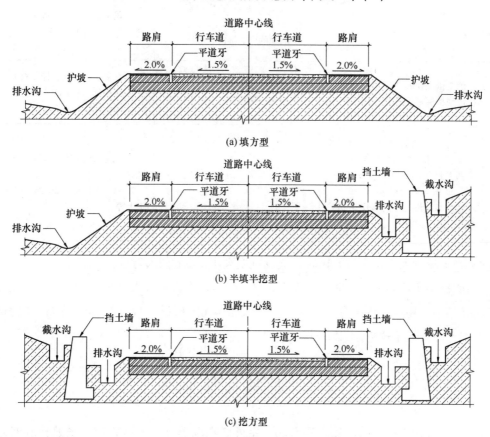

图 2.5.6-2 郊区型道路断面示意图

【说明】当城市道路路幅不同时，可采用不同的机动车道、非机动车道、人行道和绿化隔离带的组合方式。

紧邻郊区型道路的建筑布局和场地竖向设计，应合理控制建筑物与道路之间的距离，除满足道路布置、消防间距、外线设置等要求外，还应充分考虑挡土墙、排水沟等设施，确保场地设计标高与道路标高、排水等相协调。

2.5.7 当尽端道路长度大于35m时，宜设置不小于12m×12m回车场。各类回车场平面参见国标图集20J813《〈民用建筑设计统一标准〉图示》。

【说明】道路转弯半径的大小取决于通行车辆系数、道路级别以及行车设计速度。场地内部道路设计时速一般为5～15km/h。

2.5.8 道路路面构造层可分为垫层、基层和面层，具体要求见表2.5.8。

表2.5.8　道路路面构造

名称	功能	技术要求	材料
面层	直接承受行车荷载、大气降水和温度变化	1. 较高的结构强度和抗变形能力。 2. 较好的水稳定性和温度稳定性。 3. 表面耐磨、抗滑、平整	1. 沥青混凝土、沥青碎石混合料。 2. 花岗岩、石板、水泥砖。 3. 水泥混凝土
基层	承受由面层传来的行车荷载并扩散到垫层和土基中	1. 足够的水稳定性。 2. 较好的平整度	1. 石灰、水泥或沥青混凝土。 2. 石灰及工业废渣。 3. 级配碎石
垫层	1. 改善土基的温度和湿度，保证面层、基层强度和稳定性不受土基水温变化而造成不良影响。 2. 扩散车辆荷载应力，减小土基应力和变形，保持基层结构稳定性	排水、隔水、防冻、防污、扩散荷载	1. 透水类垫层，如砂、石、炉渣等。 2. 稳定类垫层，如水泥或石灰稳定土等

2.5.9 当车流量大于每小时5辆时，应设宽度大于1.5m的人行道。当每小时通行人流少于15人或机动车道为平道牙时，可设1m宽人行道。人行道最大纵坡度为8%，横坡度为1.5%～2.5%。场地人行道应符合现行国家标准《无障碍设计规范》GB 50763、《建筑与市政工程无障碍通用规范》GB 55019的规定。

2.6　广场与停车场

2.6.1 广场包括人员集散广场、停车场、室外活动场等。当人员集散广场兼作临时停车场时应满足停车场设计要求。

2.6.2 广场可根据形状、大小、地形和排水等条件采用单面坡、双面坡或多面坡。广场坡度在平原地区宜为0.3%～1%，在丘陵和山区不应大于3%。可采用挡土墙或台阶等措施，形成阶梯广场。

2.6.3 机动车停车场出入口宽度和间距同停车库出入口，并应符合下列规定：

1. 当车位数小于50时，可设1个出入口，宜为双车道。

2. 当车位数为 50～300 时，应设置 2 个出入口，宜为双车道。

3. 当车位数为 300～500 时，应设置 2 个双向行驶的出入口。

4. 当车位数大于 500 时，应设置 3 个出入口，宜为双车道。

5. 当车位数大于 300 时，停车场出入口间距不应小于 15m。

6. 单向行驶出入口宽度不应小于 4m，双向行驶出入口宽度不应小于 7m。

2.6.4　机动车停车场计算指标以小型汽车为计算当量，可将其他类型车辆按《车库建筑设计规范》JGJ 100—2015 表 4.1.2 换算成当量车型。

2.6.5　停车场内机动车之间的净距应符合《车库建筑设计规范》JGJ 100—2015 表 4.1.5 的规定。

2.6.6　当机动车车库出入口与连接道路斜交时，缓冲段设置同平行时的要求。

2.6.7　当机动车车库出入口直接连接基地外城市道路时，应设不小于 7.5m 的缓坡段，距出入口 2m 处视点 120°范围内不应有遮挡视线的障碍物，详见图 2.6.7。

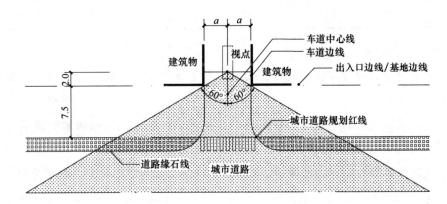

图 2.6.7　机动车出入口视线要求

注：1. 本图表示单车道机动车库出入口与基地外城市道路垂直的情况。

2. a 为视点距出入口两侧的距离。

【标准摘录】《民用建筑通用规范》GB 55031—2022 第 4.3.3 条：建筑基地内机动车车库出入口与连接道路间应设置缓冲段。

【说明】《民用建筑设计统一标准》GB 50352—2019 第 5.2.4 条对缓冲段的要求为"宜"，《民用建筑通用规范》GB 55031—2022 提高了整体要求。机动车库出入口与基地内道路和基地外的城市道路的连接见 20J813《〈民用建筑设计统一标准〉图示》第 5.2.4 条。

2.6.8　非机动车停车场

1. 车辆应分区停放，每组停车区长度不宜大于 20m。

2. 宜设不少于两处宽度为 2.5～3.5m 的出入口，出入口坡度不宜大于 4%。

3. 自行车单位停车面积、停车带和通道宽度规定见表 8.1.4，非机动车道纵坡坡度与坡长见表 2.6.8-2。

表 2.6.8-1 自行车单位停车面积

停放方式		单位停车面积（m²/辆）			
		单排一侧停车	单排两侧停车	双排一侧停车	双排两侧停车
垂直式		2.10	1.98	1.86	1.74
斜列式	30°	2.20	2.00	2.00	1.80
	45°	1.84	1.70	1.65	1.51
	60°	1.85	1.73	1.67	1.55

表 2.6.8-2 非机动车车行道坡度与坡长

坡度	推荐坡长（m）	限制坡长（m）	最大坡长（m）
2%	200	400	—
2.5%	150	300	—
3%	120	240	—
3.5%	100	200	—
5%	80	100	200
7%	50	60	120
9%	20	30	60

2.6.9 室外活动场地

1. 运动、健身、游戏等场地应符合安全、卫生等要求，宜结合绿化用地布置，且应避免干扰周边环境。

2. 儿童、老年人活动场地应设置在日照充足区域，老年人活动场地的适老化要求见本书表 9.2.4。

3. 运动场地界限外围宜满足缓冲距离、上空净高、通行宽度及安全防护等要求。

【说明】室外运动场地尺寸参照国标图集 08J933-1《体育场地与设施》（一）、13J933-2《体育场地与设施》（二）、《城市社区足球场地设施建设试点示范图集》等。

2.7 室 外 管 线

2.7.1 室外管线尽可能避开土质疏松区、地震断裂带、沉陷区及地下水位较高等不利区域。管线距离建筑物由近及远宜为电力电缆管线、污水管线、废水管线、雨水管线、给水管线、热力管线（沟）、电信管线、燃气管线。

2.7.2 室外管线综合避让原则：

1. 管径小的管线避让管径大的管线；

2. 有压管线避让无压管线；

3. 新设计的管线避让现状管线；

4. 可弯曲的管线避让难弯曲的管线；

5. 临时管线避让永久管线；

6. 施工工程量小的管线避让工程量大的管线。

2.7.3 室外管线之间及其与建（构）筑物之间的最小水平净距见表 2.7.3-1 及表 2.7.3-2，且应符合下列规定：

1. 热力管线与直埋电缆的净距不应小于 2m，当小于 2m 时，应在接近电缆的全段热力管范围敷设隔热层。

2. 电缆管线与其他管线的净距不应小于 0.5m，当小于 0.5m 时，全段电缆应敷设在电缆管块内。不应在电力电缆上方或下方埋设其他管线，交叉时除外。

3. 下列管线不应敷设在同一管沟中：

1）热力管与易燃液体管；

2）给水管、排水管与电力电缆、通信光缆；

3）给水管与易燃液体管；

4）电力电缆与易燃、可燃液体管；

5）当无排风设施时，天然气管线与给水管、排水管、热力管、通信光缆。

4. 室外消火栓不得布置在道路的行车部分以及消防登高场地内，离道路边缘不应大于 2m，离建筑物外墙不宜小于 5m。

5. 热力管沟内可敷设压缩空气管、给水管（冷却水管除外）。

6. 当电力电缆与发电机房室外输油管距离小于 2m 时，应敷设在电力电缆管块内。

表 2.7.3-1 地下工程管线之间最小水平净距（m）

| | | 给水管 | | 污水管 | 雨水管 | 燃气 | | | 热力管 | | 氧气管 | 电力电缆 | 弱电电缆 |
		D>200mm	D≤200mm			低压	中压B	中压A	直埋	管沟			
给水管	D>200mm	1.00	1.00	3.00	3.00	0.50	0.50	0.50	1.50	—	1.50	0.50	0.50
	D≤200mm	1.00	1.00	1.50	1.50	0.50	0.50	0.50	1.50	—	1.50	0.50	0.50
污水管		3.00	1.50	1.50	1.50	1.00	1.20	1.20	1.50	—	1.50	0.50	0.50
雨水管		3.00	1.50	1.50	—	1.00	1.20	1.20	1.50	—	1.50	0.50	0.50
燃气	低压	0.50	0.50	1.00	1.00	—	—	—	1.00	1.00	1.00	1.00	1.00
	中压B	0.50	0.50	1.20	1.20	—	—	—	1.00	1.50	1.50	1.00	1.00
	中压A	0.50	0.50	1.20	1.20	—	—	—	1.00	1.50	1.50	1.00	2.00
热力管	直埋	1.50	1.50	1.50	1.50	1.00	1.00	1.00	—	—	1.50	2.00	1.00
	管沟	—	—	—	—	1.00	1.50	1.50	—	—	1.00	2.00	1.00
氧气管		1.50	1.50	1.50	1.50	1.50	1.50	2.00	1.50	1.50	—	1.00	1.00
电力电缆		0.50	0.50	0.50	0.50	1.00	1.00	1.00	2.00	2.00	1.00	—	0.50
弱电电缆		0.50	0.50	1.00	1.00	1.00	1.00	2.00	2.00	2.00	1.00	0.50	—

注：1. 本表依据《城市工程管线综合规划规范》GB 50289—2016、《住宅区及住宅管线综合设计标准》DB11/1339—2016、《工业企业总平面设计规范》GB 50187—2012 第 8 章编制。

2. 表列距离指净距，即管外皮、最外一根电缆及建筑物、构筑物基础外皮等。

3. 表列距离是指通常情况下的最小距离，特殊情况可通过采取措施，在满足施工安装和检修维护的前提下适当减小。

表 2.7.3-2　地下工程管线与建（构）筑物、围墙、树木等最小水平净距（m）

		建（构）筑物基础外皮	围墙	道路边缘	乔木（中心）
给水管 污水管 雨水管		3.00	1.50		1.50
燃气管	低压	0.7 (1.2)			0.75
	中压 B	1.0 (1.5)		1.00	
	中压 A	1.5 (2.0)			
热力管（含直埋、管沟） 氧气管		3.00	1.50		2.00
电力电缆 弱电电缆		0.60	0.50		1.50

注：1. 本表依据《城市工程管线综合规划规范》GB 50289—2016、《住宅区及住宅管线综合设计标准》DB11/
　　　1339—2016、《工业企业总平面设计规范》GB 50187—2012 第 8 章编制。
　　2. 燃气管括号外数据为钢管，括号内数据为聚乙烯管。

2.7.4　室外管线竖向设计原则

1. 埋设深度由浅至深宜为弱电管线或电力电缆管线、热力管线（沟）、燃气管线、给水管线、雨水管线、废水管线、污水管线。

2. 当地下管线敷设于绿地下时，不宜布置在乔木下方。

3. 当地下管线重叠时，考虑日常检修，管径小、检修多的管线应设置在管径大、检修少的管线上方。

2.7.5　地下管线最小覆土厚度见表 2.7.5-1，管线交叉最小垂直净距见表 2.7.5-2。

表 2.7.5-1　地下工程管线最小覆土厚度（m）

管线名称		最小覆土厚度			备注
		机动车道	非机动车道	绿地	
给水管		1.00	0.90		冰冻线以下 0.2m
污水管		0.70	0.60		—
雨水管					冰冻线以下
热力管	直埋	0.70	0.50		DN≤500mm 宜采用直埋
	管沟	0.20			DN>500mm 宜采用管沟敷设
燃气管		0.90	0.60		冰冻线以下
氧气管		0.70	0.70		冰冻线以下
电力电缆	直埋	1.00	0.70		—
	管沟	0.70	0.50		—
弱电电缆	塑料管	0.80	0.60	0.70	—
	钢管	0.60	0.50		—

注：本表依据《城市工程管线综合规划规范》GB 50289—2016、《住宅区及住宅管线综合设计标准》DB11/1339—
　　2016、《工业企业总平面设计规范》GB 50187—2012 第 8 章编制。

表 2.7.5-2 管线交叉最小垂直净距（m）

		给水管	污水管雨水管	燃气管	热力管	氧气管	电力电缆	弱电电缆
给水管		0.15	—	—	—	—	—	—
污水管		0.40	0.15	—	—	—	—	—
雨水管		0.15		—	—	—	—	—
燃气管		0.15		0.15	—	—	—	—
热力管	直埋	0.15		0.15 (0.50, 1.00)	0.15	0.25	—	—
	管沟 (沟顶)	—		0.15 (0.20, 0.30)		0.25	—	—
氧气管		0.25					0.5 (0.25)	
电力电缆		0.50 (0.25)					0.50 (0.25)	
弱电电缆		0.5 (0.15)		0.30	0.5 (0.25)		0.5 (0.25)	0.25

注：1. 本表依据《城市工程管线综合规划规范》GB 50289—2016、《住宅区及住宅管线综合设计标准》DB11/1339—2016、《工业企业总平面设计规范》GB 50187—2012 第 8 章编制。

2. 热力管括号外数据为钢管，括号内数据为聚乙烯管加套管，分别为位于热力管上方和下方。

3. 电力电缆括号内数据为局部地段电缆穿管，加隔板保护或加隔热层保护后允许的最小净距。

4. 当电力电缆加保护管时，交叉净距可减至 0.15m。

5. 当弱电管道在排水管下部穿越时，交叉净距不宜小于 0.4m，通信管道应做包封，包封范围自排水管道两侧各延长 2m。

2.8 绿　　化

2.8.1 绿化设计应根据建筑功能特点，结合土壤、气候、地形、地貌、植被等特征，因地制宜地与建筑布局、竖向、道路、室外管线等统筹协调，对现状生态环境、植物等进行有效保护、修复与利用，发挥空间组织、美化环境等作用。

2.8.2 应对古树名木予以保护，保留有价值的其他树木，不得损坏和改变古树名木周围的表土层、地表高程及采取其他影响古树名木生长的做法。

2.8.3 应符合规划条件中绿地率等指标要求。北京地区应遵守《北京市绿化条例》的规定，按照《关于北京市建设工程附属绿化用地面积计算规则（试行）》计算附属绿化用地指标。

2.8.4 场地绿化可有效疏导人流和车流，起到调节小气候、隔绝噪声、净化空气、防雪、防火、防爆和防风的作用。设置原则如下：

1. 道路两侧应种植乔木、灌木和草本植物；

2. 人行道及建筑外墙宜位于树木阴影区内；

3. 建筑物的东西侧宜种植高大的乔木；

4. 停车场宜种植阔叶乔木、灌木和绿篱；

5. 在行车安全视距内的绿化不得遮挡行车视线。

2.8.5 种植设计

1. 应选择适应区域气候和土壤条件的本地植物，本地植物指数不宜低于 0.7。北京地区推荐使用现行地方标准《园林绿化用植物材料木本苗》DB11/T 211 中列出的常用植物。

2. 各类附属绿地地表排水坡度应满足表 2.8.5-1 的规定。

表 2.8.5-1　附属绿地地表排水坡度（%）

地表类型		最大坡度	最小坡度	适宜坡度
草地		33.0	1.0	1.5～10.0
运动草地		2.0		1.0
栽植地表		66.0 50.0（土壤回填坡）	0.5	3.0～5.0（排水） 5.0～20.0（景观）
铺装场地	平原地区	2.0	0.3	1.0
	丘陵地区	3.0		—

注：本表摘自《城市附属绿地设计规范》DB11/T 1100—2014 表 3。

3. 垂直绿化可应用于建筑外墙、场地围墙、棚顶、车库出入口、地铁通风设施、建筑景观小品等处，并应符合现行行业标准《垂直绿化工程技术规程》CJJ/T 236 的规定。

4. 应优先保留原有健壮的乔木、灌木和藤本植物，新植树木不应影响建（构）筑物和地下管线。树木根颈中心至构筑物和市政设施外缘的最小水平距离应符合表 2.8.5-2 的规定。

表 2.8.5-2　树木根颈中心至构筑物和市政设施外缘的最小水平距离（m）

构筑物和市政设施名称	距乔木根颈中心距离	距灌木根颈中心距离
低于 2m 的围墙	1.0	0.75
挡土墙顶内和墙角外	2.0	0.50
通信管道	1.50	1.00
给水管道（管线）		
雨水管道（管线）		
污水管道（管线）		

注：本表摘自《园林绿化工程项目规范》GB 55014—2021 表 3.3.4。

2.8.6 屋顶绿化

1. 应充分考虑结构荷载的要求，合理选择种植土基质并达到种植厚度，采取相应的防水、排水、阻根等技术措施，符合现行国家标准《地下工程防水技术规范》GB 50108、《屋面工程技术规范》GB 50345、现行行业标准《种植屋面工程技术规程》JGJ 155 的规定。

2. 种植屋面荷载应包含植物、饱和水状态下种植土荷重及园林构筑物等荷载。当既有建筑屋面改造为种植屋面时，应评估原结构安全性，必要时进行结构检测，在评估结果的基础上确定种植可行性及种植形式。

3. 屋顶种植荷载、园林小品、园路铺装等应计入永久荷载。

4. 宜选择生长较慢、抗性强、易养护的植物，不应选择速生及根系穿刺性强的植物。乔木栽植位置应设在柱顶或梁上，并采取抗风措施。

5. 树木定植点与女儿墙的安全距离应大于树高。屋面种植乔灌木高于 2m、地下建筑顶板种植乔灌木高于 4m 时，应采取固定措施。

6. 常用种植土性能、改良土配制、初栽植物荷重、种植基质厚度详见表 2.8.6-1～表 2.8.6-4。

表 2.8.6-1　常用种植土性能

种植土类型	饱和水密度（kg/m³）	有机质含量（%）	总孔隙率（%）	有效水分（%）	排水速率（mm/h）
田园土	1500～1800	≥5	45～50	20～25	≥42
改良土	750～1300	20～30	65～70	30～35	≥58
无机种植土	450～650	≤2	80～90	40～45	≥200

注：本表摘自《种植屋面工程技术规程》JGJ 155—2013 表 4.5.1。

表 2.8.6-2　常用改良土配制

主要配比材料	配比比例	饱和水密度（kg/m³）
田园土：轻质骨料	1：1	≤1200
腐叶土：蛭石：沙土	7：2：1	780～1000
田园土：草炭：（蛭石和肥料）	4：3：1	1100～1300
田园土：草炭：松针土：珍珠岩	1：1：1：1	780～1100
田园土：草炭：松针土	3：4：3	780～950
轻沙壤土：腐殖土：珍珠岩：蛭石	2.5：5：2：0.5	≤1100
轻沙壤土：腐殖土：蛭石	5：3：2	1100～1300

注：本表摘自《种植屋面工程技术规程》JGJ 155—2013 表 4.5.2。

表 2.8.6-3　初栽植物荷重

项目	小乔木（带土球）	大灌木	小灌木	地被植物
植物高度或面积	2.0～2.5m	1.5～2.0m	1.0～1.5m	1.0m²
植物荷重	0.8～1.2kN/株	0.6～0.8kN/株	0.3～0.6kN/株	0.15～0.3kN/m²

注：本表摘自《种植屋面工程技术规程》JGJ 155—2013 表 5.1.4。

表 2.8.6-4　种植基质厚度（mm）

植物种类	种植基质				
	草坪、地被	小灌木	大灌木	小乔木	大乔木（仅地下建筑顶板绿化）
厚度	≥150	≥300	≥500	≥600	>1500

注：本表依据《屋顶绿化规范》DB11/T 281—2015 表6、《种植屋面工程技术规程》JGJ 155—2013 表5.7.1 及《园林绿化工程项目规范》GB 55014—2021 第3.3.5 条编制。

【说明】表 2.8.6-4 中草坪、地被种植基质厚度较标准《屋顶绿化规范》DB11/T 281—2015 表6 及《种植屋面工程技术规程》JGJ 155—2013 表5.7.1 中的 100mm 有所增加，避免屋面找坡等原因造成种植层厚度不足。

2.8.7　地下建筑顶板绿化

1. 地下建（构）筑物需做覆土绿化的区域，景观荷载包括种植土、植物及其他构筑物、堆积物荷载。

2. 隐蔽式车道及嵌草停车铺装在满足行车荷载的同时还应考虑种植要求，做法见国标图集 14J206《种植屋面建筑构造》。

3. 应根据顶板与周边自然土体的连接方式和覆土深度进行渗排水设计，避免因排水措施不当形成积水，具体做法和要求见现行行业标准《种植屋面工程技术规程》JGJ 155，构造做法参考国标图集 14J206《种植屋面建筑构造》。

4. 种植层厚度见表 2.8.6-4。设置透水铺装地面的顶板覆土厚度不应小于 0.6m，并应设置排水层。

5. 大面积排水区域可分区设置内排水及雨水收集系统，顶板排水坡度宜为 1‰～2‰。当采用加强渗排水盲管系统时，主管管径宜为 160mm 或 110mm，对应支管管径为 110mm 或 63mm，支管间距宜为 5～8m。

6. 顶板为反梁结构或坡度不足时，应设置渗排水管，采用填陶粒、级配碎石等渗排水措施。

2.8.8　绿地园路与铺装

1. 绿地园路与铺装应与周边环境、建（构）筑物相结合，满足人员活动需求并形成完整的景观系统。

2. 场地铺装、绿化、设施等无障碍设计应符合现行国家标准《无障碍设计规范》GB 50763、《建筑与市政工程无障碍通用规范》GB 55019 的规定，北京地区应符合现行地方标准《公园无障碍设施设置规范》DB11/T 746、《居住区无障碍设计规程》DB11/1222 的规定。

3. 儿童游戏及成人健身场地应符合安全、卫生要求，并应避免干扰周边环境。儿童活动场地应有不少于 1/2 的面积位于建筑日照阴影线之外，并与周边机动车道之间设必要的隔离。场地面层宜采用质地柔软的铺装材料或洁净沙坑，沙坑周边应采取防沙粒散失措施，底部应采取排水措施。

4. 景观绿地中设置台阶时，踏步数不应少于 2 级，踏步宽度不宜小于 0.3m，踏步高度不宜大于 0.15m 且不宜小于 0.1m。

5. 计入建筑用地绿地率指标的绿地内园路、活动场地、亭廊等构筑物应满足以下要求：

1）附属绿地中的园路、铺装场地及服务设施不应超过绿地面积的 30%，且宜布置于林下。

2）硬质铺装园路宽度不大于 1.2m。

3）当硬质铺装场地、活动场地集中设置时，面积不大于 50m²，分散设置时总面积不大于 100m²。

4）有顶盖且四周开敞的凉亭式景观构筑物，其基底硬质铺装面积不大于 15m²。无封闭顶盖全开敞的廊架式景观构筑物，其基底硬质铺装面积不大于 20m²。

6. 室外场地与建筑外墙的交接方式主要包括建筑散水、排水沟、暗散水（即绿地延伸）、广场铺装等。

1）建筑出入口与室外场地平接或有较大面积平坦场地时，宜采用排水沟（暗装排水槽）等设施，减少雨水积存、防止倒灌。

2）外墙散水可采用细石混凝土、块石、花岗岩板、水泥、嵌砌卵石、干铺卵石等做法。散水明沟、散水暗沟可采用混凝土、砖、块石及明缝暗沟等做法。散水坡度宜为 3%～5%。

【标准摘录】《城市绿地设计规范》GB 50420—2007（2016 年版）第 3.0.10 条：城市开放绿地的出入口、主要道路、主要建筑等应进行无障碍设计，并与城市道路无障碍设施连接。

【标准摘录】《城市绿地设计规范》GB 50420—2007（2016 年版）第 3.0.11 条：地震烈度 6 度以上（含 6 度）的地区，城市开放绿地必须结合绿地布局设置专用防灾、救灾设施和避难场地。

2.8.9 水景

1. 应以天然水源为主。在满足规划要求的基础上尽量完整保留场地内原有自然水体（如：湖面、河流和湿地），水体改造应进行生态化设计。

2. 应结合气候条件、地形地貌、水源条件、雨水利用与调蓄等要求，综合考虑场地内水量平衡，结合雨水收集等设施确定合理的水景规模。

3. 未经处理或处理未达标的生活污水和生产废水不得排入绿地水体，在污染区及其邻近地区不得设置水体。

4. 在无法提供非传统水源的用地内不应设计人工水景，与人接触的水景不得使用再生水。

5. 应注重季节变化对水景的影响，合理采用过滤、循环、净化、充氧等措施。

6. 城市绿地水岸宜采用坡度为 1∶2～1∶6 的缓坡，水位变化较大的水岸宜设护坡或驳岸。

7. 当栽植水生植物及营造人工湿地时，水深宜为 0.1～1.2m，水生植物栽培水深应符合《园林绿化工程施工及验收规范》CJJ 82—2012 表 4.10.1 的规定。

2.8.10 景观安全

1. 挡土墙安全

1）挡土墙的材料、形式应经过结构计算确定。

2）挡土墙墙后填料表面应设置排水良好的地表排水措施，墙体应设置直径不小于 50mm 的排水孔，孔眼间距不宜大于 3m。

3）挡土墙应设置变形缝，间距不应大于 20m；当墙身高度不一，墙后荷载变化较大或地基条件较差时，应适当减小变形缝间距。

4）挡土墙与建筑物、构筑物连接处应设置沉降缝。

5）当挡土墙上方布置有水池等可能造成渗水的设施时，应加强挡土墙排水措施。

6）易发生滑坡或泥石流的区域，应采取增加挡土墙壁厚、增设扶壁柱等加强措施。

2. 地形、山石安全

1）当土坡超过土壤自然安息角呈不稳定状态时，必须采用挡土墙、护坡等技术措施，防止水土流失或滑坡。

2）地形堆置高度应与堆置范围相适应，相对高度大于 4m 或附近存在河道及需保护的地上、地下设施时，应对堆土下的地基做承载力计算。

3）在地下设施上堆筑地形，应核对地下设施的平均承载力及最大允许承载力，并根据承载力要求进行合理的地形设计。

4）地形填充土不应含有对环境、人和动植物安全有害的污染物或放射性物质。

5）应结合总体造型对假山、叠石进行结构计算，确保基础工程、主体构造符合抗风、抗震、抗冲击等安全规定，且不应对相邻建（构）筑物基础及上部结构产生不利影响。

3. 水深安全

1）水体岸边 2m 范围内的水深不得大于 0.5m，当大于 0.5m 时，应设置安全防护设施。

2）无护栏的园桥、汀步周围 2m 范围内，水深不得大于 0.5m。

3）无防护设施的驳岸顶与常水位的垂直距离不得大于 0.5m。

4）通游船的桥梁，桥底与常水位之间的净空高度不应小于 1.5m。

4. 防护安全及标识

1）存在安全隐患的道路及场地周边，应结合景观设置防护设施及警示标识。

2）当天然淤泥底水体的驳岸岸边设有活动场地时，场地临驳岸处应设置防护设施。

3）存在雷击隐患的古树名木和建（构）筑物应安装避雷设施。

4）绿地周边护栏应符合现行国家标准《公园设计规范》GB 51192 的规定。

5）北京地区居住区绿地安全防护设施应符合现行地方标准《居住区绿地设计规范》DB11/T 214 的规定。

2.9 室外环境

2.9.1 室外环境主要包括场地光环境、风环境、热环境和声环境等，应符合现行国家标准《建筑环境通用规范》GB 55016 等的规定。应在场地及周边环境基础上，通过合理的建筑布局及景观设计，为场地内部及周边的人行活动区域营造良好的室外环境。

【说明】可运用仿真模拟工具对室外环境进行可视化的量化模拟分析，并利用分析结果优化设计。常用的综合性软件包括 PKPM、斯维尔等，专项软件有用于日照模拟的天正日照，用于室外风环境模拟的 ANSYS CFX 和 Phonenics 等。

2.9.2 场地光环境

1. 建筑布局应符合现行国家和地方标准中对建筑和场地的日照间距和日照标准的要求，且不得使周边建筑及场地的日照条件低于日照标准。当场地内及周边存在有日照要求的建筑时，应利用日照模拟工具进行日照分析，并应满足以下要求：

1）采用国家或地方规划审批部门认可的计算软件对最低日照时数进行计算。

2）日照计算的参数设定应符合现行国家标准《建筑日照计算参数标准》GB/T 50947 的规定，专项报告应符合《民用建筑绿色性能计算标准》JGJ/T 449—2018 中附录 A 第 A.0.1 条的规定。

2. 供人员活动、健身或休憩的室外场所宜布置在建筑阴影区之外有日照的区域，并通过种植落叶乔木为场所提供夏季遮阳和冬季日照。

3. 有效控制建筑物表面的可见光反射比，避免建筑立面的高反射饰面（如玻璃幕墙或镜面金属饰面等）对室外活动场地及周边建筑造成光污染。

1）当采用玻璃幕墙时，玻璃的反射比不应大于 0.3。位于主干道、立交桥、高架路两侧的建筑 20m 以下部分，其余路段 10m 以下部分应采用反射比不大于 0.16 的低反射玻璃，且应符合现行国家标准《玻璃幕墙光热性能》GB/T 18091 的规定。

2）因太阳反射光影响范围远超出其周边环境，超高层建筑宜进行光污染专项分析。

【说明】北京地区应符合《绿色建筑评价标准》DB11/T 825—2021 的规定。建筑阴影区为夏至日 8：00～16：00 时段在 4h 日照等时线以内的区域。

2.9.3 场地风环境

1. 充分利用场地自然气流，因势利导地营造良好的场地风环境，见图 2.9.3。建筑布局原则如下：

1）宜利用建筑形体和布局阻挡冬季冷风侵入场地内部；

2) 开敞型院落布局的开口不宜朝向冬季主导风向；

3) 不宜在冬季主导风向一侧设置有外窗的凹槽；

4) 宜将夏季和过渡季的主导风引入场地内部；

5) 高大建筑的体形设计应避免造成建筑周边或局部区域风速过高。

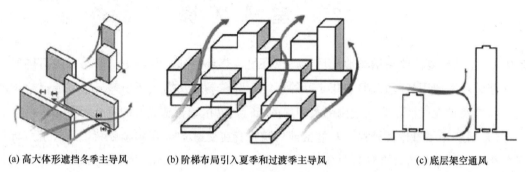

(a) 高大体形遮挡冬季主导风　　(b) 阶梯布局引入夏季和过渡季主导风　　(c) 底层架空通风

图 2.9.3　建筑布局与场地风环境示意图

2. 宜采用分析工具或风洞试验进行风环境模拟，根据模拟结果（包括场地风速、风向和建筑外表面风压等）进行场地设计优化，措施如下：

1) 不宜在冬季冷风侵入的区域设置室外人员活动区。当人员活动区风速超过 5m/s 时，宜调整建筑布局或设置防风墙、板、林带等阻隔冷风侵袭。

2) 夏季、过渡季出现无风区或漩涡区时，宜调整建筑布局或采取底层架空等措施。

2.9.4　场地热环境

1. 应有效利用自然通风，降低室外热岛效应，符合现行行业标准《城市居住区热环境设计标准》JGJ 286 等的规定。

2. 人员活动区域、地面停车场等宜采取遮阴措施。

1) 利用建筑物或构筑物形成自遮挡。

2) 设置景观亭廊、固定式遮阳棚架等遮阴设施。

3) 种植高大乔木，沿行车道设置行道树，在需要冬季日照的室外活动场地种植落叶乔木。

3. 宜采用立体绿化、复层绿化等方式，合理进行植物配置，利用植被蒸发降低环境温度。

4. 公共停车场、人行道、步行街、自行车道和休闲广场、室外庭院等处，在满足功能要求的基础上，应采用透水铺装，透水铺装率不应小于 70%。

5. 室外场地铺装材料反射率宜为 0.4～0.5，屋面铺装材料反射率宜为 0.4～0.6。

6. 水景可提升场地蒸发降温能力，休憩场所可采用人工雾化蒸发降温。

7. 宜采用模拟分析工具优化室外热环境设计。热环境计算采用的气象参数应为所在城市或气候区典型气象日的逐时气象参数，可按《城市居住区热环境设计标准》

JGJ 286—2013附录 A 选用。居住区可采取措施使夏季平均热岛强度不高于 1.5℃。

2.9.5 场地声环境

1. 新建建筑的选址应考虑环境噪声影响，不应在交通干线两侧和飞机起降区内规划噪声敏感建筑（一般指医院、学校、机关、科研单位、住宅等需要保持安静的建筑物）。场地声环境应符合现行国家标准《声环境质量标准》GB 3096 的规定。场地内噪声排放应符合现行国家标准《社会生活环境噪声排放标准》GB 22337 的规定。

2. 场地外噪声源隔离措施如下：

1）紧邻交通噪声源设置声屏障。

2）用绿化土堤等地形措施遮挡场地外部噪声。

3）将噪声不敏感的建筑、功能区或房间布置在交通、社会噪声源一侧。

4）利用高度较高的建筑对场地内部建筑、室外活动场地形成噪声遮挡。

5）尽量减少建筑立面和外窗暴露在噪声中的面积。

3. 应利用总平面布局、建筑形体、建筑朝向、景观规划、隔声降噪等措施减少场地内噪声源对噪声敏感建筑（区域）的影响，措施如下：

1）在远离噪声敏感房间一侧布置地面停车场。

2）机动车道设计应有利于控制驾驶速度，应设置低速行驶标识，宜采用低噪声路面。

3）锅炉房、水泵房、变压器室、制冷机房宜在噪声敏感建筑之外单独设置，噪声源位置应避免对住宅、学校、医院、旅馆、办公等噪声敏感建筑物产生噪声干扰，必要时应做防噪处理。不得设置未经有效处理的强噪声源。

4）冷却塔、热泵机组宜设置在对噪声敏感建筑物干扰较小的位置。当冷却塔、热泵机组噪声超过现行国家标准《声环境质量标准》GB 3096 的规定时，应采取有效降低或隔离噪声的措施。当在屋面上设置冷却塔、热泵机组等振动设备时，应采取有效的隔振措施。

【说明】根据《声环境质量标准》GB 3096—2008 的术语定义，噪声敏感建筑指医院、学校、机关、科研单位、住宅等需要保持安静的建筑物。根据《建筑环境通用规范》GB 55016—2021术语定义，噪声与振动敏感建筑指住宅、医院、学校、旅馆、办公场所等具有较高噪声与振动环境保护要求的建筑，并提出噪声敏感房间所指的房间类型。旅馆、办公场所经常建在机场附近，本款要求为"不应"，故按《声环境质量标准》GB 3096—2008 定义的建筑类型执行。

场地外噪声源指交通、固定设备、人员活动等产生的持续或突发噪声，使用地边界内的环境噪声值超出用地规定的声功能区的环境噪声限值。施工噪声由于具有临时性，由相关部门依法管理，不在本条考虑的场地外噪声源范围内。

场地内噪声源主要包括锅炉房、变压器站等设备噪声，停车场、道路等交通噪声，人员活动场地、餐饮娱乐等社会活动噪声。

3 建筑基本规定

3.1 总 体 要 求

3.1.1 设计依据

在满足建设方（使用方）使用要求的前提下，建筑设计应符合法律法规、工程建设标准、政府主管部门审批等要求。与项目相关的依据文件应列入设计文件中并遵照执行。

1. 法律法规

指中国现行有效的法律、行政法规、司法解释、地方法规、地方规章、部门规章和其他规范性文件，包括各地方在工程建设领域发布的相关规定和要求，如专项技术要点、材料禁用要求、水文环境保护及文物保护等。

2. 工程建设标准

指对各类建设工程的勘察、规划、设计、施工、验收、运行、管理、维护、加固、拆除等活动和结果需要协调统一的事项所制定的技术依据和准则等。工程建设标准可分为国家标准、行业标准、地方标准、团体标准和企业标准；按照标准的约束性，分为强制性标准和推荐性标准。强制性标准必须执行，鼓励采用推荐性标准。

1）当不同标准中对同一技术问题的要求有差异时，应按标准较高的要求执行。

2）设计依据不应采用废止标准。

3）应在建筑策划或方案设计阶段，明确对建筑功能、技术性能和成本控制有重要影响的工程建设标准。应密切关注在设计过程中更新的重要标准，制定应对预案，并充分考虑工程实施周期与新旧标准更替之间的关系，明确设计依据。

3. 建设方要求

主要包括设计任务书、建设标准、工艺流程、使用要求等。

4. 行政审批文件

应符合当地城乡规划管理部门关于规划、消防、人防、市政、交通、园林绿化、环保、卫生健康等的相关规定和要求，并在相应设计阶段取得政府主管部门的批复。前一设计阶段取得的审批文件应作为后一阶段设计的依据。

【说明】第2款工程标准体系按照最新要求，以政府制定强制性标准、社会团体制定推荐性标准为长远目标，逐步用全文强制性工程建设规范取代现行标准中分散的强制性条文，形成由法律、行政法规、部门规章中的技术性规定与全文强制性工程建设规范构成的技术法规体系。一般全文强制标准采用"规范"冠名,其他非强制标准采用"标准"冠名。

北京地区依据《北京市规划和自然资源委员会关于进一步明确施工图审查执行新标准时间的通知》京规自发〔2021〕17号文规定,新建项目规范标准的执行时间以取得《建设工程规划许可证》为准。新标准正式实施前已取得《建设工程规划许可证》(在有效期内)的项目可按原标准进行审查。文件同时规定了"一会三函"及政策性住房工程的规范标准执行时间。

3.1.2 设计原则

1. 坚持以人为本,注重建筑的功能实现及人文关怀,充分挖掘建筑文化、艺术内涵和特色,坚持适障、适老的通用设计原则,满足人们物质与精神的需求。

2. 担负社会责任,深入城市生活,尊重周边环境,重视既有更新,关注公众利益,将可持续生态设计理念贯穿建筑全生命周期,体现公平、尊严、健康、安全原则。

3. 树立整体设计思想,打破专业界限,倡导先进技术与材料、产品的协同和集成设计,推动科技研发的融合创新应用。

4. 服务策划、设计、督造、运行、评估的建筑全生命周期,统筹宏观的城市设计和微观的建筑个体,建立和培育现代的设计产业流程和模式,实现建筑工程全过程咨询的一体化服务。

3.2 民用建筑分类

民用建筑从使用功能、建筑高度、工程规模、设计使用年限、防火等维度有不同的分类方法。建筑设计应明确建筑分类及相应的技术与性能标准。

3.2.1 使用功能分类

1. 民用建筑主要分为居住建筑和公共建筑两大类。居住建筑包括住宅、公寓、宿舍等;公共建筑包括办公、教育、科研、旅馆、商业服务、文化、观演、博览、园林、体育、医疗、交通、民政和城市综合体建筑等。

2. 应按照建筑类型选用相应的设计标准,并满足专项设计要求。当建筑无法准确分类或无对应的设计标准时,可参考功能相近的建筑类型设计标准。

3.2.2 设计使用年限分类

民用建筑设计使用年限分类是建筑设计的基础性设计目标和依据,见表3.2.2。

表 3.2.2 设计使用年限分类表

类别	设计使用年限（年）	示例
1	5	临时性建筑结构
2	25	易于替换的结构构件

类别	设计使用年限（年）	示例
3	50	普通房屋和构筑物
4	100	标志性建筑和特别重要的建筑结构

注：本表摘自《民用建筑设计统一标准》GB 50352—2019 表 3.2.1。

【标准摘录】《建筑结构可靠性设计统一标准》GB 50068—2018 第 2.1.5 条：设计使用年限是设计规定的结构或结构构件不需进行大修即可按预定目的使用的年限。

3.2.3 防火设计分类

民用建筑根据其建筑高度和层数可分为单、多层民用建筑和高层民用建筑。

高层民用建筑根据建筑高度、使用功能和楼层的建筑面积可分为一类和二类建筑。

【说明】本条提及的建筑高度是指消防建筑高度，计算规则见《建筑设计防火规范》GB 50016—2014（2018 版）附录 A.0.1。

3.2.4 工程规模分类

一般分为特大型、大型、中型、小型，不同分类对应不同建设标准或设计标准，见表 3.2.4。

表 3.2.4 工程规模分类表

建筑类别	分类指标	特大型	大型	中型		小型
展览建筑	总展览面积（m²）	＞100000	30000～100000	10000～30000		≤10000
博物馆	建筑面积（m²）	＞50000	20001～50000	大中型 10001～20000	中型 5001～10000	≤5000
文化馆	建筑面积（m²）	—	≥6000	4000≤S＜6000		＜4000
剧场	座席数（座）	＞1500	1201～1500	801～1200		≤800
电影院	座席数（座）	＞1800，观众厅不宜少于11个	1201～1800，观众厅宜为8～10个	701～1200，观众厅宜为5～7个		≤700，观众厅不宜少于4个
体育场	座席数（座）	＞60000	40000～60000	20000～40000		＜20000
体育馆	座席数（座）	＞10000	6000～10000	3000～6000		＜3000
游泳馆	座席数（座）	＞6000	3000～6000	1500～3000		＜1500
商店建筑	建筑面积（m²）	—	＞20000	5000～20000		＜5000
餐馆 快餐店 饮品店	建筑面积 S（m²）或座位数 a（座）	S＞3000 或 a＞1000	500＜S≤3000 或 250＜a≤1000	150＜S≤500 或 75＜a≤250		S≤150 或 a≤75

建筑类别	分类指标	特大型	大型	中型	小型
食堂	食堂服务的人数（人）	>5000	1000~5000	100~1000	≤100
疗养院	床位数量（张）	>500	301~500	101~300	20~100
宿舍	床位数量（张）	>500	301~500	150~300	<150
旅馆	客房数量（间）	—	>600	300~600	<300
托儿所	班数（班）	—	8~10	4~7	1~3
幼儿园	班数（班）	—	9~12	5~8	1~4
机动车库	停车当量数（辆）	>1000	301~1000	51~300	≤50
非机动车库	停车当量数（辆）	—	>500	251~500	≤250

注：本表依据各相关专项建筑设计标准编制。

3.2.5 建筑行业（建筑工程）建设项目设计规模分类是指设计单位可承担的工程设计类型、规模等，应符合相应的工程设计综合资质、行业资质、专业资质、专项资质的相关规定。具体见建设部发布的《工程设计资质标准》（2007年修订本）建市［2007］86号。

3.3 气候分区

3.3.1 根据温湿度、降水、降雪、风、光、热、自然灾害等自然气候条件要素，全国划分为Ⅰ至Ⅶ共7个一级区。在各一级区内选取反映该区建筑气候差异性的气候参数或特征，细分为ⅠA至ⅦD共20个二级区，详见《建筑气候区划标准》GB 50178—93附录一及相应附图。

3.3.2 应收集、调研建设地点所处气候分区资料，掌握环境气候特征，遵循因地制宜的原则，明确设计重点和难点，优化建筑布局，合理确定性能指标并采取相应的技术措施。

3.3.3 不同气候分区对建筑保温、隔热、防风、防雨雪、通风等性能提出不同的要求，详见《民用建筑设计统一标准》GB 50352—2019表3.3.1，部分名词定义见表3.3.3。

表3.3.3 名词汇总表

名词	定义	标准名称
建筑热工	研究建筑室外气候通过建筑围护结构对室内热环境的影响、室内外热湿作用对围护结构的影响，通过建筑设计改善室内热环境方法的学科	《民用建筑热工设计规范》GB 50176—2016

续表

名词	定义	标准名称
建筑防寒	泛指为防止冬季室内过冷和创造适宜的室内热环境而采取的建筑综合措施	《建筑气候区划标准》GB 50178—93
建筑保温	系指为减少冬季通过房屋围护结构向外散失热量，并保证围护结构薄弱部位内表面温度不致过低而采取的建筑构造措施	
建筑防热	泛指为防止夏季室内过热和改善室内热环境而采取的建筑综合措施	
建筑隔热	系指为减少夏季由太阳辐射和室外空气形成的热作用，通过房屋围护结构传入室内，防止围护结构内表面温度不致过高而采取的建筑构造措施	

3.3.4　在《民用建筑设计统一标准》GB 50352—2019 第 3.3.1 条中，明确了不同气候分区对建筑的基本要求。为达到基本要求采取的技术措施见表 3.3.4。

表 3.3.4　建筑性能要求及技术措施汇总表

性能要求	技术措施	标准名称
防寒、保温、防冻	见本书第 9.3 节 节能低碳及本书第 3.9.9 条	《建筑气候区划标准》GB 50178—93、《民用建筑热工设计规范》GB 50176—2016、《民用建筑设计统一标准》GB 50352—2019 及相关节能设计标准
夏季防热（兼顾防热）、隔热、降温、遮阳		
自然通风	见本书第 3.9.6 条、第 3.9.7 条	《建筑气候区划标准》GB 50178—93、《民用建筑设计统一标准》GB 50352—2019
防潮	围护结构设置隔汽层、空气间层；特定情况的屋面板及其接缝的密实性并达到所需的蒸汽渗透阻；室内地面和地下室外墙防潮；室内一层地表面宜高于室外地坪 0.6m，架空通风地板应设置活动的遮挡板，地面和地下室外墙宜设保温，采用蓄热系数小、带有微孔、导热系数小、具有较强的吸湿解湿特性的地面面层材料等	《民用建筑热工设计规范》GB 50176—2016
	夏热冬冷地区的长江中下游和夏热冬暖地区的室内地面防泛潮措施：门窗密封性好，室内装修使用易于清洁的装饰材料或涂料，墙面、地面采用一定保温作用的轻质面层材料，地面采用有一定吸湿能力的干燥而表面带有微孔的耐磨材料、较粗糙的素混凝土，首层架空	《民用建筑设计统一标准》GB 50352—2019
防盐雾侵蚀（沿海地带）	建筑物外露材料均应采取措施，特别是外露钢制构件，需进行针对性防腐涂装处理	—
防雨、防暴风雨、防台风	加强门窗、透光幕墙水密性，加强外墙（含非透光幕墙）、屋面材料的防水、排水性能，一层或下沉庭院的建筑出入口及地下室采取防淹措施；外围护结构应加强抗风压或抗风揭能力	《建筑气候区划标准》GB 50178—93
		《民用建筑设计统一标准》GB 50352—2019

续表

性能要求	技术措施	标准名称
防风沙	应加强外围护结构密闭性，特别是应加强门窗、透光幕墙气密性。 结合防寒保温时，可背风向阳、开小窗，设内庭院并朝向内庭院开窗	《建筑气候区划标准》GB 50178—93
防冰雹	外围护结构应可承受相应荷载，特别是应关注玻璃幕墙和屋面玻璃	《建筑气候区划标准》GB 50178—93 《建筑玻璃应用技术规程》JGJ 113—2015
防止冻土危害	应避免冻土对建筑物地基及地下管道的影响，防止冻土融化塌陷及冻胀危害，应隔绝地坪、墙身、墙基及管道对冻结地基的传热	《建筑气候区划标准》GB 50178—93
	建筑物的基础持力层标高应在冻土层以下，直埋电缆及有水的直埋管道需设置在冻土层以下	—
防止积雪危害	屋面构造应考虑积雪及冻融危害，可适当提高泛水高度	《建筑气候区划标准》GB 50178—93
	坡屋面檐口部位采取防冰雪融坠措施，如：在邻近檐口的屋面上增设挡雪栅栏或加宽檐沟、设置电伴热等	《坡屋面工程技术规范》GB 50693—2011
防洪	应通过规划选址和建筑布局设计，避免建筑物被洪水淤渍，见本书第2.2节建筑布局。 易被洪水淤渍的建筑物，应加强场地排洪能力，确保建筑使用安全，降低修复难度	《建筑气候区划标准》GB 50178—93
防雷电	合理设置避雷系统	—

3.4 建筑面积

3.4.1 建筑面积是重要的技术经济指标，包括总建筑面积、专项建筑面积和分类建筑面积等。建筑面积计算应执行现行国家标准《民用建筑通用规范》GB 55031、《建筑工程建筑面积计算规范》GB/T 50353及相关地方标准、管理文件等。

【说明】专项建筑面积是指人防工程建筑面积、既有建筑改造项目保留和拆除建筑面积等。分类建筑面积是指复合功能建筑根据政府审批部门和建设方要求，按照办公、商业等不同使用功能分别计算的建筑面积。

3.4.2 各设计阶段均应准确计算建筑面积，建筑面积计算应遵循不重复计算原则。

【说明】设计文件中相关建筑面积应与审批通过的建设工程规划许可证保持一致。建筑面积应以 m^2 为单位，并保留小数点后两位小数。

3.4.3 严禁以违规增加建筑面积为目的，预留加（夹）层条件。

【说明】增加建筑面积应取得合法的规划审批手续。本条是从设计上控制建筑层高过高带来的浪费，并防止违规加层现象。以加层为目的的预留条件可能包括以下一项或多项：

1）在同一标准使用层内设置不合常理的双层门、窗；

2）在同一标准使用层内设置双层公共走道或不必要的设备夹层；

3）在层间预留结构埋件或设置不合理的梁；

4）在层间预留机电控制箱、开关；

5）增加荷载且超出合理限值；

6）增加水、暖、电容量且超出合理限值；

7）其他以加层为目的的各种不合常理的设计措施。

3.4.4 北京地区项目尚应执行《北京地区建设工程规划设计通则》（2003 年版）。当计算容积率指标时，总建筑面积尚应满足北京市《容积率计算规则》（市规发〔2006〕851 号）的要求。

【说明】《北京地区建设工程规划设计通则》（2003 年版）对北京地区项目的建筑面积计算提出要求。由于其发布时间较早，部分规定已被替代，但仍有部分条款作为执行依据。人防工程和兼顾人防建筑面积计算尚应执行现行地方标准《平战结合人民防空工程设计规范》DB11/994 的规定，住宅建筑面积计算尚应执行现行地方标准《住宅设计规范》DB11/1740 的规定。

3.4.5 设计文件宜编制建筑面积计算书，并明确计算依据、方法和结论。无依据或依据不明确的部分，应说明其参考依据、计算方法及相应结果。

【说明】由于设计与测绘面积计算依据不同，个别计算规则存在差异，造成计算结果不一致。建设工程行政审批要求建筑面积需保持一致。当出现不一致情况时，设计方应与测绘方沟通协调，必要时，应结合项目具体情况，按不同标准计算建筑面积，分析差异，并在设计文件或工作函件中予以明示，确保满足审批及规划核验的要求。

3.4.6 北京地区建筑面积计算规则未明确的部分，可按以下技术要点执行，无相关地方标准或管理文件规定的其他地区可参考执行。

1. 结构层高在 2.20m 以下的避难层、架空层、隔震层、管廊（沟）不计算建筑面积。

2. 建筑物的围护结构为向内倾斜的非垂直墙体时，斜面结构板或外墙板外皮高度小于 2.20m 的建筑空间不计算建筑面积。

3. 建筑物有永久结构顶盖的窗井，结构层高在 2.20m 及以上的，应并入底层窗井所依附建筑物自然层，并按其水平投影面积计算建筑面积；建筑物无永久结构顶盖和有格栅的窗井不计算建筑面积。

4. 建筑物投影范围内和有永久结构顶盖的坡道应并入建筑物自然层，并按其柱或外围护结构外表面所围空间的水平投影面积计算建筑面积；建筑物投影范围外、无永久结构顶盖的坡道出入口不计算建筑面积，有永久结构顶盖的坡道出入口计入首层建筑面积。

5. 室外台阶下部结构层高或斜面结构板顶高度小于 2.20m 以下的部分不计算建筑面积。台阶下部结构层高或斜面结构板顶高度在 2.20m 及以上的部分，有围护结构或围合柱的部分应按其外围水平投影面积计算建筑面积；无围护结构或围合柱、有围护设施或有单排或独立柱的部分，按其水平投影面积的 1/2 计算建筑面积；无围护结构、无围护设施、无柱的部分，不计算建筑面积。

6. 有顶盖的架空走廊、挑廊，应按其围护结构或围合柱的外表面所围水平投影面积计算建筑面积；无顶盖的架空走廊、挑廊不计算建筑面积。架空走廊、挑廊下部有围护结构或围合柱的部分应按其外表面所围水平投影面积计算建筑面积；无围护结构或围合柱、有围护设施或有单排或独立柱的部分，按其顶盖水平投影面积的 1/2 计算建筑面积；无围护结构、无围护设施、无柱的部分，不计算建筑面积。

7. 有顶盖、结构层高或斜面结构板顶高度在 2.20m 及以上，具有使用功能或有楼梯、电梯等垂直交通到达的室内屋面，应按其水平投影面积计算建筑面积。

8. 幕墙作为围护结构的，应按幕墙外围外表面计算建筑面积。装饰性幕墙构件不计算建筑面积；双层玻璃幕墙按外层幕墙外表面计算建筑面积。

9. 室外独立的消防水池、雨水调蓄池等构筑物不计算建筑面积；建筑物室内的水池应按其水平投影面积计算建筑面积。

10. 居住区内独立设置的室外机械停车设施、室外自行车棚、室外垃圾收集设施罩棚、室外快递柜货棚等均不计算建筑面积。

3.4.7 房产测量建筑面积计算执行现行国家标准《房产测量规范》GB/T 17986，北京地区项目还应执行现行地方标准《房屋面积测算技术规程》DB11/T661、北京市住建委《关于规范房屋面积测算工作有关问题的通知》（京建法〔2012〕17 号）等规定。建筑工程建筑面积与房产测量建筑面积计算规则的差异对比见表 3.4.7。

表 3.4.7　建筑面积计算规则的差异对比表

编号	对比内容	建筑面积计算规则		
		《民用建筑通用规范》GB 55031—2022	北京市《房屋面积测算技术规程》DB11/T 661—2009	《房产测量规范第 1 单元：房产测量规定》GB/T 17986.1—2000
1	按水平投影计算全面积的建筑空间高度的规定	有永久性顶盖、结构层高或斜面结构板顶高不小于 2.20m 的空间	层高在 2.20m（含 2.20m）以上或无法直接测量层高时按其室内净高在 2.10m（含 2.10m）以上部分	高度在 2.20m 以上部位
2	室外台阶、看台下部空间	结构层高或斜面结构板顶高≥2.20m 的部分，当用围护结构或柱围合，或用部分围护结构与柱共同围合时，按其柱或外围护结构外表面所围空间的水平投影面积计算	空间加以利用，层高在 2.20m（含 2.20m）以上的或净高在 2.10m（含 2.10m）以上的部分应计算全部建筑面积	—

编号	对比内容	建筑面积计算规则		
		《民用建筑通用规范》GB 55031—2022	北京市《房屋面积测算技术规程》DB11/T 661—2009	《房产测量规范第1单元：房产测量规定》GB/T 17986.1—2000
3	室外走廊	结构层高或斜面结构板顶高≥2.20m 的部分，按下列规定计算建筑面积： 1. 无围护结构、以柱围合，或部分围护结构与柱共同围合，不封闭的建筑空间，应按其柱或外围护结构外表面所围空间的水平投影面积计算。 2. 无围护结构、单排柱或独立柱、不封闭的建筑空间，应按其顶盖水平投影面积的1/2计算。 3. 无围护结构、有围护设施、无柱、附属在建筑外围护结构、不封闭的建筑空间，应按其围护设施外表面所围空间水平投影面积的1/2计算	1. 位于地面的外走廊： 与房屋相连的有盖、无柱、无围护结构及围护物、凸出建筑主体的走廊，无论下方是否有台阶，均不计算建筑面积。 2. 其他外走廊： 1）有柱走廊，均按外围水平投影计算全部建筑面积。 2）无柱走廊当层高小于两个自然层时，按其围护结构外围水平投影计算一半建筑面积；当层高达到或超过两个自然层时，不计算建筑面积	与房屋相连的有柱走廊，按其柱的外围水平投影面积计算；与房屋相连的有上盖无柱走廊，按其围护结构外围水平投影面积的一半计算
4	室外连廊	同上	1. 位于地面一层的有盖连廊： 1）双排柱连廊，按柱外围水平投影计算全部建筑面积。 2）单排柱连廊，其上盖檐口高度小于两个自然层时，按上盖水平投影面积一半计算建筑面积；上盖檐口高度达到或超过两个自然层时，不计算建筑面积。 3）无柱连廊不计算建筑面积。 2. 有盖架空通廊： 若上盖高度小于两个自然层，通廊计算一半建筑面积，否则，通廊不计算建筑面积	两房屋间有上盖和柱的走廊，按其柱的外围水平投影面积计算；有顶盖不封闭的永久性架空通廊，按外围水平投影面积的一半计算；房屋之间无上盖的架空通廊，不计算建筑面积
5	室外楼梯	同上	室外楼梯按其联结的不同高度的出入口计算层数，并按水平投影计算建筑面积；室外楼梯可以上层楼梯作为下层楼梯的顶盖，若最上层楼梯无顶盖或顶盖不足以覆盖楼梯面积一半以上时，最上一层室外楼梯视为无顶盖，不计算建筑面积	属永久性结构有上盖的，按各层水平投影面积计算。无顶盖的，按各层水平投影面积的一半计算
6	室内楼梯	按建筑自然层计算建筑面积	一般按建筑物的自然层计算建筑面积；位于建筑主体墙以外但与建筑物相通的独立楼（电）梯，按其各出入口所在平面计算层数，并相应计算建筑面积	按房屋自然层计算面积

续表

编号	对比内容		建筑面积计算规则		
			《民用建筑通用规范》GB 55031—2022	北京市《房屋面积测算技术规程》DB11/T 661—2009	《房产测量规范 第1单元：房产测量规定》GB/T 17986.1—2000
7	阳台	全封闭	按其外围护结构外表面所围空间的水平投影面积计算	按其外围水平投影计算全部建筑面积	按其外围水平投影面积计算
		未封闭	按围护设施外表面所围空间水平投影面积的1/2计算	1. 不计算建筑面积： 1）阳台宽度或阳台进深小于等于0.60m。 2）上盖高度小于两个自然层高，但其水平投影落在阳台内的面积小于阳台水平投影面积一半。 3）上盖高度达到或超过两个自然层高度。（特殊层高楼层，两个自然层高度为标准层层高的二倍；无标准层时，两个自然层高度按6.00m取值。） 2. 按上盖或盖板水平投影落在阳台水平投影之内面积的一半计算： 1）上盖高度小于两个自然层高，且其水平投影落在阳台之内的面积大于等于阳台水平投影面积的一半。 2）上盖高度达到或超过两个自然层高度，但中间设盖板（如凸窗、空调机位、花池等），盖板底距阳台楼面的高度不足两个自然层高度，且盖板水平投影落在阳台之内的面积大于等于阳台水平投影面积的一半	按其围护结构外围水平投影面积的一半计算

注：1. 本表依据《民用建筑通用规范》GB 55031—2022（2023年6月1日实施）、北京市《房屋面积测算技术规程》DB11/T 661—2009、《房产测量规范　第1单元：房产测量规定》GB/T 17986.1—2000编制。
　　2.《建筑工程建筑面积计算规范》GB/T 50353—2013正在修编，因此本表未包含此标准。

3.5　使用人数

3.5.1　一般规定

1. 是建筑设计的基础数据，是确定建筑规模、执行标准、消防疏散、配套设施以及机电系统性能指标的重要依据，与城市区域容量、场地交通、能源供应与排放等密切相关。

2. 分为标定人数和无标定人数。

3. 人均使用面积指标应以适用、经济为原则，满足建设方的使用需求且符合建设标准、设计标准对人均最小使用面积的规定。

4. 应明确主要功能空间、用房的使用场景和人数，并据此完成消防、设施设备的系统配置。

5. 当国家现行标准对使用人数没有明确规定时，可由建设方提供使用人数，或参考功能相近的建筑类型计算标准，且应取得建设方书面确认。

【说明】当人均使用面积指标高于国家现行有关标准规定时，应有充分的设计依据，如为建设方的合理使用要求，应取得建设方的确认文件。

设计说明中应包含主要功能空间、用房的应用场景和使用人数。必要时，应在平面图纸中标注最大使用人数，作为使用方依据。

【标准摘录】《民用建筑设计统一标准》GB 50352—2019 第 6.1.1 条：有固定座位等标明使用人数的建筑，应按照标定人数为基数计算配套设施、疏散通道和楼梯及安全出口的宽度。

《民用建筑设计统一标准》GB 50352—2019 第 6.1.2 条：对无标定人数的建筑，应按国家现行有关标准或经调查分析确定合理的使用人数，并应以此为基数计算配套设施、疏散通道和楼梯及安全出口的宽度。

3.5.2 计算标定人数时，建筑空间或功能用房的人均最小使用面积见表 3.5.2。

【说明】标定使用人数（固定座位等）不等同于实际最大使用人数，也不等同于疏散人数等计算指标。如：按照《建筑设计防火规范》GB 50016—2014（2018 年版）第 5.5.21 条第 5 款规定，除剧场、电影院、礼堂、体育馆外的其他公共建筑，有固定座位的场所，其疏散人数可按实际座位数的 1.1 倍计算。

表 3.5.2　使用人数计算表——标定人数

建筑类别	房间功能		人均最小使用面积	备注
剧场	观众厅	甲等	≥0.8m²/座	剧场及其配套前厅、休息厅、衣物寄存处等均限定了人均最小使用面积要求
		乙等	≥0.7m²/座	
电影院	观众厅	特、甲、乙级	宜≥1.0m²/座	——
		丙级	宜≥0.6m²/座	
体育建筑	观众用房	观众休息区	≥0.1~0.2m²/人	特级、甲级的观众休息区标准应适当提高；特级贵宾休息室标准应适当提高
		包厢	≥2~3m²/人	
		贵宾休息室	≥0.5~1.0m²/人	

续表

建筑类别	房间功能			人均最小使用面积	备注
交通客运站	候乘厅	普通旅客候乘厅，按旅客最高聚集人数		≥1.1m²/人	适用于汽车客运站、港口客运站。有公路、港口行业设计标准时，应执行最高标准
	港口客运站行包用房	按旅客最高聚集人数	国内	宜≥0.1m²/人	
			国际	宜≥0.3m²/人	
铁路旅客车站	客货共线铁路车站站房	按旅客最高聚集人数	集散厅	宜≥.2m²/人	有铁路行业设计标准时，应执行最高标准，如《铁路旅客车站设计规范》TB 10100—2018（2022年局部修订版）
			候车区（室）	≥1.2m²/人	
	客运专线铁路车站站房	按高峰小时发送量	集散厅	宜≥0.2m²/人	
			候车区（室）	≥1.2m²/人	
	站房候车区（室）	军人（团体）候车区		宜≥0.2m²/人	
		无障碍候车区		宜≥2m²/人	
		软席候车区			

注：1. 本表依据自各相关专项建筑设计标准编制。
2. 交通客运站的旅客最高聚集人数是指交通客运站设计年度中旅客发送量偏高期内，每天最大同时在站人数的平均值。
3. 铁路旅客车站的旅客最高聚集人数是指旅客车站全年上车旅客最多月份中，一昼夜在候车室内瞬时（8~10min)出现的最大候车（含送客）人数的平均值。

3.5.3 无标定人数但使用人数变化较小的公共建筑，如中小学校、办公、餐饮、旅馆、宿舍等，各建筑空间或功能用房的人均最小使用面积见表3.5.3-1。无标定人数但使用人数变化较大的公共建筑，人员密度见表3.5.3-2。应按照专项建筑设计标准的使用人数确定配套设施，按照专项建筑设计标准与防火规范计算得出的使用人数中较大者，计算疏散通道、楼梯及安全出口的宽度和数量。

表 3.5.3-1 使用人数计算表——无标定人数 1

建筑类别	房间功能		人均最小使用面积	备注
办公建筑	普通办公室		≥6m²/人	当无法核定总人数时，可按其建筑面积 9m²/人计算。党政机关办公用房应满足《党政机关办公用房建设标准》建标169—2014的规定要求
	单间办公室		宜≥10m²/人	
	研究工作室		≥7m²/人	
	手工绘图室		≥6m²/人	
	中、小会议室	有会议桌	≥2m²/人	
		无会议桌	≥1m²/人	
科研建筑	科研办公区	研究工作室	宜≥5m²/人	—
		敞开式办公区	宜≥6m²/人	
	学术活动室	有会议桌	≥1.8m²/人	
		无会议桌	≥0.8m²/人	

建筑类别	房间功能			人均最小使用面积	备注
文化馆	群众活动用房		报告厅（宜≤300座，应设置活动座椅）	≥1.0m²/座	—
		文化教室	普通教室（宜40人/间）	≥1.4m²/人	
			大教室（宜80人/间）		
		美术书法教室（宜≤30人/间）		≥2.8m²/人	
		舞蹈排练室		≥6m²/人	
餐饮建筑	用餐区域		餐馆	宜1.3m²/座	1. 快餐店每座最小使用面积可以根据实际需要适当减少。 2. 当附建在商业建筑内时，使用人数应符合《建筑设计防火规范》GB 50016—2014（2018年版）第5.5.21条第7款的规定
			快餐店	宜1.0m²/座	
			饮品店	宜1.5m²/座	
			食堂	宜1.0m²/座	
	食堂的存放区域和食品库房		小型	—	总面积<30m²
			中型	0.3m²/人	总面积≥30m²且服务人数>100人
			大型及特大型	0.2m²/人	总面积≥300m²且服务人数>1000人
中小学校	普通教室		小学	1.36m²/座	指标按照完全小学每班45人、各类中学每班50人测定，班级人数定额调整时参照执行；其他教室等用房未列出，详见专项建筑设计标准
			中学	1.39m²/座	
	合班教室		小学	0.89m²/座	
			中学	0.90m²/座	
	教师办公室			≥5m²/人	
托幼建筑	多功能活动室			宜0.65m²/人（且≥90m²）	生活用房有每班人数及最小使用面积要求，无人均最小使用面积指标要求
	厨房			宜0.4m²/人（且≥12m²）	
老年人建筑	每间居室			≥6m²/床	每间居室的单人间、双人间同时有最小使用面积要求
	老年人日间照料设施的每间休息室			≥4m²/床	
	照料单元的单元起居厅			≥2m²/床	
	老年人全日照料设施的餐厅		护理型床位	≥4.0m²/座	
			非护理型床位	≥2.5m²/座	
	老年人日间照料设施的餐厅				
	文娱与健身用房			≥2m²/床（人）	

续表

建筑类别	房间功能			人均最小使用面积	备注
旅馆建筑	客房多床间		一至三级旅馆	≥4m²/床	单人间、双人间最小净面积详见专项建筑设计标准
	餐厅	中餐厅、自助餐厅（咖啡厅）	一至三级旅馆	宜1.0～1.2m²/人	
			四、五级旅馆	宜1.5～2.0m²/人	
		特色餐厅、外国餐厅、包房		宜2.0～2.5m²/人	
	宴会厅、多功能厅			宜1.5～2.0m²/人	
	会议室			宜1.2～1.8m²/人	
宿舍	1类	每室居住人数	1人	宜≥16m²/人	—
	2类		2人	单层床、高架床 宜≥8m²/人	
	3类		3～4人	宜≥6m²/人	
	4类		6人	宜≥5m²/人	
	5类		≥8人	双层床 宜≥4m²/人	
通用	设备用房			28m²/人	参考美国《生命安全规范》NFPA101

注：本表依据各相关专项建筑设计标准编制。

表 3.5.3-2 使用人数计算表——无标定人数 2

建筑类别	房间功能			人员密度（人/m²）		备注
展览建筑	展厅	地下1层		宜≤0.65		《展览建筑设计规范》JGJ 218—2010 第 4.1.3 条，配套设施可按照此密度确定。疏散人数按照《建筑设计防火规范》GB 50016—2014（2018年版）第 5.5.21 条第 6 款"展览厅内人员密度宜≥0.75 人/m²"确定
		地上1层		宜≤0.70		
		地上2层		宜≤0.65		
		地上3层及以上		宜≤0.50		
博物馆	陈列展览区		—	观众合理密度	观众高峰密度	1. 当存在展厅观众合理密度和高峰密度两类标准时，消防专项设计应按照高峰密度确定，配套设施可按照合理密度确定。 2. 展品占地率>40%的展厅不适用，需另行确定
		设置玻璃橱、柜保护的展品	沿墙布置	0.18～0.20	0.34	
			沿墙、岛式混合布置	0.14～0.16	0.28	
		设置安全警戒线保护的展品	沿墙布置	0.15～0.17	0.25	
			沿墙、岛式、隔板混合布置	0.14～0.16	0.23	
		无需特殊保护或互动性的展品	沿墙布置	0.18～0.20	0.34	
			沿墙、岛式、隔板混合布置	0.16～0.18	0.30	
		展品特征和展览方式不确定（临时展厅）		—	0.34	
		展品展示空间与陈列展览区的交通空间无间隔（综合大厅）		—	0.34	

建筑类别	房间功能		人员密度 （人/m²）	备注
歌舞、娱乐、放映、游艺场所	放映厅		≥1.0	摘自《建筑设计防火规范》GB 50016—2014（2018年版）第5.5.21条第4款
	其他歌舞娱乐放映游艺场所		≥0.5	
商店建筑	商店营业厅	地下第2层	0.56	摘自《建筑设计防火规范》GB 50016—2014（2018年版）第5.5.21条第7款
		地下第1层	0.60	
		地上第1、2层	0.43～0.60	
		地上第3层	0.39～0.54	
		地上第4层及以上各层	0.30～0.42	
	自选营业厅	不采用购物车	≥1.35m²/人	《商店建筑设计规范》JGJ 48—2014
		采用购物车	≥1.70m²/人	
通用	大型会议室		≥2m²/人	需根据工程情况确定
	多功能厅		≥1.5m²/人	
	公共大厅		≥5m²/人	

注：本表依据各相关专项建筑设计标准编制。

【说明】表3.5.3-2中，观众合理密度是指在一定的展览方式条件下，展厅内观展环境、展品和观众安全能得到充分保证，且空气质量良好时，展厅净面积每平方米能容纳的最大观众人数，简称合理密度。

观众高峰密度是指在一定的展览方式条件下，可能造成展厅内观展环境、展品和观众安全无法得到充分保证，空气质量下降趋向允许限值而需限制厅外观众进入时，展厅净面积每平方米能容纳的最大观众人数，简称高峰密度。

歌舞、娱乐、放映、游艺场所在计算疏散人数时，可不计算该场所内疏散走道、卫生间等辅助用房的建筑面积，可根据场所内具有娱乐功能的厅、室建筑面积确定，内部服务和管理人员的数量可根据核定人数确定。

商店建筑在计算疏散人数时，营业厅建筑面积既包括展示货架、走道等供顾客购物的场所，也包括营业厅内的卫生间、楼梯间等设施，可不包括仓储、工具间等已设置防火分隔且无需进入营业厅疏散的房间。当建筑规模≤3000m²时宜取上限值，反之，可取下限值。多种商业用途时应按照该建筑的主要商业用途确定。

3.6 建 筑 高 度

3.6.1 建筑高度分为规划建筑高度和消防建筑高度，计算方法的主要差异见表 3.6.1-1，规划建筑高度补充规定见表 3.6.1-2。各地区还应符合当地城乡规划的有关规定。

表 3.6.1-1 规划建筑高度和消防建筑高度主要差异对比表

计算要求分类	规划建筑高度		消防建筑高度
平屋顶建筑	有女儿墙的建筑，应按室外设计地坪至建筑物女儿墙顶点的高度计算		无论是否有女儿墙，均应为建筑室外设计地面至其屋面面层的高度
	无女儿墙的建筑，应按室外设计地坪至建筑物屋面檐口顶点的高度计算		
坡屋顶建筑	应分别计算檐口及屋脊高度	檐口高度应按室外设计地坪至屋面檐口或坡屋面最低点的高度计算	应为建筑室外设计地面至其屋面面层的高度
		屋脊高度应按室外设计地坪至屋脊的高度计算	
多种屋面形式的建筑	建筑高度应分别计算后取其中大值		建筑高度应分别计算后取其中最大值
多个室外设计地坪的建筑	建筑高度应分别计算后取其中最大值		当位于不同高程地坪上的同一建筑之间有防火墙分隔，各自有符合规范规定的安全出口，且可沿建筑的两个长边设置贯通式或尽头式消防车道时，可分别计算各自的建筑高度。否则，建筑高度应分别计算后取其中最大值
局部突出屋面用房的建筑	下列突出物不计入建筑高度： 1. 屋顶设备用房及其他局部突出屋面用房的总面积≤屋面面积的 1/4 时； 2. 突出屋面的通风道、烟囱、装饰构件、花架、通信设施等； 3. 空调冷却塔等设备		局部突出屋顶的瞭望塔、冷却塔、水箱间、微波天线间或设施、电梯机房、排风和排烟机房以及楼梯出口小间等辅助用房占屋面面积≤1/4 时，可不计入建筑高度
其他	—		对于住宅建筑，设置在底部且室内高度≤2.2m 的自行车库、储藏室、敞开空间，室内外高差或建筑的地下或半地下室的顶板面高出室外设计地面的高度≤1.5m 的部分，可不计入建筑高度

注：1. 规划建筑高度要求依据《民用建筑通用规范》GB 55031—2022 第 3.2.1 条～第 3.2.6 条及《民用建筑设计统一标准》GB 50352—2019 第 4.5.1 条、第 4.5.2 条编制，图示见国标图集 20J813《〈民用建筑设计统一标准〉图示》。

　　2. 消防建筑高度的要求见《建筑设计防火规范》GB 50016—2014（2018 年版）附录 A.0.1，图示见国标图集 18J811-1《〈建筑设计防火规范〉图示》。

表 3.6.1-2　规划建筑高度补充规定

控制建筑高度的建筑类型	控制类别	建筑高度计算要求
机场、广播电视、电信、微波通信、气象台、卫星地面站、军事要塞等设施的技术作业控制区内及机场航线控制范围内的建筑	应按净空要求控制建筑高度及施工设备高度	1. 应按室外设计地坪至建(构)筑物最高点计算。 2. 应以绝对海拔高度控制建筑物室外地面至建筑物和构筑物最高点的高度
历史建筑，历史文化名城名镇名村、历史文化街区、文物保护单位、风景名胜区、自然保护区的保护规划区内的建筑	应按规划控制建筑高度	

【说明】规划建筑高度是规划管理部门的控制指标，与城市空间尺度、天地线、日照等相关。总图上标注的建筑高度通常为规划建筑高度。规划建筑高度的控制要求和计算方法应执行现行国家标准《民用建筑通用规范》GB 55031 和《民用建筑设计统一标准》GB 50352。消防建筑高度是消防专项的重要指标，侧重消防救援，应符合现行国家标准《建筑设计防火规范》GB 50016 的规定。

3.6.2　建筑层数应按建筑的自然层数计算，下列空间可不计入地上建筑层数。

1. 地下空间的顶板面高出室外地坪的高度低于当地规划管理部门不计入容积率的规定，如北京规划管理部门规定"地下空间的顶板面高出室外地坪不足 1.5m 时不计入容积率"，则该部分可不计入地上建筑层数。

2. 层高<2.2m 的架空层和设备层不应计入自然层数。

3. 突出屋面的局部设备用房、出屋面的楼梯间等。

【说明】现行消防规范按照消防救援原理，消防要求及措施与建筑高度相关，与建筑层数关联度不高。本条依据《建筑设计防火规范》GB 50016—2014（2018 年版）附录 A、《住宅设计规范》GB 50096—2011 第 4.0.5 条编制。《住宅设计规范》DB11/1740—2020 第 4.0.5 条第 4 款中，半地下室高出室外设计地面的高度引起的层数计入标准严于《住宅设计规范》GB 50096—2011，与现行消防规范及北京市规划管理部门制定的《容积率计算规则》市规发〔2006〕851 号文的要求一致。

3.6.3　建筑层高是空间净高、机电、结构以及装修构造高度之和。居住建筑层高执行现行国家标准《住宅设计规范》GB 50096 的规定，常见建筑类型主要功能房间室内净高可参考本书表 3.7.3。

3.7　完成面控制

3.7.1　建筑完成面主要指墙面、楼地面和顶棚完成装修做法后的外表面。应对建筑完成面进行有效控制，满足净高、净宽等使用要求。

3.7.2 当标准、规范中涉及高度、宽度等控制指标时，如无特殊说明均应按净尺寸进行核算。应合理预留冗余空间以应对允许范围内的加工和施工误差。常用室内装修预留厚度见表 3.7.2。

表 3.7.2 常用室内装修预留厚度

类别	施工误差（mm）	预留最小厚度（mm）	备注
内墙抹灰	3~5	15	—
内墙饰面砖	1~4	25	当面砖厚度不大于 8mm 时
内墙贴薄石材	1~4	30	石材规格≤400mm×400mm，墙高≤5m
内墙挂板材	1~4	100	视墙高、龙骨、板材规格确定
梁、板底抹灰	1~3	10	—

注：有凸凹造型处应保证最薄处厚度，高大空间装修构造厚度应根据具体构造确定。

3.7.3 常见建筑类型主要功能房间室内净高见表 3.7.3。

【标准摘录】《民用建筑设计统一标准》GB 50352—2019 第 6.3.2 条：室内净高应按从楼地面完成面至吊顶、楼板或梁底面之间的垂直距离计算；当楼盖、屋盖的下悬构件或管道底面影响有效使用空间时，应按楼地面完成面至下悬构件下缘或管道底面之间的垂直距离计算。

表 3.7.3 常见建筑类型主要功能房间室内净高汇总表

建筑类别	房间部位		室内净高不应/不宜低于（m）			备注
托幼建筑	托儿所睡眠区、活动区		2.8			—
	幼儿园活动室、寝室		3.0			
	多功能活动室		3.9			
	厨房加工间		3.0			
中小学校	普通教室、史地、美术、音乐教室		小学 3.0	初中 3.05	高中 3.1	风雨操场等各类体育场地的最小净高： 田径：9m； 篮球：7m； 排球：7m； 羽毛球：9m； 乒乓球：4m； 体操：6m
	舞蹈教室		4.5			
	科学教室、实验室、计算机教室、劳动教室、技术教室、合班教室		3.1			
	阶梯教室		最后一排（楼地面最高处）距顶棚或上方突出物距离≥2.2			
办公建筑	单间式和单元式办公室	有集中空调设施并有吊顶	2.5			建议标准： 层高 4.0~4.5m， 净高 2.7~3.0m
		无集中空调设施	2.7			
	开放和半开放式办公室	有集中空调设施并有吊顶	2.7			
		无集中空调设施	2.9			
	走道		2.2			

续表

建筑类别		房间部位	室内净高不应/不宜低于（m）	备注
科研建筑	科研通用实验室	不设置空气调节时	宜2.8	不宜设吊顶；其他试验用房随专用规范或工艺要求
		设置空气调节时	宜2.6	
		走道	宜2.4	
档案馆		档案库	2.6	—
图书馆	书库	不采用积层书库	2.4	有梁或管线的部位，其底面净高宜≥2.30m
		采用积层书库	4.7	指结构梁或管线的底面净高
剧场	后台	后台跑场道	2.4	—
		舞蹈排练厅	宜5.0	
		木工间、金工间	7.0	
		绘景间	9.0	
		硬景库	6.0	
展览建筑	展览空间	甲等展厅	宜12.0	—
		乙等展厅	宜8.0	
		丙等展厅	宜6.0	
博物馆	业务与研究用房	美工室、展品展具制作与维修用房	宜4.5	
	历史类、艺术类、综合类博物馆	展厅	宜3.5	展示一般历史文物或古代艺术品
			宜4.0	展示一般现代艺术品
		库房	宜2.8~3.0	文物类藏品
			宜3.5~4.0	现代艺术类藏品、标本类藏品
			根据工艺要求确定	特大体量藏品
		实物修复用房	3.0	—
	自然博物馆	展厅	宜4.0	—
		动物标本制作用房制作室、缝合室	宜4.0	—
	科技馆	特大型馆、大型馆	宜6.0~7.0	主要入口层展厅
		大中型馆、中型馆	宜5.0~6.0	
		特大型馆、大型馆	宜5.0~6.0	楼层展厅
		大中型馆、中型馆	宜4.5~5.0	
文化馆	群众活动用房	计算机与网络教室	3.0	—
		舞蹈排练室	4.5	
	业务用房	录音录像室（小型）	宜5.5	

建筑类别	房间部位			室内净高不应/ 不宜低于（m）	备注
体育建筑	体育馆练习房训练场地			10.0	专项训练场地净高不得小于该专项对场地净高的要求
医院	综合医院		诊查室	宜 2.6	—
			病房	宜 2.8	
			公共走道	宜 2.3	
	传染病医院		诊查室、病房	2.8	
			医技科室	3.0	
	急救中心		车库	宜 3.2	地下车库净高应大于急救车高度（包括天线在内）
疗养院	疗养室及疗养员活动室			宜 2.6	—
	医护用房			宜 2.4	
	走道及其他辅助用房			2.2	
饮食建筑	用餐区域			宜 2.6（设集中空调时宜≥2.4）	设置夹层的用餐区域最低处≥2.4m
	厨房区域各类加工制作场所			宜 2.5	
商店	营业厅	最大进深与净高比	单面开窗（2:1）	3.2	营业厅：设有空调设施、新风量和过渡季节通风量≥20m³/（h·人），且人工照明面积≥50m²的房间或宽度≤3m 的局部空间净高可酌减，但不应小于2.4m
			前面敞开（2.5:1）	3.2	
			前后开窗（4:1）	3.5	
			机械排风和自然通风相结合（5:1）	3.5	
			空气调节系统（无要求）	3.0	
		库房	设有货架的储存库房	2.1	
			设有夹层的储存库房	4.6	
			无固定堆放形式的储存库房	3.0	
休闲、娱乐建筑	歌舞厅等大型厅室			3.6（设机械通风或空调时 3.2）	无专项规范要求，仅为建议
	歌厅、棋牌、电子游戏、网吧等小型厅室			2.8（设机械通风或空调时 2.5）	
	体育、健身等小型厅室			2.9（设机械通风或空调时 2.6）	
交通客运站	候乘厅		港口客运站候乘风雨廊	2.4	—
	行包用房		行包仓库	3.6	
	国际港口客运用房		联检通道	宜 4.0	
铁路旅客车站	站房设计		候车区（室）	宜 3.6	利用自然采光和自然通风，高大空间净高宜根据高跨比确定
	行李、包裹用房		包裹库	3.0	—

续表

建筑类别		房间部位		室内净高不应/不宜低于（m）	备注
旅馆	客房	居住部分		2.6（设空调时2.4）	货运专用出入口设于地下车库内时，地下车库货运通道和卸货区域净高不宜低于2.95m①
		利用坡屋顶内空间作客房时		至少有8m²的使用面积应≥2.4	
		卫生间		2.2	
		客房层公共走道及客房内走道		2.1	
宿舍	居室	单层床		2.6	层高不宜<2.80m
		双层床或高架床		3.4	层高不宜<3.60m
老年人照料设施		居室		宜2.4	—
		利用坡屋顶空间作为居室		2.1（最低处）且低于2.4m高度部分面积不应大于室内使用面积的1/3	—
住宅		卧室、起居室（厅）		2.4/2.5*；局部净高应≥2.1/2.2*；局部净高的室内面积不应大于室内使用面积的1/3	住宅层高宜为2.8m。《住宅设计规范》DB11/1740—2020："住宅层高不应低于2.8m"
		利用坡屋顶内空间作卧室、起居室（厅）		2.1/2.2*；至少有1/2的使用面积的室内净高不应低于最低净高	
		厨房、卫生间		2.2；内排水横管下表面与楼面、地面净距应≥1.9/2.0*	
车库	机动车库	停车区域、坡道	微型车、小型车	2.2	—
			轻型车	2.95	—
			中型、大型客车	3.7	—
			中型、大型货车	4.2	—
	非机动车库	停车区域		2.0	—
城市公共卫生间		独立式公共卫生间		宜3.5	设天窗时可适当降低
物流建筑		平面操作		存储型 / 作业型 ≥5.5	室内净高可在满足工艺条件下，结合当地气候、施工条件、经济性等适当进行调整
		使用普通货架		≤7.0 / —	
		使用高货架		≥9.0 / —	
		使用分拣系统等大型设备		按设备安装与检修高度确定	

建筑类别	房间部位	室内净高不应/不宜低于（m）		备注
人防工程	防空地下室	室内地平面至梁和管底	2.0	《平战结合人民防空工程设计规范》DB11/994—2021："一般专业队装备掩蔽部的梁底、管底净高不宜小于3m"
	专业队装备掩蔽部和人防汽车库		2.0且车高+0.2	
	防空地下室（专业队装备掩蔽部和人防汽车库除外）	宜2.4		室内地平面至结构顶板底面
通用/其他	地下室、局部夹层、走道、避难层、架空层等有人员正常活动的建筑用房	最低处2.0		避难层兼顾其他功能时，根据功能空间的需要确定

注：1. 本表依据各专项建筑设计标准编制。
　　2. ①旅馆建筑地下货运通道、卸货区域净高不宜低于车库建筑中轻型车库净高。
　　3. 带＊号的指标为《住宅设计规范》DB 11/1740—2020 的要求。

3.7.4　净宽应为建筑完成面之间的最小距离，具体要求见表 3.7.4。

表 3.7.4　主要建筑部位净宽要求汇总表

类别	净宽要求	标准索引
消防疏散	1. 公共建筑最小净宽度：疏散门和安全出口应≥0.90m，疏散走道和疏散楼梯应≥1.10m。 2. 高层公共建筑最小净宽度：楼梯间首层疏散门、首层疏散外门应≥1.20m，疏散走道单面布置/双面布置应≥1.30m /1.40m，疏散楼梯应≥1.20m	《建筑设计防火规范》GB 50016—2014（2018 年版）第 5.5 节
	人员密集的公共场所室外疏散通道的净宽度不应<3.00m	
	剧场、电影院、礼堂、体育馆等场所/其他公共建筑的疏散走道、疏散楼梯、疏散门、安全出口的净宽度和总宽度要求尚应经计算确定	
	住宅建筑最小净宽度：户门和安全出口应≥0.90m，疏散走道、疏散楼梯和首层疏散外门应≥1.10m；建筑高度≤18m且一边设置栏杆的疏散楼梯应≥1.0m。户门、安全出口、疏散走道和疏散楼梯各自的总净宽度尚应经计算确定	
消防疏散	当有凸出物时，楼梯净宽应从凸出物表面算起	
功能使用	改变方向的楼梯平台净宽应≥1.20m；当中间有实体墙时，扶手转向端处的平台净宽应≥1.30m。直跑楼梯的中间平台净宽应≥0.9m。公共楼梯（向上、向下）梯段设置的楼梯间门距踏步边缘应≥0.6m	《民用建筑通用规范》GB 55031—2022 第 5.3 节
	除住宅外，民用建筑的公共走廊净宽应满足各类型建筑场所最小净宽要求，且≥1.30m	
功能使用	电梯候梯厅深度与电梯类别和排布方式相关	《民用建筑设计统一标准》GB 50352—2019 第 6.9.1 条
	卫生间和浴室隔间尺寸、卫生设备间距，需考虑分隔板和装修构造厚度	《民用建筑通用规范》GB 55031—2022 第 5.6 节
		《民用建筑设计统一标准》GB 50352—2019 第 6.6 节

3.7.5 应确保人员通行空间的净宽满足正常使用和应急状态下的通行要求，特别是用于消防疏散的房间疏散门、安全出口、疏散走道、疏散楼梯等的净宽。楼梯间内设置栏杆扶手时，其净宽应为扶手边缘之间或扶手边缘至内墙完成面之间的最小净距，计算方法见本书第7.2.2条。门净宽计算方法见本书第6.6.2条。

3.7.6 施工误差应控制在标准允许的范围内。凡不满足标准要求的施工误差，均应整改直至满足标准要求。现浇混凝土结构误差控制值见表3.7.6。

【说明】施工质量验收规范、标准主要包括现行国家标准《混凝土结构工程施工质量验收规范》GB 50204、《建筑装饰装修工程质量验收标准》GB 50210、《钢结构工程施工质量验收标准》GB 50205、《通风与空调工程施工质量验收规范》GB 50243等。

表 3.7.6 现浇混凝土结构误差控制值

项目			允许偏差（mm）
轴线位置	柱、墙、梁		8
垂直度	层高	≤6m	10
		>6m	12
标高	层高		±10
截面尺寸	柱、梁、板、墙		+10，−5
	楼梯相邻踏步高差		6
电梯井	长、宽尺寸		+25，0
表面平整度			8
预留洞、孔中心线位置			15

注：本表摘自《混凝土结构工程施工质量验收规范》GB 50204—2015表8.3.2。

3.7.7 施工误差控制原则

1. 误差不应累积。后续施工应对已完成部分进行现场测量，核实实际尺寸和偏差，并采取适当措施消除已完成部分带来的误差影响。

2. 建筑完成面控制及细部设计、产品加工和安装应考虑建筑、结构及机电设备安装的所有误差，应预留必要的冗余空间。

3. 采用分级调节系统和可调节的构造措施。

3.8 几 何 控 制

3.8.1 几何控制系统是描述建筑几何生成规则、限定系统之间几何关系的信息数据系统，是实现精细化设计目标的重要方法。几何控制系统按照从表及里、从整体到局部的推导方式，通过建立一系列相关联的点、线、面等定位信息的集合，对建筑构件进行精细化定位并描述其生成逻辑。

【说明】几何控制系统采取"唯一性"的设计原则，即各专业以协同参照的方式，遵循统一控制规则，共享同一数据源，避免信息重复表达而造成的不唯一性。数字技术使几何控制系统更加集成、高效、精准。形态复杂的系统需要建立三维模型及数据库，形态简单的系统可通过二维图纸表达。

3.8.2 几何控制系统以"建筑系统"为基础，并与之形成对应关系，见图3.8.2。

【说明】每个建筑系统可划分为多个子系统，并可继续划分至基本构件。几何控制系统对应各建筑系统，可分为外围护几何系统、建筑主体几何系统和结构几何系统。几何控制系统是属性系统，发挥对实体系统的控制作用，不反映在建成的物理实体中。

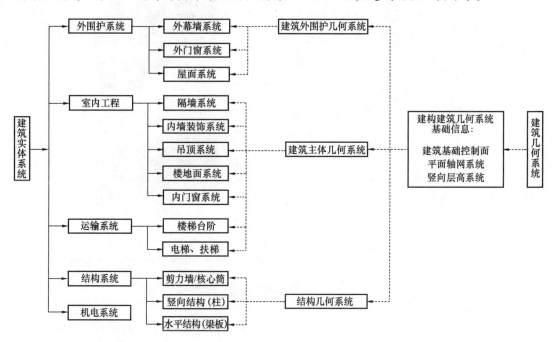

图3.8.2 建筑几何系统和建筑实体系统对应关系图

3.8.3 建筑基础控制面

1. 建筑基础控制面是指精确描述建筑几何形态变化的、连续的三维面片，一般为建筑外完成面，如玻璃幕墙则为玻璃面板外表面，见图3.8.3-1、图3.8.3-2。

【说明】对于形态复杂的建筑，在建筑基础控制面的基础上完成分格设计后，需经过平板化转换，最终的完成表面与基础控制面变化趋势一致但不完全重合。

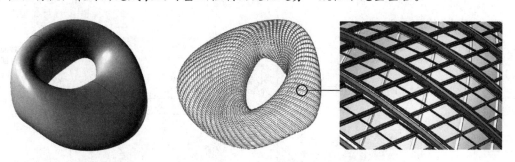

图3.8.3-1 基础控制面   图3.8.3-2 完成表面

2. 建筑基础控制面具有连续的特征，可以此为基础提取点、线几何信息，作为各建筑系统中实体构件生成和定位的依据。表 3.8.3 显示由建筑基础控制面推导结构构件生成的过程。

表 3.8.3 几何控制推导示意

内容	要点	示意图
建筑基础控制面推导结构基础控制面	合理预留幕墙系统构造厚度，推导得到结构基础控制面	
结构基础控制面推导结构板边	结合建筑空间形态，以结构楼板顶面与结构基础控制面相交，得到结构楼板板边控制线	
结构板边控制线推导结构柱中心线生成规则	综合结构计算、建筑形体特征、幕墙分格等主要因素，确定每层楼结构柱生成规则及定位	

续表

内容	要点	示意图
结构柱推导结构梁生成规则	综合结构计算、建筑形体特征等主要因素，确定每层楼结构梁生成规则及定位	
完善其他特殊部位结构构件生成规则	综合结构计算、建筑形体特征等主要因素，确定其他空间结构构件生成规则及定位	

3. 建立建筑基础控制面应综合考虑建筑形态特征、内部功能、外围护系统构造、结构系统、平面轴网等多方面因素，示例见图 3.8.3-3 及图 3.8.3-4。

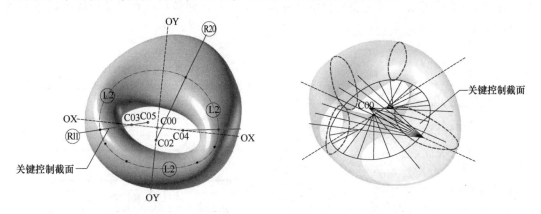

图 3.8.3-3 基础控制面与轴网的叠合关系示意

注：轴测图虚线轮廓为建筑控制面对应主要轴线上的关键控制截面。

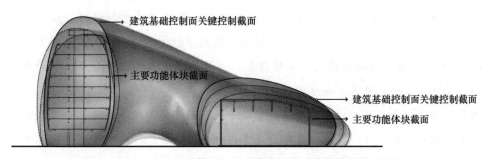

图 3.8.3-4 关键控制截面与建筑内部主要功能体块的关系示意

3.8.4 结构几何控制系统由建筑基础控制面结合平面轴网、层高和结构选型等推导生成，包括所有水平、竖向和空间结构构件的生成逻辑和定位信息。

【说明】结构构件应顺应建筑形态变化趋势，同时应满足结构构件受力要求。当各层结构柱因顺应形态变化无法保持垂直时，应保持各楼层结构柱中心线共面。应准确控制和表达与视觉相关的结构几何控制系统信息，包括结构柱、墙、梁定位及其截面尺寸、结构板边定位、板厚以及节点做法等，并通过协同设计的方式，与结构专业相关数据保持一致。

3.8.5 外围护几何控制系统包含外幕墙几何控制系统和外墙几何控制系统。本条重点说明外幕墙几何控制系统建构过程，外墙几何控制系统可参照执行。

1. 以外幕墙基础控制面为前提，预留合理的幕墙构造厚度，同时确定与外幕墙系统直接相关的结构构件（如：结构梁、板等）空间定位关系。常用框支撑玻璃幕墙构造厚度可参考表 3.8.5，或与幕墙顾问协调确定。

表 3.8.5　常规框支承玻璃幕墙构造厚度

幕墙跨度（mm）（通常为建筑层高）	4000	4500	5000	6000
框支承玻璃幕墙预留构造厚度（mm）	250	250	300	350

2. 在外幕墙基础控制面的基础上，综合考虑建筑层高、墙、柱位置、开启扇设置、安全防护及消防等因素，确定幕墙分格。外幕墙分格线与建筑层高和幕墙板块的对应关系示例见图 3.8.5-1 及图 3.8.5-2。

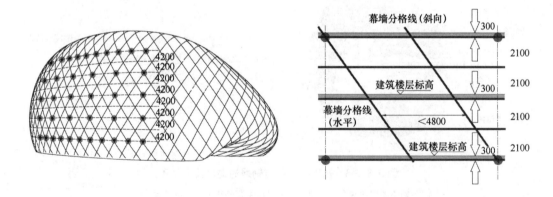

图 3.8.5-1　外幕墙分格线与建筑层高的对应关系

3. 造型复杂的建筑，应在外幕墙分格的基础上对板块翘曲情况进行分析，针对不同情况采用相应的板片化策略，达到曲面平板化、规格标准化的目的，示例见图 3.8.5-3。

【说明】第 1 款幕墙构造厚度与幕墙类型、建筑层高、幕墙水平分格、风荷载、幕墙龙骨材质等因素有关，并需考虑结构施工误差。

第 3 款板片化策略包括以板块折转、折面平板、局部异形板等方式拟合建筑的曲面形态，形成不同的表皮机理。板片化策略应尊重材料本身的特性。玻璃面板适合以平板方式加工，铝、钢等金属材料可以满足一定的弯扭需求。

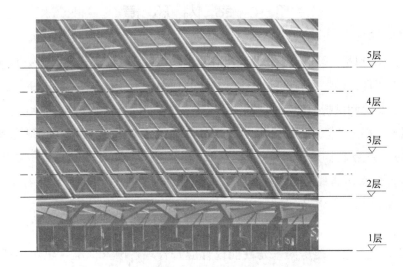

5层
4层
3层
2层
1层

图 3.8.5-2 外幕墙分格线与幕墙板块的对应关系

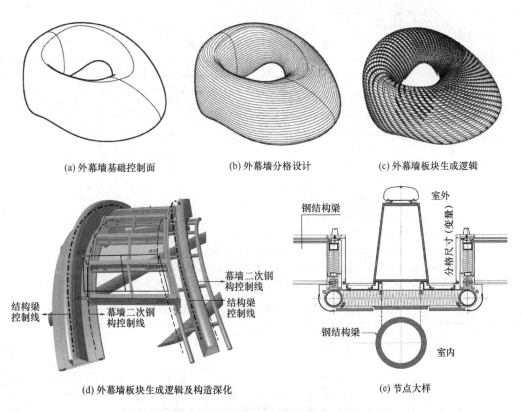

(a) 外幕墙基础控制面   (b) 外幕墙分格设计   (c) 外幕墙板块生成逻辑

幕墙二次钢构控制线

结构梁控制线   幕墙二次钢构控制线   结构梁控制线

(d) 外幕墙板块生成逻辑及构造深化

室外   钢结构梁   分格尺寸 (变量)

钢结构梁   室内

(e) 节点大样

图 3.8.5-3 外幕墙板片化策略示例

3.9 室内环境

3.9.1 室内环境包括光环境、风环境、热湿环境、声环境、空气质量等。应因地制宜地利用场地自然条件，确保适宜的室内环境，充分利用自然光、风等资源，降低建筑对人工照明、通风、制冷和供暖等能耗的需求。

【说明】应依据国家、行业、地方设计标准、规范及相关规定（如绿色建筑星级要求等），结合建筑功能、用户需求、自然环境特征等，明确室内环境设计目标和性能标准。鼓励运用仿真计算机模拟分析工具，对场地环境、室内环境性能进行综合性、可视化、量化的模拟分析，并在此基础上优化设计，常用软件有 PKPM、斯维尔、IES、Ecotect 等。

3.9.2 民用建筑主要功能房间采光性能设计应符合现行国家标准《建筑环境通用规范》GB 55016 中建筑光环境和《建筑采光设计标准》GB 50033—2013 的规定。应合理确定建筑的窗地面积比和采光有效深度，确保主要功能房间达到采光等级和采光系数标准值的要求，见表 3.9.2-1 及表 3.9.2-2。

表 3.9.2-1　采光指标对照表

	采光等级	I	II	III	IV	V
侧面采光	采光系数标准值（%）	5	4	3	2	1
	室内天然光照度标准值（lx）	750	600	450	300	150
	窗地面积比	1/3	1/4	1/5	1/6	1/10
	采光有效深度（b/h_s）	1.8	2.0	2.5	3.0	4.0
顶部采光	采光系数标准值（%）	5	3	2	1	0.5
	室内天然光照度标准值（lx）	750	450	300	150	75
	窗地面积比（A_c/A_d）	1/6	1/8	1/10	1/13	1/23

注：1. 本表依据《建筑采光设计标准》GB 50033—2013 表 3.0.3、表 6.0.1 编制。
　　2. 表中所列采光系数标准值适用于我国 III 类光气候区（北京地区属于该气候区），采光系数标准值按室外设计照度值 15000 lx 制定。
　　3. 采光标准的上限值不宜高于上一采光等级的级差，采光系数值不宜高于 7%。
　　4. 窗地面积比为窗洞口面积与地面面积之比，对于侧面采光，应为参考平面以上的窗洞口面积。
　　5. 采光有效深度为房间进深与参考平面至窗上沿高度的比值。

表 3.9.2-2　各类建筑主要功能房间采光等级要求

建筑类别	采光等级									
	I		II		III		IV		V	
	侧面采光	顶部采光	侧面采光	顶部采光	侧面采光	顶部采光	侧面采光	顶部采光	侧面采光	顶部采光
住宅建筑	—	—	—	—	—	—	卧室、起居室（厅）；厨房	—	卫生间、过道、餐厅、楼梯间	—

建筑类别	采光等级									
	I		II		III		IV		V	
	侧面采光	顶部采光	侧面采光	顶部采光	侧面采光	顶部采光	侧面采光	顶部采光	侧面采光	顶部采光
教育建筑	—				普通教室；专用教室、实验室、阶梯教室、教师办公室			—	走道、楼梯间、卫生间	—
医疗建筑	—				诊室、药房、治疗室、化验室		一般病房；医生办公室（护士室）、候诊室、挂号处、综合大厅		走道、楼梯间、卫生间	
办公建筑	—		设计室绘图室	—	办公室、会议室		复印室、档案室	—	走道、楼梯间、卫生间	
图书馆建筑	—		—		阅览室、开架书库		目录室		书库、走道、楼梯间、卫生间	
旅馆建筑	—		—		会议室		大堂、客房、餐厅、健身房		走道、楼梯间、卫生间	
博物馆建筑	—		—		文物修复室、标本制作室、书画装裱室		陈列室、展厅、门厅		库房、走道、楼梯间、卫生间	
展览建筑	—		—		展厅（单层及顶层）		登陆厅、连接通道		库房、楼梯间、卫生间	
交通建筑	—		—		进站厅、候机（车）厅		出站厅、连接通道、自动扶梯		站台、楼梯间、卫生间	
体育建筑	—		—		—		体育馆场地、观众入口大厅、休息厅、运动员休息室、治疗室、贵宾室、裁判用房		浴室、楼梯间、卫生间	

注：1. 本表依据《建筑采光设计标准》GB 50033—2013 第 4 章编制。

2. 表中博物馆建筑的文物修复室和标本制作室可通过补充人工照明，最终达到 750 lx 的照度标准值要求；陈列室、展厅是指对光不敏感的陈列室、展厅，如无特殊要求应根据展品的特征和使用要求优先采用天然采光，对光敏感展品或藏品的存放区域不应有直射阳光；书画装裱室设置在建筑北侧，工作时一般仅用天然采光照明。

3. 表中体育建筑的采光主要用于训练或娱乐活动。

【说明】可采用计算机模拟计算采光系数、天然光照度、采光均匀度、采光达标面积比等采光性能指标，物理模型的构建和计算参数的设置应符合现行行业标准《民用建筑绿色性能计算标准》JGJ/T 449 的规定。

不同地区的光气候分区应按《建筑采光设计标准》GB 50033—2013 附录 A 确定，各光气候区的室外天然光设计照度值及光气候系数应按该标准表 3.0.4 采用，所在地区的采光系数标准值和窗地面积比应乘以相应地区的光气候系数 K。

3.9.3 应充分利用自然光，减少昼间照明能耗，措施如下：

1. 合理控制空间进深，自然采光空间进深不宜大于参考平面至侧窗上沿高度的 2.5 倍。当进深较大时，可通过设置中庭和屋顶天窗等措施，将自然光引入建筑内部。当设置屋顶天窗时，采光窗面积不宜小于地面面积的 1/10，并确保采光均匀度。

2. 地下空间宜设置窗井、下沉广场或设有采光天窗的中庭等。

3. 当内走道长度不超过 20m 时，宜在一端设置采光口，超过 20m 时宜在两端设置采光口，超过 40m 时宜在中部增设采光口。

4. 宜在外围护系统的透明部分或相邻的室内空间设置反光板、反光镜、散光板、集光装置、棱镜玻璃等构件，将自然光尽可能地反射到建筑内部。

5. 宜通过设置导光管、导光光纤等导光系统将自然光引入建筑内部。可依据《建筑采光设计标准》GB 50033—2013 第 6.0.2 条进行导光管系统的天然采光照度计算。导光管技术要求见表 3.9.3。

表 3.9.3 导光管技术要求

导光管技术要求		备注
漫射光条件下的系统效率	＞0.5	—
导光管直径	0.35～0.75m	—
导光管长度	≤20m	可跨层安装 可选择使用不同角度的弯道改变导光管方向
导光管间距	依据出光面距参考平面的高度计算	确保采光均匀度

注：1. 导光管穿过建筑外围护结构处应加强防水、保温构造。
2. 不同导光管产品存在技术和性能差异，厂家应对导光管数量和排布进行深化设计。

3.9.4 建筑主要功能空间宜采取下列防眩光措施：

1. 在室外设置遮挡设施（如格栅、百叶、挑檐、雨篷等）。

2. 在室内设置透光窗帘，将入射强光过滤为柔和的漫射光。

3. 宜采用高反射率的浅色顶棚，并利用室外反射提高顶棚亮度。

4. 窗口周围内墙面宜采用浅色饰面。

5. 应减少或避免室内作业区直射阳光，且人员的视觉背景不宜为窗口。

6. 在采光质量要求高的场所，可进行窗的不舒适眩光计算或模拟分析。窗的不舒适眩光指数不宜高于表 3.9.4 规定的数值。

表 3.9.4 窗的不舒适眩光指数（DGI）

采光等级	Ⅰ	Ⅱ	Ⅲ	Ⅳ	Ⅴ
眩光指数值 DGI	20	23	25	27	28

注：本表摘自《建筑采光设计标准》GB 50033—2013 表 5.0.3。

3.9.5 主要功能房间采光窗的颜色透射指数不应低于80。根据《建筑环境通用规范》GB 55016—2021，长时间工作或学习的场所，室内顶棚反射比应为0.6～0.9，墙面反射比宜为0.3～0.8，地面反射比宜为0.1～0.5。

3.9.6 应充分利用自然通风，并根据使用功能和环境要求设置可开启窗，应满足现行建筑设计标准和节能设计要求。当采用自然通风时，开口有效面积应符合表3.9.6-1的规定，窗的有效通风面积计算方法见表3.9.6-2。超高层建筑100m以上宜采用通风器。因空气洁净度、安全防卫等特殊原因未设置可开启窗时，应设置机械通风系统，满足最低新风量要求。

【说明】可开启扇的位置应避免设在室外通风不良区域，且应避免气流短路。可开启窗扇的设置应考虑安全防护，避免高空坠物风险。当设置双层幕墙时，宜根据功能需要，选取外循环式、内循环式或内外循环式，并有效组织双层幕墙的通风换气路径。

表 3.9.6-1　有效通风面积与房间地面面积比汇总表

建筑或房间名称		标准要求	本书要求	
			有空调系统	无空调系统
生活、工作的房间		≥1/20 或通风换气设施	≥1/20	≥1/15
公共建筑	办公建筑　办公室、会议室	≥1/20 或通风换气设施	≥1/20	≥1/15
	商店　营业厅	≥1/20 或通风换气设施	有条件尽量设置开启窗	≥1/20
	饮食建筑　餐厅	≥1/16 或通风换气设施	≥1/20	≥1/16
	饮食建筑　厨房	≥1/10 且≥0.6m² 或通风换气设施	≥1/10 且≥0.6m²	
	饮食建筑　厨房库房	≥1/20 或通风换气设施	有条件尽量设置开启窗	≥1/20
	养老设施　功能空间	应设自然通风≥1/15（北京地区）	≥1/15	
	托儿所、幼儿园　幼儿用房	≥1/20		
	学校　教学用房	应设自然通风		
	图书馆　书库、阅览室	应设自然通风	≥1/20	≥1/15
	旅馆　客房	—	≥1/20	≥1/15
	汽车客运站　候车厅	—	≥1/25	≥1/20
	医院　门诊、急诊和病房	应设自然通风	≥1/15	
	医院　办公、活动室、医护休息	—		
	其他用房　门厅、大堂、休息厅等	玻璃幕墙可开启窗面积不限	有条件尽量设置开启窗	≥1/25
	其他用房　卫生间	≥1/20	—	≥1/15
	其他用房　浴室			

建筑或房间名称		标准要求	本书要求	
			有空调系统	无空调系统
居住建筑	住宅	每套住宅	≥5%	—
		卧室、起居室、明卫生间	≥1/20；≥1/15(北京地区)	≥1/15
		厨房	≥1/10 且≥0.6m²	—
	宿舍	居室	≥1/20	

注：1. 本表中的标准要求依据《民用建筑设计统一标准》GB 50352—2019 及各建筑类型设计标准编制。

2. 北京地区公共建筑，每个单一立面开启窗有效通风面积不应小于该立面面积的5%。

表 3.9.6-2 有效通风面积计算方式

开窗类型		计算方式
平开窗	开窗角＞70°	按窗的面积计算
	开窗角≤70°	按窗最大开启时的竖向投影面积计算
悬窗	开窗角＞70°	按窗的面积计算
	开窗角≤70°	按窗最大开启时的水平投影面积计算
推拉窗		按开启的最大窗口面积计算
百叶窗		按窗的有效开口面积计算
平推窗（在顶部）		按窗的1/2周长与平推距离乘积计算，且不应大于窗面积
平推窗（在外墙）		按窗的1/4周长与平推距离乘积计算，且不应大于窗面积

注：1. 本表依据《建筑防烟排烟系统技术标准》GB 51251—2017 第 4.3.5 条编制。

2. 当设置自然通风的房间外设有封闭阳台时，计算自然通风开口面积的分母应包含房间地面和阳台地面面积，分子为封闭阳台的可开启面积。

3.9.7 可通过建筑布局优化室内空间组织，利用建筑迎风面与背风面的风压差形成室内空气对流。大进深建筑宜设置带有可开启天窗的中庭，利用"烟囱效应"形成自下至上的气流，达到自然通风的效果。

【说明】对于室内风环境要求较高的建筑，可进行风环境模拟计算，物理模型的构建和计算参数的设置应符合现行行业标准《民用建筑绿色性能计算标准》JGJ/T 449 的规定。室内自然通风计算分析专项报告应包括开口流量、流向示意图、室内通风量及各房间通风换气次数等指标，且应符合《民用建筑绿色性能计算标准》JGJ/T 449—2018 附录 A.0.5 的规定。

3.9.8 严寒、寒冷地区建筑主要出入口应避免朝向冬季主导风向，当处于不利位置时应设门斗、旋转门和热风幕等防寒措施。地下车库的出入口宜避免朝向冬季主导风向。

3.9.9 应严格控制外围护结构热工性能，提升室内热舒适度，降低能耗。主要措施包括：

1. 严寒、寒冷地区宜减少建筑体形的凹凸错落，降低体形系数，减少冬季外围护结构热量散失。

2. 宜集中布置室内热环境需求相同或相近的功能空间。

3. 人员长期停留的主要功能用房宜南向布置。有自发热设备的用房（如厨房、数据中心等）宜北向布置且贴临外墙。

4. 可通过设置室内过渡空间（如：封闭阳台、走廊、双层幕墙等）及可调节措施，提升室内热环境稳定性和适应性。

5. 外围护结构外表面不宜采用深色饰面材料。可通过设置屋顶绿化减少太阳辐射热的吸收。

6. 外围护结构透明部分宜设置可调节遮阳设施。东西向建筑宜设置竖向外遮阳板，南北向建筑宜设置水平外遮阳板。

【说明】对于室内热湿环境要求较高的建筑，可进行模拟计算，物理模型的构建和计算参数的设置应符合现行行业标准《民用建筑绿色性能计算标准》JGJ/T 449 的要求。

3.9.10 应根据建筑类型、建筑功能、声环境性能要求、绿色建筑要求等确定室内声环境性能指标。建筑声学设计应符合现行国家标准《民用建筑隔声设计规范》GB 50118 和各类建筑设计标准中与声学相关的规定。

【说明】评价建筑声环境的主要指标包括室内允许噪声级或噪声限值，围护结构空气声隔声性能，楼板撞击声隔声性能。辅助指标包括房间混响时间，室内装饰材料的降噪系数等。民用建筑采用 A 声级作为室内允许噪声级的主要控制指标，即房间关窗状态下室内允许的噪声水平。

3.9.11 室内噪声级控制包括噪声源控制、噪声传递途径控制和噪声接收控制。噪声源可分为室外噪声源和室内噪声源，见图 3.9.11。应严格控制外围护结构声学性能，选用低噪

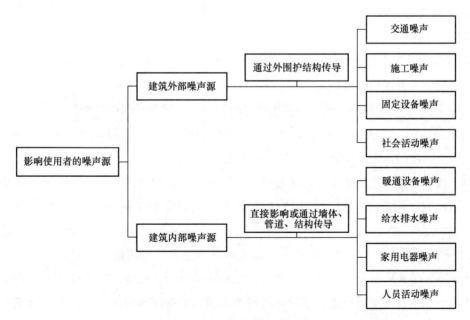

图 3.9.11 噪声源类别图示

声设备，采用具有吸声、隔声性能的装饰材料和构造，确保室内声环境满足现行标准要求，具体措施见本书第 9.5 节建筑声学及其他章节相关内容。

【说明】除满足现行国家标准《民用建筑隔声设计规范》GB 50118 和各类建筑设计标准外，还应满足现行国家标准《建筑环境通用规范》GB 55016 中建筑声环境的相关规定。

3.9.12 应根据室外声环境、室外噪声源特征和室内声环境需求，制定合理的围护结构空气声隔声性能指标。提高隔墙隔声性能的技术措施见本书第 6.2.6 条。现行标准中未明确的围护结构类型可参照相似系统。

1. 玻璃幕墙应参照外窗的空气声隔声性能指标。

2. 各种砌体、板材、装配式外墙及非透明幕墙应参照外墙的空气声隔声性能指标。

3. 通常为关闭状态的透明外门采用外窗空气声性能指标。

【说明】《民用建筑隔声设计规范》GB 50118—2010 中的空气声隔声标准包括分隔构件的隔声标准和房间之间的隔声标准两种，建议参考其中的分隔构件的空气声隔声标准表，即 R_w+C 和 R_w+C_{tr} 指标。指标表中的 R_w+C 和 R_w+C_{tr} 是经过修正的声学物理量，适用于构件所处的不同噪声环境。参照图集选用产品时，应采用一致的指标。

《民用建筑隔声设计规范》GB 50118—2010 仅区分了外墙和外窗的外围护系统隔声性能要求，本条提出了规范未明确的常见外围护结构参考依据。

第 3 款指住宅和公共建筑中噪声敏感房间开向阳台、室外且通常为关闭状态的门，对于噪声不敏感的房间可不做要求。

3.9.13 门窗的隔声性能指标应符合现行国家标准《民用建筑隔声设计规范》GB 50118 的规定。门、窗的隔声设计原则如下：

1. 外窗除主体透光部分外，应检测窗框的隔声性能和开启扇的密封性能，查验隔声量检测报告。

2. 应避免设备机房等产生噪声的房间窗口与噪声敏感房间窗口相邻，应根据噪声影响程度安装消声器或消声百叶。

3. 应避免噪声敏感房间的门正对其他房间的门，且避免开向产生噪声的公共空间。

4. 设备机房等产生噪声的房间门不得直接开向噪声敏感房间，当开向公共区域时，应采用双道隔声门或隔声量 $R_w+C_{tr} \geq 42dB$ 的隔声门。

3.9.14 预制构件、大板结构、轻质屋面易产生撞击声、雨噪声、共振引起的二次辐射噪声等问题，应选用适宜的材料和构造做法。有较高声学性能要求时，应进行专项技术论证。

【说明】容易产生共振的建筑构件，其表面振动易引起向周围空气辐射噪声，称为二次辐射噪声。随着城市地铁建设、装配式建筑比例的增加，此类噪声问题应予以关注。

3.9.15 当噪声与振动敏感建筑或设有对噪声与振动敏感房间的建筑附近有可察觉的固定振动源时，应对其建设场地进行环境振动测量，并根据影响评估结果采取相应的振动控制措施。

3.9.16 可通过铺设弹性材料提高楼板撞击声隔声性能或隔振性能，具体做法见本书第6.4.5条。以下情况应采取隔声措施：

1. 居住建筑的分户楼板；
2. 三星级及以上旅馆建筑的分户楼板；
3. 主要使用空间上方或临近的空调机房、电梯机房、水泵房等设备用房楼板；
4. 下方有噪声敏感房间的室内球场、舞蹈教室、健身房等房间楼板；
5. 对撞击声隔声性能有特殊要求的建筑用房楼板。

3.9.17 建筑空间布局应有利于降低污染物影响，利于污染物排放，并利用通风措施改善室内空气质量，必要时设置空气净化装置。

3.9.18 室内空气中氡、甲醛、氨、苯、甲苯、二甲苯、总挥发性有机化合物（TVOC）等污染物的浓度应符合现行国家标准《建筑环境通用规范》GB 55016 的规定。室内装饰材料有害物质限量应符合现行国家、地方和行业标准的规定，具体见本书第6章室内工程相关内容。

【说明】可利用模拟分析软件对室内污染物的扩散和空气污染浓度进行模拟计算，模拟分析结果可用于优化设计。物理模型的构建和计算参数的设置应符合现行行业标准《民用建筑绿色性能计算标准》JGJ/T 449 的规定。

3.10 色彩设计

3.10.1 室内外所有可见的表面，包括开放式或半开放式构造的背板、龙骨、机电设施等均应进行色彩设计，影响建筑色彩的基本要素见表 3.10.1。

表 3.10.1 色彩设计基本要素

影响因素			基本要素
外部条件	物理	自然	自然地貌、气候条件、生态物种、物产、材料等
		城市	周边建筑、景观、街道等
	法律法规	城市规划	色彩规定或色彩建议
		历史名城和文物保护	被保护要素的特征
	人文	通识	色彩生理与色彩心理
		特定文化	哲学、宗教、地域、民族的色彩文化，包括习俗、偏好或禁忌
内部条件	物理	建筑规模尺度	建筑空间尺度特征
		建筑光环境	自然采光和人工照明条件，光源的强度、色温等特性
		建筑功能布局	建筑使用性质和布局特征
	人文	建筑创意	建筑设计创意、设计思路，包括建筑形体、空间的表达
		建筑目标	建筑的地位、作用及要达到的政治、文化和心理等层面的效果

【说明】除规定建筑各部品部件的色彩，应对建筑尺度、形态、材料、质感、光泽度、透明度、纹理等进行系统性设计，并充分考虑加工、安装等工艺特点及要求。设计各阶段均应包含色彩设计内容，形成相应设计成果，并随着设计的深入逐步系统化、精细化和指标量化。

3.10.2 常用建筑色卡包括 CBCC 中国建筑色卡国家标准、RAL 色卡、PANTONE 色卡等，见图 3.10.2。

(a) CBCC中国建筑色卡国家标准　　　　(b) RAL色卡　　　　(c) PANTONE色卡

图 3.10.2　常用建筑色卡

3.10.3 色彩设计影响因素

1. 应考虑环境影响，包括自然光、人工照明、位置、角度（如垂直面和顶面会因受光不同而形成不同的色彩表现）等。

2. 应充分考虑材质、反射率、穿孔率、透明度、表面质感、光泽度等物理特性对色彩表现的影响。

3. 透明或半透明材料、穿孔材料等应充分考虑背衬构造及材料在不同光照条件下对色彩表现的影响。

3.11　建　筑　安　全

3.11.1 建筑安全是民用建筑的基本要求，是通过对场地、建筑、设备设施、部品部件等采取必要措施，使建筑在日常使用及地震、积雪、大风、暴雨等自然灾害情况下，达到足够的防范危险和危害、保障人身和财产安全的性能水平。建筑安全主要内容见表 3.11.1。

【说明】本条包含直接影响建筑安全使用的主要技术要点，防恐、防爆、防盗、人防以及防水、防潮、排水、耐久、洁净等可参考其他章节相关内容。不同建筑类型在建筑安全设计方面有不同要求，应结合专用设计标准进行专项设计。

表 3.11.1 建筑安全分类汇总表

阶段	分类		主要问题及技术要素	依据的国家现行标准、标准图集及相关政策法规
城市规划	城市选址		重大基础设施布局，城市生命线布局	《城市综合防灾规划标准》GB/T 51327、《防洪标准》GB 50201、《城乡建设用地竖向规划规范》CJJ 83、《防灾避难场所设计规范》GB 51143
	城市综合防灾与环境安全		人民防空上位规划；城市应急避难上位规划；区域性防洪、滞洪骨干工程规划；防泥石流；水利枢纽工程；区域及城市消防救援、防火、抗震、防爆、治安、交通等	
场地设计	基地选址与环境安全		环境影响评价；水土保持；土壤健康；生态保护与生态修复；交通评价；地震断裂带；蓄洪线、滑坡、高压电缆等危险性管线及通廊	《城乡建设用地竖向规划规范》CJJ 83、《城市绿地规划标准》GB/T 51346、《洪泛区和蓄滞洪区建筑工程技术标准》GB/T 50181
	总平面设计		场地排水与竖向布置：防止雨水积水、倒灌，尤其是下沉与低洼场地、地下室、坡道、室内外高差较小处、紧邻室外的电气用房等	《城乡建设用地竖向规划规范》CJJ 83、《建筑与小区雨水控制及利用工程技术规范》GB 50400、《海绵城市雨水控制与利用工程设计规范》DB11/685
			护坡、挡土墙：避免倒塌危险，应考虑气候、水土荷载、排水措施、材料、构造、施工条件等因素。大于一定高度时，应由具有专项设计资质的单位进行专项设计	国标图集 12J003《室外工程》将可选用的挡土墙高度限值定为 2m，设计还应根据工程具体情况与结构专业配合完成
			围墙、栏墙：易受雨水侵蚀、不均匀沉降等影响导致承载力降低甚至垮塌	应进行结构计算
			动力中心位置安全；景观安全（包括水体、临空处防护等）	《城市绿地设计规范》GB 50420、《公园设计规范》GB 51192
建筑设计	建筑外围护结构	外墙体	外墙体：防止墙体材料锚固等问题引起的脱落，防火、耐久性	《墙体材料应用统一技术规范》GB 50574、《预制混凝土外挂墙板应用技术标准》JGJ/T 458
			外保温及饰面：防止因构造、风压、冻融等因素引起外墙保温层、饰面层脱落，涉及二次结构、构造与安装方式、荷载、锚固点数量及规格、基层处理、材料含水率等技术要点；防火性能	《岩棉薄抹灰外墙外保温工程技术标准》JGJ/T 480、《外墙外保温工程技术标准》JGJ 144、《外墙外保温防火隔离带技术导则》（京建发〔2012〕249 号）、《关于进一步加强住宅工程质量提升工作的通知》（住建委 2019 年 11 月）、《保温装饰板外墙工程技术导则》RISN-TG028

阶段	分类		主要问题及技术要素	依据的国家现行标准、标准图集及相关政策法规
建筑设计	建筑外围护结构	门窗、幕墙	实体幕墙和玻璃幕墙安全设计（设置部位、二次结构与系统构造、抗冲击、玻璃、结构胶等材料性能）；防坠落设施及防坠物（幕墙下方设置绿化带或裙房等缓冲区域）；安全擦窗方式；防雷措施	《金属与石材幕墙工程技术规范》JGJ 133、《玻璃幕墙工程技术规范》JGJ 102、《人造板材幕墙工程技术规范》JGJ 336、《建筑玻璃应用技术规程》JGJ 113，《关于进一步加强玻璃幕墙安全防护工作的通知》建标〔2015〕38号、《建筑安全玻璃管理规定》发改运行〔2003〕2116号
			门窗安全设计（结构安全、材质、玻璃面积与厚度、开启方式）；防坠落或护栏等防坠落设施设计；安全擦窗方式；旋转门等防夹、防磕碰	
		屋面	严寒等地区坡屋面檐口防冰雪融坠；上人屋面防护及种植屋面荷载；屋面维护；屋面构架、构筑设施的结构安全及防护	《屋面工程技术规范》GB 50345、《坡屋面工程技术规范》GB 50693、《倒置式屋面工程技术规程》JGJ 230、《种植屋面工程技术规程》JGJ 155
			金属屋面：抗风揭；防雷；屋面排水、防冻融等问题引起的结构荷载影响或构造破坏；屋面维修等防坠落安全措施	《采光顶与金属屋面技术规程》JGJ 255
			膜结构屋面：造型应有利于结构受力、排水、抗风等因素，材料耐久性、防火	—
		部品部件	室外吊顶：抗风揭；结构荷载（非常规、较重吊顶应与结构专业配合）；防坠物	—
			挑檐、雨篷：防上方坠物	
			外遮阳、太阳能设施、空调室外机位、花池等	
	室内	墙体	结构安全，防火、抗冲击、抗变形	—
		地面	公共活动场所的地面应采取防滑措施；地面高差处防跌落、防绊、防磕碰	《建筑地面设计规范》GB 50037、《建筑地面工程防滑技术规程》JGJ/T 331
		吊顶	特殊构造、大跨度造型、重型吊顶等，应依据结构计算确定吊杆、龙骨的选用及构造等；抗震、防火等；吊顶形式、材料与规格；防坠物	《公共建筑吊顶工程技术规程》JGJ 345、《建筑钢结构防火技术规范》GB 51249
			重型设备和有振动荷载的设备严禁安装在吊顶龙骨上，应进行结构受力计算并独立安装	
		电梯、自动扶梯、自动人行道	自动扶梯、自动人行道的交通安全距离及行进安全；电梯井道下部人员活动空间的安全；设置电梯安全门、安全警示标识	《公共交通型自动扶梯和自动人行道的安全要求指导文件》GB/Z 31822、《关于进一步加强公共交通领域电梯安全工作的通知》京质监特设发〔2012〕143号、《电梯制造与安装安全规范》GB 7588、《重型自动扶梯和重型自动人行道技术要求》DB11/T 705
			非结构构件、设备等附属设施安装做法的可靠性和牢固性；透明玻璃隔断等防冲撞，设置安全警示标识；安全玻璃使用等	—

续表

阶段	分类	主要问题及技术要素	依据的国家现行标准、标准图集及相关政策法规
建筑材料		不得使用国家、地方、行业等主管部门已明令禁止使用的各类产品	《北京市禁止使用建筑材料目录（2018年版）》京建发〔2019〕149号、《北京市推广、限制和禁止使用建筑材料目录（2014年版）》京建发〔2015〕86号、《北京市绿色建筑和装配式建筑适用技术推广目录（2019）》京建发〔2019〕421号
	材料性能可靠性	材料的可靠性和安全性，防止对人员使用和人身安全产生不利影响；材料强度；材料耐火极限和燃烧性能；绿色环保性能；耐候性、防腐、耐久性对使用功能的影响及控制措施	《建筑环境通用规范》GB 55016、《建筑内部装修设计防火规范》GB 50222、《民用建筑工程室内环境污染控制标准》GB 50325
其他	通行	空间的净宽、净高	
	防护	临空处栏板、栏杆：防护部位与高度、可踏面、抗冲击承载力等及其他特殊要求	《建筑防护栏杆技术标准》JGJ/T 470
		防攀爬；低矮空间防碰头，尖锐处防碰撞，如人员密集场所、老幼活动场所，扶梯、楼梯下部三角空间处的人员防护	—
	卫生与清洁	有专项要求的地面、墙面等交接处设弧形转角等	—
	施工安全	防止因设计不合理导致生产安全事故的发生；涉及施工安全的重点部位和环节在设计文件中注明并提出指导意见；采用新结构、新材料、新工艺时，采取保障施工安全、防止发生安全事故的措施。应在施工图文件中编制专篇	《建设工程安全生产管理条例》国务院令第393号、《危险性较大的分部分项工程安全管理规定》建设部令第37号、《住房城乡建设部办公厅关于实施〈危险性较大的分部分项工程安全管理规定〉有关问题的通知》建办质〔2018〕31号、《北京市房屋建筑和市政基础设施工程危险性较大的分部分项工程安全管理实施细则》京建法〔2019〕11号
	运行维护	提供安全的维护通道及防护措施（防坠落系统等），如：多、高层建筑的擦窗方式；为外墙、屋面的设备、设施提供安全便捷的安装和维修通道	—
构筑物等	烟囱等	抗风、防雷等，尤其是在防雷电、防台风的气候区；与主体结构的可靠连接，选用合理的材料和构造等	—
	广告牌		

注：1. 本表未包含现行国家标准《民用建筑通用规范》GB 55031、《民用建筑设计统一标准》GB 50352、《绿色建筑评价标准》GB/T 50378、《建筑设计防火规范》GB 50016、《建筑防烟排烟系统技术标准》GB 51251等的相关内容。

2. 二次结构是指不参与主体结构整体计算的受力结构。

3.11.2 综合防灾包括自然灾害防范、建筑安全防范和城市防灾避难等，是国家韧性城市建设战略的重要组成部分，应响应和符合国家及各地区韧性城市建设的政策、法律及法规的要求。

【说明】韧性城市指城市在面临经济危机、公共卫生事件、地震、洪水、火灾、战争、恐怖袭击、气候变化等突发事件时，能够快速响应，维持经济、社会、基础设施、物资保障等系统的基本运转，并具有在冲击结束后迅速恢复到安全状态的能力。

3.11.3 城市防灾避难场所

1. 是针对地震、洪灾、风灾和其他自然灾害而设置的人员聚集场所，由城市防灾主管机构根据防灾总体规划、综合防灾评估、防灾责任区等综合确定，分紧急避难场所、固定避难场所和中心避难场所。

2. 在建或已建市政公园、体育馆、会展中心、校舍、医院等设施可用作城市防灾避难场所。

3. 防灾避难场所规划设计内容见表3.11.3。

表3.11.3 防灾避难场所规划设计要点

项目名称	工作内容
城市综合防灾规划	城市总体规划的组成部分，由专业机构编制
综合防灾评估	责任区的避难设计要求评估，现状条件分析评估和使用风险评估
防灾责任区设计（规划、总体布局、交通、消防等）	1. 分析责任区不同灾害等级的避难人口数量及其分布、分类特点。根据城乡规划、防灾规划和应急预案的要求核定避难容量。明确不同区块疏散单元或社区的疏散路线。 2. 确定具体避难场所的选址、性质、级别、功能、规模等。 3. 分析避难场所与责任区的关系，进行基础设施的连接设计

4. 兼作防灾避难场所的在建或已建项目，应按照实际情况和防灾主管部门的要求进行设计，并应符合现行国家标准《防灾避难场所设计规范》GB 51143、《特殊设施工程项目规范》GB 55028 的规定。

【说明】第1款紧急避难场所一般为居住小区内的花园、广场、空地，街头绿地等。固定避难场所需要包括宿住条件，分为短期、中期和长期避难场所。中心避难场所是承担救灾指挥作用的固定场所。其中城市级应急功能区应与其他功能分开设置。

4 地 下 工 程

4.1 总 体 要 求

4.1.1 地下工程包括建筑地下室和城市地下公共空间。建筑地下室（以下简称地下室）是指民用建筑的独立式或附建式地下、半地下建筑（室）。城市地下公共空间是指位于城市公共用地下方的建筑空间。

【说明】地下工程具有良好的密闭性、热稳定性和抗灾防护性能，可有效抵御多种自然和人为灾害。城市地下公共空间综合利用可提高土地使用效率，节约资源，有利于促进城市的立体化发展。

4.1.2 设计基本原则

1. 应符合城市、地下空间、人防工程等规划要求。

2. 应选择地质和水文条件良好的场地。

3. 应遵循纵向分层、横向连通原则，实现地下空间互联互通，提高空间利用率。

4. 应与周边城市功能和地上建筑相协调，发挥功能支持与补充的作用。

5. 应采用合理有效的技术措施，系统地解决防水、防潮、防火、通风、采光等问题，创造良好的室内环境。

6. 应加强综合防灾系统建设，加强对自然和人为灾害的防御能力。

4.2 防水和排水

4.2.1 地下工程防水类别、工程防水使用环境类别、防水等级、适用范围和设防要求见现行国家标准《建筑与市政工程防水通用规范》GB 55030。地下工程含独立地沟。

【说明】独立地沟是指位于地下，和建筑主体地下室连接，用于铺设设备管线或作为土建风道的地下构筑物。

4.2.2 地下工程防水设计应定级准确、方案可靠、施工便捷、经济合理，应结合设防水位高度，"防、排、截、堵、疏"相结合，刚柔相济，因地制宜，应遵循外防水优先原则，选用成熟、可靠的材料和工艺。

4.2.3 地下工程防水混凝土厚度不应小于 0.25m，具体要求见现行国家标准《建筑与市政工程防水通用规范》GB 55030、《地下工程防水技术规范》GB 50108。

【说明】防水混凝土通过调整混凝土配比、添加外加剂等措施提高混凝土密实性，减少或消除裂缝，达到防水目的。《建筑与市政工程防水通用规范》GB 55030—2022 第3.2节、第4.1.5条、第4.1.6条、第4.2.3条，分别对防水混凝土材料、设计等提出要求。《地下工程防水技术规范》GB 50108—2008 第4.1.7条，对防水混凝土钢筋保护层厚度等提出要求。

4.2.4 防水层设置原则

1. 地下工程防水设计工作年限不应低于工程结构设计工作年限。

2. 多雨地区或工期紧张工程的地下室底板防水层宜采用预铺反粘法施工。

3. 地下室侧墙防水层宜采用外防外贴法，当条件不具备时，可采用外防内贴法。

4. 附建式地下室或半地下室的防水设防高度应高出室外地坪0.5m。

5. 防水保护层宜优先选用砌筑墙体、片材（塑料、水泥压力板等）等保护效果良好的材料。

6. 地下室顶板范围内设有绿化种植的区域，应采用具有耐根穿刺性能的防水层。当地下室外墙贴邻绿地时，宜采用具有耐根穿刺性能的防水层。

【说明】预铺反粘法是将覆有高分子自粘胶膜层的防水卷材空铺在基面上，然后浇筑结构混凝土，使混凝土浆料与卷材胶膜层紧密结合。其优点是防水系统整体性强，减少施工工序，对周围环境影响较小；缺点是对施工工艺要求较高。

外防外贴法是防水混凝土外墙施工完成后，在外墙迎水面先铺贴柔性防水层，再设置防水保护层的施工方法。外防内贴法是在防水混凝土外墙施工前先实施防水保护层，再将卷材防水层贴在保护层上，最后浇注地下结构外墙的施工方法。施工过程中应对已施工防水层做好保护，避免防水层被破坏。

4.2.5 防水构造措施

1. 水平施工缝应避免设置在剪力较大处，与板边、洞口边缘的距离应≥0.3m。垂直施工缝应避免设在地下水和裂缝水较多处，并宜与变形缝相结合。施工缝防水构造见表4.2.5-1。

表4.2.5-1 施工缝防水构造（mm）

常用防水措施	做法	构造组合	适用性
a. 中埋式止水带； b. 外贴式止水带； c. 遇水膨胀止水条	做法1	a＋c	做法成熟，可靠性较高，适用性广
	做法2	c＋15厚水泥砂浆	做法简单，可靠性较差
	做法3	a（丁基橡胶止水带或中埋式橡胶止水带）	做法简单，可靠性较差，施工注意保护止水带甩槎，避免损伤
	做法4	b	主体结构未设置有效止水措施，可靠性较差
	做法5	c	主体结构未设置有效止水措施，可靠性较差

续表

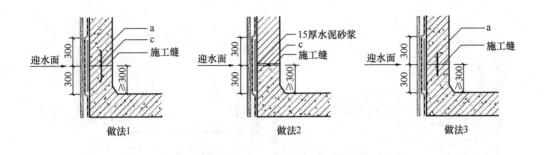

注：施工缝防水构造做法留缝位置均需涂刷混凝土界面处理剂。

2. 变形缝处混凝土厚度应≥0.3m，宽度应≥0.7m，变形缝宽度宜为20～30mm，变形缝防水构造见表4.2.5-2。

表 4.2.5-2 变形缝防水构造（mm）

常用防水措施	做法	构造组合	适用性
a. 中埋式止水带； b. 外贴式止水带； c. 可卸式止水带（π形止水带）； d. 嵌缝材料	做法1	a＋b	做法成熟，可靠性较高，适用于重要的一级防水地下工程
	做法2	a＋d	适用于干涸期地下水位在底板以下的一、二级防水地下工程或三、四级防水地下工程
	做法3	a＋c	做法可靠性高，由于节点复杂，适用于重要的一级防水地下工程
	水池与主体变形缝构造	d	适用于地下消防水池等需要与主体结构脱开的二次结构

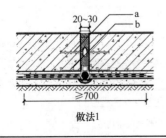

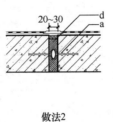

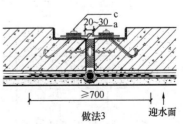

4 地下工程

续表

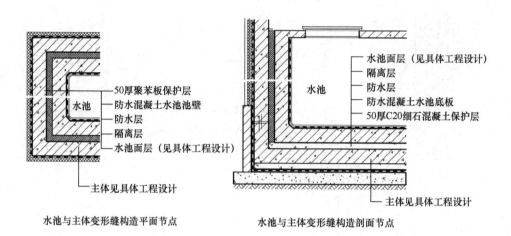

水池与主体变形缝构造平面节点　　　　水池与主体变形缝构造剖面节点

3. 后浇带混凝土应一次浇筑完成，后浇带防水构造见表 4.2.5-3。

表 4.2.5-3　后浇带防水构造（mm）

常用防水措施	做法	构造组合	适用性
a1. 中埋式止水带； a2. 中埋式止水带（变形缝橡胶止水带）； b. 外贴式止水带； c. 遇水膨胀止水条（胶）； d. 补偿收缩混凝土	做法 1	b+c+d	做法成熟，可靠性较高，适用于一级地下工程
	做法 2	a1+b+d	做法成熟，可靠性高，适用于重要的一级地下工程
	做法 3	c+d	做法成熟，可靠性较差，适用于三、四级地下工程
	做法 4	a1+a2+d	做法适用于地下水位较高，地下结构基坑需要提前回填等工程

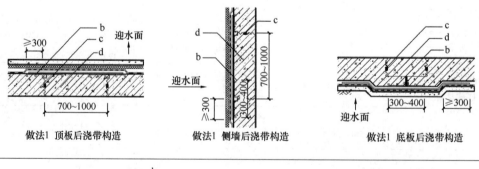

做法1 顶板后浇带构造　　　做法1 侧墙后浇带构造　　　做法1 底板后浇带构造

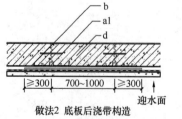

做法2 底板后浇带构造

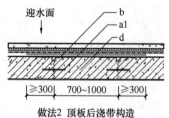

做法2 顶板后浇带构造

续表

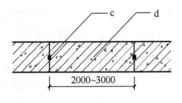 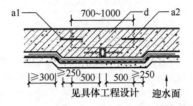

做法3 底板、外墙、顶板后浇带构造　　　做法4 底板、外墙超前止水式后浇带构造

注：超前止水式后浇带是先进行止水施工，封闭地下水后再浇筑混凝土的一种工程做法，多用于受地下水位、施工时间等因素制约的地下工程。

4. 桩头防水材料应具有良好的粘结性、湿固化性，且应与垫层防水层连为一体。桩头（桩面）应涂刷水泥基渗透结晶型防水涂料，钢筋根部应嵌填遇水膨胀止水条（胶），桩头防水构造见表4.2.5-4。

表 4.2.5-4　桩头防水构造（mm）

常用防水措施	构造组合	适用性
a. 水泥基渗透结晶型防水涂料； b. 遇水膨胀止水条（胶）； c. 聚合物水泥防水砂浆	a＋b＋c	做法成熟，可靠性高，适用于一级地下工程

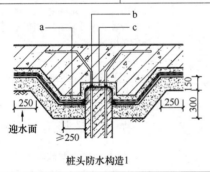 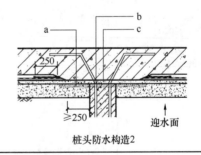

桩头防水构造1　　　　　　　　　　桩头防水构造2

5. 预留通道连接处构造做法同变形缝，见表4.2.5-5。

表 4.2.5-5　预留通道接头构造做法表（mm）

分类	构造做法及适用性	构造示意
未预留通道接头条件	应在接头混凝土施工前将先浇筑钢筋混凝土端部表面凿毛，露出钢筋或预埋的钢筋接驳器钢板，与待浇混凝土部位的钢筋焊接或连接好后再行浇筑	遇水膨胀止水条（胶） 填充材料 密封材料 中埋式止水带

续表

分类	构造做法及适用性	构造示意
预留通道接头条件	应在接头混凝土部位预留可卸式止水带，当先浇筑混凝土中未预埋可卸式止水带的预埋螺栓时，可选用金属或尼龙的膨胀螺栓固定可卸式止水带	防水涂料　填缝材料　可卸式止水带　600

6. 穿墙管（盒）与墙角的距离应大于 0.25m，相邻穿墙管间的间距应大于 0.3m。采用遇水膨胀止水圈的穿墙管管径宜小于 50mm。穿墙管（盒）防水构造见表 4.2.5-6。

【说明】遇水膨胀止水圈应采用胶粘剂满粘固定于穿墙管上，并应涂缓胀剂或采用缓胀型遇水膨胀止水圈。遇水膨胀止水圈通常采用遇水膨胀密封胶或丁基橡胶密封胶。

表 4.2.5-6　穿墙管（盒）防水构造（mm）

常用防水措施	做法	构造组合	适用性
a. 止水钢环； b. 遇水膨胀密封胶或丁基橡胶密封胶； c. 穿墙套管； d. 套管填充及密封材料	做法1：固定式穿墙管防水构造	a+b+d	结构变形及穿墙管道伸缩量较小时可采用，主管应加焊止水环并设置环绕遇水膨胀止水圈，应在迎水面预留凹槽，槽内应采用密封材料嵌填密实。 仅设置遇水膨胀止水圈做法可靠性差，不宜采用
	做法2：套管式穿墙管防水构造	a+b+c+d	结构变形或管道伸缩量较大或有更换要求时采用
	做法3：群管穿墙做法	b+c+d	预埋件洞口尺寸应比群管外包尺寸加大 100mm。 因浇筑自流平砂浆的需要，背水面封口钢板应高于迎水面封口钢板 110mm。 群管之间空隙≥50mm，便于焊接。 金属构件应涂刷防锈漆，且和建筑主体的金属构件采用相同防腐措施

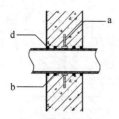

做法1　固定式穿墙管防水构造

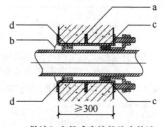

做法2　套管式穿墙管防水构造

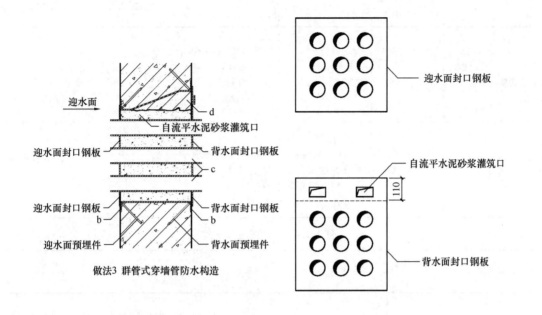

做法3 群管式穿墙管防水构造

4.2.6 常用防水材料包括改性沥青、合成高分子、防水涂料、防水砂浆等，材料性能和应用范围见表 4.2.6-1～表 4.2.6-5，其中执行标准为国家现行标准。

表 4.2.6-1 改性沥青类

材料名称	常用材料厚度（mm）	优点	缺点	执行标准	适用范围
SBSⅡ型改性沥青防水卷材	3.0、4.0	应用范围广，生产与施工工艺成熟，材料价格较低	生产过程中有污染，耐久性较差，明火施工，有安全隐患	《弹性体改性沥青防水卷材》GB 18242	地下工程中，常用聚酯胎（PY类），表面隔离材料采用PE膜
自粘型聚合物改性沥青防水卷材	PY类：3.0、4.0；N类：1.5、2.0	可冷施工，安全、环保，有一定自愈性，材料价格适中	材料耐久性较差，对基层条件要求高，低温施工不易粘结	《自粘聚合物改性沥青防水卷材》GB 23441	地下工程中，常用聚酯胎（PY类）、无胎类（N类），顶板与底板采用PY类，侧墙采用N类
湿铺防水卷材	PY类：3.0；E类、H类1.5、2.0	潮湿基层冷施工，安全、环保，尤其适合南方地区，材料价格较低	高温条件下施工易起鼓，材料搭接施工管理难度高	《湿铺防水卷材》GB/T 35467	地下工程中常用高分子膜基（H类与E类）产品

续表

材料名称	常用材料厚度（mm）	优点	缺点	执行标准	适用范围
聚合物改性聚乙烯防水卷材	3.0、4.0	热熔施工，搭接可靠	明火施工，有安全隐患，产品生产商较少，材料价格较高	《改性沥青聚乙烯胎防水卷材》GB 18967	热熔法施工型号为：TPEE
预铺防水卷材	PY类：4.0	可与后浇混凝土满粘，防窜水，节省保护层，节省工期，综合单价适中	施工管理要求高，材料价格较高	《预铺防水卷材》GB/T 23457	主要用于明挖法地下工程底板

表 4.2.6-2 合成高分子类

材料名称	常用材料厚度（mm）	优点	缺点	执行标准	备注
聚氯乙烯（PVC）防水卷材	1.2 1.5 1.8	材料质地柔软，焊接性较好，耐久性好，可作为单层卷材屋面防水层和冷屋面面层	耐久性差，相容性差，价格较高	《聚氯乙烯（PVC）防水卷材》GB 12952	地下工程中，选用匀质型（H型），由于材料表面光滑，需做分区防水避免窜水，实际效果不好，已较少采用。单层卷材屋面工程常用P型（机械固定法）、L型（粘结法）
热塑性聚烯烃（TPO）防水卷材	1.2 1.5 1.8	质地较为柔软，焊接性较好，耐久性好，可作为单层卷材屋面防水层和冷屋面面层	低温下材料质地较硬，细部处理不便，焊缝易受污染，材料价格较高	《热塑性聚烯烃（TPO）防水卷材》GB 27789	地下工程中，常用匀质型（H型）预铺反粘，替代HDPE作为主材，搭接边采用焊接。单层卷材屋面工程常用P型（机械固定法）、L型（粘结法）
三元乙丙橡胶（EPDM）防水卷材	1.2 1.5 1.8	质地柔软，弹性优良，耐久性优于TPO、PVC等卷材	非改性情况下，施工管理要求极高，不同品牌产品差异较大，材料价格较高	《高分子防水材料 第1部分：片材》GB/T 18173.1	用于地下工程时，片材厚度不应小于1.2mm，自粘胶层厚度不宜小于0.4mm，非改性情况下难焊接，需配套胶粘剂粘结，搭接处施工难度较大

续表

材料名称	常用材料厚度（mm）	优点	缺点	执行标准	备注
聚乙烯丙纶复合防水卷材	0.7（芯材厚度不小于0.5）、0.8（芯材厚度不小于0.6）	可在潮湿基层冷施工，材料环保性好，材料价格较低	材料搭接施工难度大，不同品牌产品差异较大	《高分子防水材料 第1部分：片材》GB/T 18173.1	宜与聚合物水泥粘结料复合使用，（0.7＋1.3）mm×2双层使用宜为一道设防，其中1.3为聚合物水泥粘结料的厚度，适用于南方地区，工程中应确保材料搭接施工质量

表 4.2.6-3 防水涂料

材料名称	优点	缺点	执行标准	备注
普通聚氨酯（PU）防水涂料	涂膜回弹性好，与基层粘结强度大，材料价格较低	对施工基层条件及施工环境要求较严格，不可暴露使用	《聚氨酯防水涂料》GB/T 19250	不宜用于潮湿基层，应多遍涂刷成活（1.5mm厚涂刷次数不宜少于4遍），立面施工宜采用抗流挂产品，室内防水宜采用单组分无溶剂聚氨酯防水涂料
喷涂聚脲（SPU）防水涂料	涂膜力学强度高，基层粘结强度大，防水效果可靠，耐水性好	对施工基层条件及施工环境要求较严格，对施工作业整体要求高，材料价格较高	《喷涂聚脲防水涂料》GB/T 23446、《脂肪族聚氨酯耐候防水涂料》JC/T 2253	不宜用于潮湿基层，难以与其他卷材和涂料复合使用，单独使用时，涂膜厚度不应小于2.0mm，不应暴露使用，当暴露使用时，应采用脂肪族聚氨酯耐候涂料保护层
聚合物水泥防水涂料（JS）	可用于潮湿基层施工，技术较成熟，应用范围广，材料价格适中	耐水性受乳液类型影响大，长期浸水耐久性下降明显	《聚合物水泥防水涂料》GB/T 23445、《聚合物水泥防水浆料》JC/T 2090	多用于卫生间，常见于南方地区，耐久效果欠佳，地下工程建议使用高耐水性品种，当用于室内卫生间时厚度不应小于3.0mm
喷涂速凝橡胶沥青防水涂料	可潮湿基层施工，成膜速率快、延伸率高，弹性好，有一定自愈性，环保性较好	涂膜早期力学强度较低，对施工基层条件及施工环境要求高，材料价格较高	《铁路工程喷膜防水材料》Q/CR 517	难以与防水卷材复合使用，单道使用时，涂膜厚度不宜小于2.0mm
非固化橡胶沥青防水涂料	可用于低温施工，自愈性良好，材料价格适中	内聚力弱，不可单独使用，不可外露使用，环保性差，施工安全性差	《非固化橡胶沥青防水涂料》JC/T 2428	现场加热温度不应超过160℃，施工后较难测量厚度，建议采用用量＋厚度双控措施，常与聚合物改性沥青防水卷材复合使用

材料名称	优点	缺点	执行标准	备注
水泥基渗透结晶型防水涂料（CCCW）	刚性防水材料，材料价格适中	延展性差	《水泥基渗透结晶型防水材料》GB 18445	刚性涂料，常用于地下工程中的施工缝、后浇带、叠合墙、渗漏水处理，分为内掺型防水剂（常用于防水混凝土）和外涂型防水涂料（用量≥1.5kg/m²，厚度≥1.0mm）

表 4.2.6-4 防水砂浆

类别	优点	缺点	执行标准	备注
聚合物防水砂浆	与基层满粘，可背水面施工，材料价格低	易空鼓、易开裂	《聚合物水泥防水砂浆》JC/T 984、《地下工程防水技术规范》GB 50108	多用于室外管廊、室外水池和外墙等处，不应用于受持续振动或温度高于80℃的地下工程
掺外加剂或掺合料的防水砂浆	与基层满粘，可背水面施工，材料价格适中	易空鼓、易开裂		

表 4.2.6-5 其他防水材料

类别	适用范围	备注
塑料防水板	宜用于经常受水压、侵蚀性介质或振动作用的地下工程，多用于矿山、隧道衬砌防水	常用的有 EVA、ECB 和 HDPE 类型，需要和无纺布缓冲层复合使用，焊接搭接，用外贴式止水带及预埋注浆嘴形成分区回填注浆系统
凹凸型塑料排水板	可用于地下工程顶板、侧墙外防水系统的保护层及排水系统组件。当承担排水功能时，应将其与排水盲沟、集水坑等排水系统组件联通。刚度较高，柔性较差	不宜将凹凸型塑料防水板用作种植顶板（屋面）防水层的保护层
膨润土防水毯	用于地下工程底板外防水，作用于主体的迎水面。因其作用机理、自重较大等原因，不适用于立面或斜面施工，建筑工程较少使用，多用于河湖渠道、垃圾填埋场防渗等工程。地下水流速大、水中酸碱盐介质含量高的场合不宜使用	利用天然钠基膨润土遇水在受限空间中溶胀、挤密，堵塞渗漏水通道达到以水止水的目的，为正常发挥作用须确保其处于受压状态

4.2.7 密封材料主要分为定型和无定型两类，定型类包括止水带、止水条等，无定型类包括密封胶、止水胶等，见表4.2.7-1及表4.2.7-2。

表 4.2.7-1 密封胶

类型	品种	一般要求	用途	密封要求
合成高分子类	聚硫建筑密封胶 建筑用硅酮结构密封胶 硅烷改性硅酮建筑密封胶（MS胶） 丁基橡胶密封材料 丙烯酸酯建筑密封胶 聚氨酯建筑密封胶 遇水膨胀止水胶	用于地下工程的密封材料应具有良好的粘结性、水密性、气密性、弹塑性、施工性和拉伸压缩循环性，用于顶板时，还应具有良好的耐候性。迎水面接缝宜采用低模量密封材料嵌填，背水面接缝宜采用高模量密封材料嵌填	用于变形缝、凹槽、管道根、卷材搭接边等部位的密封防水	宽度 w（mm） $10 \leqslant w \leqslant 30$； 深度 h（mm） 用于迎水面： $h = (0.5 \sim 0.7)w$ 用于背水面： $h = (1.5 \sim 2)w$
改性类	建筑防水沥青嵌缝油膏 道、桥变形缝专用密封材料			

表 4.2.7-2 止水条

种类	适用部位	性能要求
非硫化腻子型遇水膨胀止水条	施工缝	应具有缓膨胀性能，7d 膨胀率不应大于最终膨胀率的 60%
硫化弹性橡胶型遇水膨胀止水条	拼接缝	

4.2.8 地下室顶板排水

1. 排水坡度宜为 1%～2%。当单向坡长大于 50m 时，宜分区设置水落口、盲沟、渗排水管等雨水收集和排放系统。

2. 当种植土与周边地面相连时宜设置排水沟，见图 4.2.8-1 和图 4.2.8-2。当顶板种植土与周边地面相连且厚度大于 2m 时，可不设过滤层，但应保证排水通畅。

3. 当设置停车场、消防车道等高荷载场地时，排（蓄）水层材料的抗压强度应大于 200kPa。

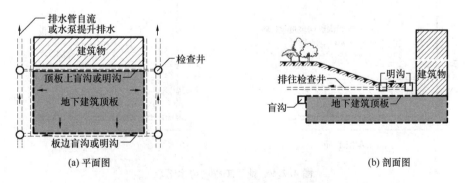

(a) 平面图   (b) 剖面图

图 4.2.8-1 地下工程顶板排水系统示意图

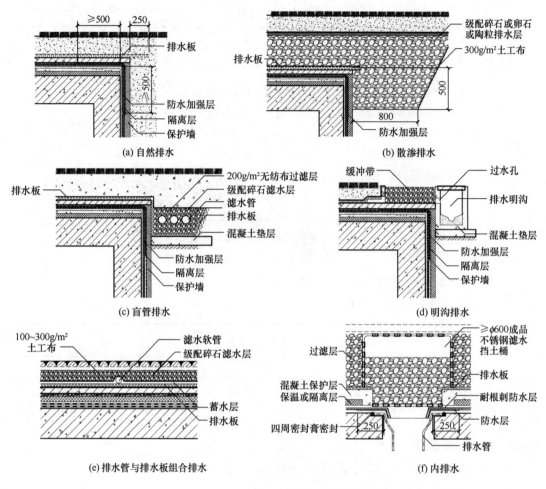

图 4.2.8-2 地下工程顶板排水节点

4.2.9 内排水做法见图 4.2.9，地沟防排水做法见表 4.2.9。

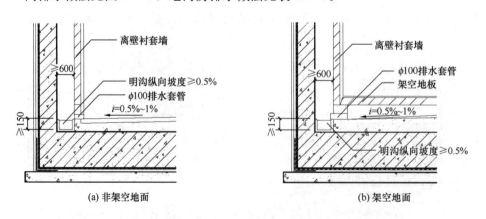

图 4.2.9 地下工程内排水节点

表 4.2.9 地沟防排水做法

设置位置		外防水	内防水	排水
地下主体范围外地沟	高度大于1.2m的独立地沟	首选防水混凝土一道设防,地沟壁及底板厚均为0.25m	地沟内宜设置不小于 20mm 防水砂浆	当有水地沟低于市政接口排入点时,应设置集水坑
	高度小于1.2m的独立地沟	宜选用卷材防水或涂料防水或水泥砂浆防水为一道设防		
	与地下室主体相连接	地沟与地下室主体之间无变形缝时,防水设防要求应与主体建筑一致,防水层保持连续		
		地沟与主体建筑之间设有变形缝时,可参考地沟设防要求		
地下主体范围内地沟		防水设防要求应与主体建筑一致,防水层保持连续		

4.2.10 当既有建筑未设置防水系统或原有防水系统严重损坏时,可增设主体内排水系统,做法见图 4.2.9,渗漏水部位治理措施见表 4.2.10。

表 4.2.10 渗漏水部位治理措施

措施	适用条件	做法	构造做法详图(mm)
裂缝直接堵漏	适用于水压力较小的施工缝、裂缝堵漏	快凝水泥砂浆堵漏	① 剔槽、嵌填堵漏　② 填平封闭
压力灌浆堵漏	适用于水压力较大的空洞、裂缝急流堵漏	压力灌浆堵漏	① 剔槽埋管　② 灌浆剔管填平
		孔洞压力灌浆堵漏	① 灌浆堵漏埋灌浆管　② 灌浆剔管填平

措施	适用条件	做法	构造做法详图（mm）
变形缝堵漏	适用于变形缝堵漏修缮工程。 A～C适用于变形量较大的堵漏修缮工程，D适用于变形量较小的堵漏修缮工程，可结合工程实际情况选用	止水填料 止渗堵漏	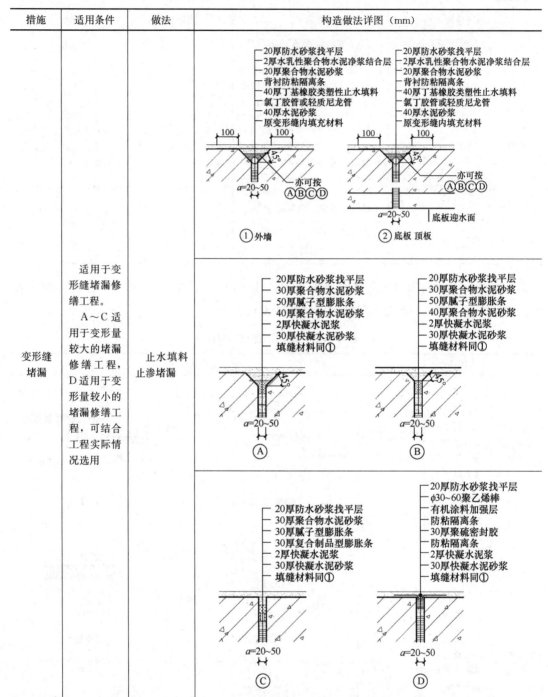

4.3 地下机动车库

4.3.1 本节包括独立式、附建式地下机动车库。附建式地下机动车库设计应在确保地上建筑使用功能的基础上，综合考虑停车经济性、便捷性和整体运行效率。

【说明】地下机动车库配建指标应符合规划、交通影响评价的要求。北京地区公共建筑停车配建指标应符合现行地方标准《公共建筑机动车停车配建指标》DB11/T 1813 的规定。

4.3.2　平面功能

1. 机动车流线应简洁、流畅、清晰，宜采用环形流线，减少转折并避免短距离内连续弯道。机动车主通道宜直接连接至车库出入口，当主通道一侧设停车位时，宽度不宜小于 6m。

2. 柱网尺寸应在地上建筑使用功能合理性的基础上确定，尽可能减少柱网种类。当柱间停放 3 辆小型机动车时，柱间净距不应小于 7.2m，当结构柱或墙影响机动车开门时，柱间净距不应小于 7.8m，见图 4.3.2。

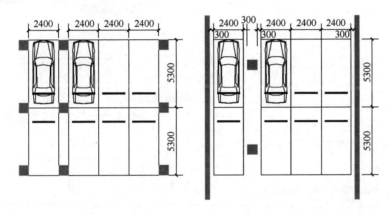

图 4.3.2　柱网尺寸示意

3. 开向车库的通道门和房间门处不宜布置停车位。

4. 当楼、电梯厅开向行车道时，应设置不小于 1.5m 的缓冲空间和防撞桩等安全防护设施，防撞桩间距不宜大于 1m。

5. 不宜采用尽端停车，当采用尽端停车时，尽端停车通道长度不宜大于 30m。

6. 大型机动车库宜在车行道一侧设置宽度不小于 1m 的人行通道。

7. 应在无障碍电梯附近设置无障碍车位。

4.3.3　层高及净高

1. 小型车通行净高不应小于 2.2m，结构构件、设备管道、电气桥架及支架、消防系统部件、照明系统部件、标识系统、吊顶等均不得低于此净高值。确有困难时，局部停车位的净高可适当降低，但不宜小于 2.0m，且应设置明显的限高标识。

2. 不宜在结构主梁下方设置防火卷帘，在防火卷帘宽度范围内不宜安装设备管线。在满足通行要求的前提下宜统一卷帘宽度，减少卷帘类型。

4.3.4　出入口与坡道

1. 出入口车行方向应与道路车行方向顺行或垂直,当条件不具备时应预留调头空间。出入口行车空间示意见图4.3.4-1。

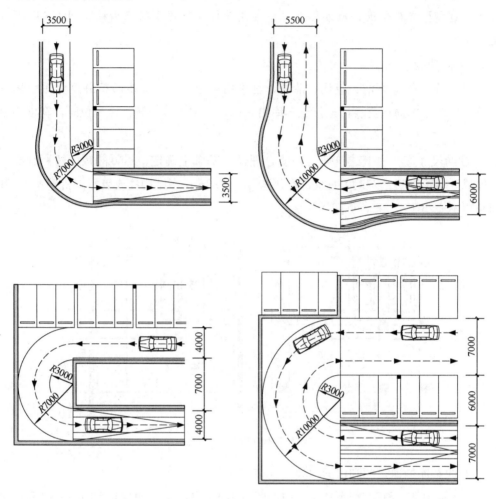

图 4.3.4-1　出入口行车空间示意

2. 出入口处宜设置快速卷帘,卷帘前侧应设雷达探测,探测距离不宜小于5.5m。

3. 有收费口的坡道出口处应设置不小于10m的车辆等候空间,等候空间不应设在坡道上。

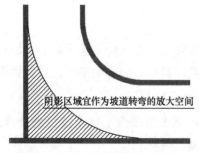

图 4.3.4-2　坡道转弯放大空间示意

4. 优先采用直线坡道。当直线坡道提升高度超过一层时,宜在中间设置长度不小于5.5m的水平缓冲段。多层连续环形坡道,每条车道宽度宜在标准规定的基础上增加1m。

5. 环形车道转角处,可利用原转角空间为车辆转弯的放大空间,见图4.3.4-2。

6. 坡道减速带和横坡处应达到净高要求。

7. 双向行驶坡道宜在车道之间设宽度为 0.2m，高度小于 0.2m 的分道标识。

8. 严寒地区露天坡道地面应设置自动除雪设施。

【说明】第 7 款关于分道标识，高度在 0.2～1.1m 之间的分道设施处于驾驶者盲区，易造成碰撞不宜采用。

4.3.5 排水地漏宜设置在车位后部，地漏周边 2m 范围内设 1‰ 坡，不应与消防电梯集水坑合并设置车库集水坑。

4.3.6 柱子、墙阳角等凸出部位宜设置高度不小于 0.6m，距地 0.3m 的护角板，并涂刷黄黑相间反光标识。

4.3.7 车轮挡之间的距离和车挡至后墙的距离见图 4.3.7。

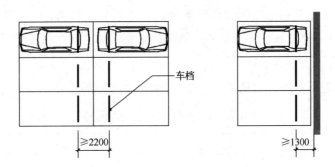

图 4.3.7 车轮挡位置示意

4.3.8 宜在多层地下车库的最上层集中设置充电车位。充电车位与充电桩之间的距离不应小于 0.4m，充电桩厚度为 0.6m，充电车位布置见图 4.3.8。

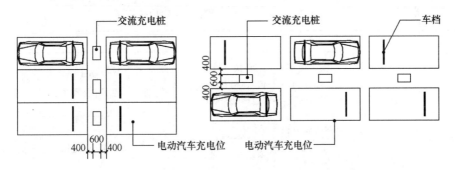

图 4.3.8 充电车位平面示意

【说明】北京地区电动车充电车位要求见《电动汽车充电基础设施规划设计标准》DB11/T 1455—2017 第 5.1.1 条第 3 款。

4.3.9 标识系统

1. 应在车库出入口及停车场内设置交通标识。

2. 应在大型车库停车区内设置颜色、编号、图案等位置标识。

3. 宜采用色彩明快的标识颜色。

4. 当设有电动机动车位时，应设置电动机动车停车引导标识。

4.3.10 大型机动车库宜设置智能停车系统。

【说明】智能停车系统包括车牌识别、车辆引导、反向寻车、自动缴费等。

4.4 城市公共地下空间综合利用

4.4.1 城市公共地下空间可设置公共交通、公共服务和市政基础设施。设置有公共交通设施的城市公共地下空间也称为站城一体化工程，北京地区执行现行地方标准《站城一体化工程规划设计标准》DB11/T 2129—2023、《站城一体化工程消防安全技术标准》DB11/1889—2021。

【说明】公共交通设施包括轨道交通车站、城市民航值机楼、公交场站等。公共服务设施包括人行通道、停车场、商业服务设施等。市政基础设施包括区域性供水、供暖、供电等设施。

4.4.2 城市公共地下空间分类见表4.4.2-1，竖向功能布局见表4.4.2-2。

表 4.4.2-1　城市公共地下空间分类

分类	地表以下深度范围
浅层	0～−15.0m（含−15m）
次浅层	−15.0～−30.0m（含−30.0m）
次深层	−30.0～−50.0m（含−50.0m）
深层	<−50.0m

表 4.4.2-2　城市公共地下空间竖向功能布局

部位	浅层	次浅层	次深层和深层
城市市政道路下部空间	市政管线、地铁、道路、人行通道、车库、综合管廊（包括电缆隧道）、城市通廊	地铁（隧道）、道路（干道）、物流设施、综合管廊（包括电缆隧道）、排水隧道	区域基础设施（高压变电站、地下水处理中心等）、排水隧道
城市水域下部空间	市政管线、综合管廊（包括电缆隧道）、隧道、地铁、道路	综合管廊（包括电缆隧道）、排水隧道	隧道、地铁、道路、排水隧道
城市绿地广场下部空间	休闲、娱乐等商业配套设施、公交场站	公共停车库、公交场站等	区域基础设施（高压变电站、地下水处理中心等）
建设地块下部空间	城市通廊、办公用房、公共建筑、地下车库、小型地下市政场站（地下泵站、变电站等）、区域性供暖等	地下车库、小型市政场站（地下泵站、变电所等）	地下骨干设施（高压变电站、地下水处理中心）

4.4.3 应根据规划布局和开发进度合理确定地下空间开发模式。开发模式可分为一体化开发和分段开发，宜采用一体化开发模式。当采用分段开发时，应为后续建设项目预留条

件并保持一定的灵活性。

4.4.4 功能布局原则

1. 公共交通优先。

2. 宜设置与城市道路相连接的地下车库联络道连接各地块机动车库，提高运行效率。

3. 宜在公共绿地、广场下方设置公共机动车库，可与人防等公共防灾设施合并建设。

4. 宜在市政道路、公共绿地、广场等公共用地下方设置公共人行通道，集中商业宜采用步行街。

5. 宜设置中庭、下沉广场等，增强地下空间的可辨识性和可达性。

6. 宜设置综合管廊，提高地下空间使用效率。

7. 公共服务设施宜与公共交通设施结合设置。

8. 各类功能设施适宜深度见表4.4.4。

【说明】第4款公共人行通道包括城市铁路与轨道之间的换乘通道，铁路、轨道与开发项目之间在地下衔接的人行连通通道等。

表 4.4.4 地下公共空间功能设施适宜深度表

功能设施	分项	适宜深度（m）
交通设施	轨道交通	0.0～－30.0
	地下公交场站	0.0～－20.0
	地下道路（隧道、立体交叉口）	0.0～－20.0
	地下停车设施	0.0～－30.0
	地下人行通道	0.0～－10.0
	自行车停车场	0.0～－5.0
市政设施	给水管、排水管	0.0～－10.0
	燃气管、热力管、冷气管、冷暖房、电力管、变电站、电信管、垃圾处理管道、共同沟、地下河流	0.0～－15.0
	蓄水池、人防工程	0.0～－40.0
配套服务设施	文化娱乐设施	0.0～－15.0
	体育设施	0.0～－15.0
	商业设施	0.0～－15.0

4.4.5 地下公交场站净高应满足公交车辆行驶要求且不应小于3.8m。双层公交场站净高不应小于4.6m。

4.4.6 地下公交场站车辆出入口、通道宽度，当为单向车流时不应小于7m，当为双向车流时不应小于12m。

4.4.7 地下公共人行通道净宽应根据高峰小时人流量及通行能力计算确定，且不宜小于6m。当地下人行通道设有商业服务设施，单侧布置时通道净宽度不宜小于8m，双侧布置时通道净宽度不宜小于10m。商业服务设施不应减小人行通道的有效通行宽度，并应满足消防设计要求。

4.4.8 地下公共人行通道净高不宜小于 3m，当设有商业服务设施时不宜小于 3.5m。

4.4.9 综合管廊内的天然气管道应独立舱室敷设，热力管道不应与电力电缆同舱敷设，热力管道采用蒸汽介质时应独立舱室敷设。

4.4.10 综合管廊标准段净高不宜小于 2.4m，检修通道净宽当双侧设置支架或管道时不宜小于 1.0m，单侧设置时不宜小于 0.9m。

4.4.11 综合管廊内的安全出口间距，敷设电力电缆或天然气管道的舱室不宜大于 200m，敷设热力管道的舱室不应大于 400m，当热力管道采用蒸汽介质时不应大于 100m，敷设其他管道的舱室不宜大于 400m。

4.4.12 综合防灾

1. 应贯彻"平战结合、平灾结合，以防为主，防、抗、避、救相结合"的原则，在提升地下空间防灾能力的基础上，完善城市综合防灾、减灾体系。

2. 当城市公园、绿地、广场同时为应急避难场所或疏散集结地时，可结合设置人防工程，灾害发生时可共同实现人员避难、疏散或转移。

3. 重要区域的大型地下空间应设置灾害应急管理指挥中心。

5 外围护工程

5.1 总体要求

5.1.1 外围护工程主要由外墙、屋面和悬挑结构底板及其外饰面组成，是建筑外观和室内声、光、热环境性能的重要影响因素。外墙一般分为普通外墙和外幕墙，屋面一般分为钢筋混凝土屋面和金属屋面。

5.1.2 外围护工程热工设计应符合现行国家标准《建筑节能与可再生能源利用通用规范》GB 55015、《民用建筑热工设计规范》GB 50176 等的规定，且应符合各地区相关地方标准的规定。北京地区应符合现行地方标准《居住建筑节能设计标准》DB11/ 891 和《公共建筑节能设计标准》DB11/687 的规定。

5.1.3 设计原则

1. 应适应场地环境，采取有效措施达到安全防护、保温隔热、防水防潮、隔声降噪等性能要求。

2. 应具有良好的结构稳定性，并与主体结构稳固连接。

3. 宜选用标准化产品，最大限度地采用工厂预制、现场安装的建造方式，应适应允许的结构误差和变形。

4. 宜选用在室外环境下具有良好耐久性的建筑材料，建筑构造应易于维护和更换。

5. 宜采用模数化的设计方法，在轴网和层高的基础上生成平面和竖向控制网格，控制立面分格和构件定位，确保外围护工程与其他系统的协调统一。

6. 应合理控制工程造价，综合评估技术性能与经济性能。

5.2 外　墙

5.2.1 外墙由基层墙体、装饰面层（含构造层）和外门窗组成，可根据需要在基层墙体和装饰面层之间增加保温、防水等功能层。

5.2.2 基层墙体包括钢筋混凝土、砌块等承重墙和蒸压加气混凝土砌块、轻集料混凝土空心砌块、加气混凝土条板等自承重填充墙。常用外墙材料及厚度见表5.2.2。自承重填充墙结构稳定性要求同本书第6.2.3条。

表 5.2.2 常用外墙材料及厚度

外墙材料	墙厚（mm）	备注
钢筋混凝土	根据结构计算	—
蒸压加气混凝土砌块	200*、250、300	参考国标图集 13J104《蒸压加气混凝土砌块、板材构造》、12BJ2-3《加气混凝土砌块、条板》
轻集料混凝土空心砌块	200*、250*	参考北京标图集 14BJ2-2《框架填充轻集料砌块》
混凝土小型空心砌块	200*、240	参考国标图集 19J102-1 19G613《混凝土小型空心砌块墙体建筑与结构构造》
蒸压加气混凝土条板	150、200*、250、300	参考国标图集 13J104《蒸压加气混凝土砌块、板材构造》、19CJ85-1《装配式建筑蒸压加气混凝土板围护系统》

注：* 为常用厚度。

5.2.3 蒸压加气混凝土条板墙标准板宽为 0.6m。当建筑高度 $H \leqslant 24m$ 时，可参照表 5.2.3 选用，当 $24m < H \leqslant 100m$ 时，可参照国标图集 19CJ85-1《装配式建筑蒸压加气混凝土板围护系统》选用，当用于大于 6m 的超高墙体时，可设置层间钢梁。

表 5.2.3 蒸压加气混凝土外墙板规格表

板厚（mm）	100	125	150	175，200，250，300
最大板长（mm）	3500	4500	5500	6000

5.2.4 宜选用外墙外保温系统。外墙出挑构件及附墙构件，如阳台（含阳台分户墙）、雨篷、空调室外机搁板、附壁柱、凸窗等，均应采取阻断热桥的措施。当采用内保温时，热桥部位应采取保温措施。应按照现行国家标准《民用建筑热工设计规范》GB 50176 进行内部冷凝验算和表面结露验算。应确保保温材料和基层墙体及装饰面层有可靠的连接。常用外墙保温材料详见本书表 9.3.4-2。

5.2.5 宜采用非承重砌块墙体自保温、结构与保温一体化、预制保温外墙板等自保温墙体或装配式外墙保温系统。

【说明】当采用粘接、锚固或粘锚结合的方式固定保温层时，常出现脱落、空鼓、开裂、渗漏等问题，因此自 2021 年起，各地陆续颁布了限制或禁止使用该工艺（保温装饰复合板除外）的规定。

5.2.6 应选用常温延伸率达到 300% 的高弹性且具有自洁功能的外墙涂料，且宜设置间距不大于 6m 的温度缝。

5.2.7 外墙面砖

1. 当采用面砖饰面时，应评估脱落风险，结合各地区相关要求采取相应的技术措施。外墙面砖吸水率不应大于 6%，冻融循环 40 次不得破坏。北京地区不宜选用陶质面砖。

2. 当采用外墙外保温系统时，不宜采用面砖饰面。当建筑高度大于 24m 时，不应采用面砖饰面。外保温材料与主体墙面、饰面砖与外保温材料之间应有可靠连接。确需采用面砖饰面的，应按照《外墙外保温工程技术标准》JGJ 144—2019 第 5.1.5 条的规定，制定专项技术方案和验收方法并组织专题论证。

3. 当2层或高度8m以上的外墙外保温系统采用面砖饰面时，单砖面积不应大于0.015m²，厚度不应大于7mm，背部应有深度不小于0.5mm的燕尾槽。

【说明】自2000年起各地陆续颁布了禁止或限制使用外墙面砖的规定。部分地区除裙房以外的高层建筑、有行人通行或人流密集的建筑、临街建筑和采用粘贴保温板薄抹灰外保温系统时，不推荐使用面砖饰面。

5.2.8 外墙装饰砖

1. 当采用砌筑装饰砖作为外墙饰面时，应重点关注装饰砖的选型、排板、承托方式及其与外墙的连接构造等。

2. 砖缝宽度宜为10mm，深度不宜小于10mm。应避免出现不足半砖的小砖。

3. 承托体系可采用自承重托架或结构挑板，承载能力应由结构专业复核确认。当采用镀锌角钢做承重托架时，支撑区域不应小于装饰砖宽度的2/3，托架竖向间距不应大于4m。

4. 第一皮砖的底层砌筑砂浆应采用防水砂浆。

5.3 外 门 窗

5.3.1 公共建筑主入口可设置旋转门、自动平移门或平开门等，平开门的位置、数量、净宽应满足消防疏散要求。旋转门、火灾时不具有平开功能的自动平移门不可作为疏散出口。风压较大时宜采用移轴门。常用外门选型见表5.3.1-1～表5.3.1-4。

【说明】移轴门又称移轴平衡门，门轴位于门扇中间靠近外门框一侧，根据动力臂、阻力臂的原理平衡风压和门体自重。

表5.3.1-1　平开门

| 名称 | 参数 | | | 门扇材质 | 五金 | 特点 | 适用范围 | 备注 |
	单扇宽度W（mm）	高度（mm）	单扇质量（kg）					
合页门	600≤W≤1100	≤2800	≤120	金属框玻璃门	合页铰链	单向开启；安装便捷；气密性好	普通外门，楼梯间	增加闭门器可实现自动闭门
地弹簧门	600≤W≤1300 建议≤1100	建议≤2800	≤300	无框玻璃门	地弹簧	双向开启；安装便捷；气密性差	没有气密要求的场所，不宜用于室外	地弹簧安装在地面，影响地面整体美观

续表

名称	参数			门扇材质	五金	特点	适用范围	备注
	单扇宽度 W（mm）	高度（mm）	单扇质量（kg）					
移轴门	900≤W≤1500	≤6000	≤800	金属框玻璃门	管状闭门器	单向开启；开停兼容；抗风压不易损坏；开门助力；闭门阻尼；超高、超大门体	高大空间风压大的区域	移轴位置影响通行宽度

表 5.3.1-2 自动平移门

名称	参数			门扇材质	门机位置	特点	适用范围	备注
	单扇宽度（mm）	高度（mm）	单扇质量（kg）					
平滑自动门	2000≤W≤5600	≤5000	≤350	金属框或无框玻璃门	上门机	通行量占入口的50%；运行空间是通行量的2倍	人流量大的公共建筑出入口	需设置门斗
应急平滑自动门	2500≤W≤4800	≤3200	≤150	金属框玻璃门		应急时手动开启，洞口可完全打开，满足消防需求	有消防疏散要求的人流量大的公共建筑出入口	
圆弧平滑自动门	1000≤内径≤3200	≤3000	≤100			通行量占入口的65%；旋转门外形，通行量大，占地面积小	人流量大的公共建筑出入口	—

表 5.3.1-3 旋转门

名称	参数		门扇材质	门机位置	特点	适用范围	备注
	直径（mm）	高度（mm）					
两翼旋转门	3000≤W≤4200	≤3000	金属框玻璃门	上门机	气密性好；通行空间大	公共建筑出入口，常与平开门或自动平移门配合使用	中间可设平滑门
三翼旋转门	2600≤W≤4200	≤3200		上门机下门机	气密性好；通行空间适中		手动、自动可选；选用下门机时需土建预留门机空间
四翼旋转门	2600≤W≤3100			上门机	气密性好；通行空间较小		手动、自动可选

表 5.3.1-4　卷帘门

名称	宽度 (mm)	高度 (mm)	门扇材质	开启速度	特点	适用范围	备注
快速 卷帘门	≤5000	≤5000	氧化铝或镀锌钢板填聚氨酯发泡材料,可选铝合金框视窗	开启 1.5~2.5m/s; 关闭 0.4~0.8m/s	保温性能良好; 快速开闭; 抗风压; 对气密性、水密性要求较高; 价格较高	保温要求较高的车库、冷库出入口等	1. 需预留弱电条件。 2. 可选择地圈感应或雷达感应。 3. 紧急情况可采用手动摇柄开启。
普通 卷帘门	2400~15000	8700~12100	镀锌钢板、彩色钢板、不锈钢门板	电动启闭2~7.5m/min	保温性能良好; 抗风压; 对气密性、水密性要求较高; 启闭速度较慢; 价格较低	商业、车库、物流建筑出入口等	参考国标图集08CJ17《快速软帘卷帘门　透明分节门　滑升门　卷帘门》

注:1. 本表依据《卷帘门窗》JG/T 302—2011、国标图集 03J611—4《铝合金、彩钢、不锈钢夹芯板大门》、17J610—2《特种门窗(二)》、参考国标图集 08CJ17《快速软卷帘门　透明分节门　滑升门　卷帘门》及部分厂家资料编制。
　　2. 防火卷帘见国标图集 12J609《防火门窗》。

5.3.2　当人员经常使用的建筑主要出入口朝向冬季主导风方向时,除旋转门外应设置门斗,宜设置热风幕。玻璃门应选用安全玻璃,在人视线高度应设置安全提示标识。

5.3.3　应合理选择外窗开启方式,满足建筑立面效果及安全防护、通风换气、防雨等使用要求,开启扇分类说明见表 5.3.3。高层建筑(7 层及 7 层以上)不宜采用外平开窗且应满足当地标准要求。当确需采用外平开窗时,应使用安全玻璃,承重五金应牢固固定,且应采取有效的防开启扇坠落及防儿童坠落措施,应通过试验验证和技术论证。超高层宜采用通风器,设计要点见本书第 5.4.5 条。

表 5.3.3　外窗开启扇分类说明

类型	说明
下悬内倒/内平开窗	有利于通风、防盗、方便清洁,五金较复杂,造价高;应有良好的防水、泄水措施
悬窗	分上悬、下悬、中悬三种,均应采取防雨措施,下悬窗应采取排水构造措施;中悬窗不宜采用纱窗,上、下悬窗应采用活动纱窗或纱帘;公共建筑多选用上悬外开窗;当为消防排烟窗时,不宜采用下悬内开窗或上悬外开窗
平开窗	分内开、外开两种,内开窗便于清洁维护,不易受大风冲击,对建筑立面影响较小,但外纱寿命短,应设置拔水措施防止雨水导入
推拉窗	分为垂直推拉和水平推拉两种,开启后占空间小,开启面积最多为整窗一半,推拉扇不宜太大或太重,密闭性能较差
转窗	中间设转轴,通风好,能调节风向,便于清洁维护,挡水性能较差,不能设纱窗

5.3.4 自然排烟窗（口）的集中手动开启装置可为手动按钮、电动开启。

5.3.5 窗台防护高度设计要求见本书第 5.7.3 条第 7 款、第 8 款。

5.3.6 建筑玻璃应符合现行行业标准《建筑玻璃应用技术规程》JGJ 113 的规定，常用玻璃分类见表 5.3.6。

表 5.3.6 常用玻璃分类表

种类	分类和规格	性能	适用范围	执行国家现行标准
普通浮法玻璃	厚度分为 3mm、4mm、5mm、6mm、8mm、10mm、12mm、15mm、19mm，常规厚度为 4mm、5mm、6mm，一般最大尺寸 2.44m×6m	透明度高，透光率：3mm87%；4mm85%；5mm84%；6mm83%；8mm80%；10mm78%；12mm75%	适用于大部分普通建筑	《平板玻璃》GB 11614
超白浮法玻璃			对玻璃外观有较高要求的建筑、太阳能光电幕墙等	《超白浮法玻璃》JC/T 2128
钢化玻璃	厚度 4~19mm，分平板、弧板两种，平板钢化玻璃一般最大尺寸 2.4m×6m	属于安全玻璃，经特殊的热处理制成，具有较高的抗冲击性、抗弯曲强度、耐温急变性，破碎后碎片不带尖锐棱角，有良好的安全性，强度是普通玻璃的 3~5 倍，自爆率约 0.3%，平整度较差	适用于有安全要求的门窗、幕墙及室内、外装修工程等。可用于消防救援窗	《建筑用安全玻璃 第 2 部分：钢化玻璃》GB 15763.2；《建筑门窗幕墙用钢化玻璃》JG/T 455
半钢化玻璃		不属于安全玻璃，平整度、抗冲击性、抗弯曲强度、耐温急变性介于普通玻璃和钢化玻璃之间，在有框的情况下破碎后不易落下，有一定的安全性，强度是普通玻璃的 2~3 倍，可耐一定热冲击，不易出现热炸裂等现象，不自爆	适用于制作夹层玻璃	《半钢化玻璃》GB/T 17841
镀膜玻璃	膜层有热反射膜、低辐射膜、导电膜和高级镜面膜四类。厚度 3~19mm，最大规格 2.54m×3.66m	可通过膜层的选择来控制光和热的透过、反射和辐射性能，调节室内温度，节约冬季采暖、夏季空调的能耗	适用于玻璃幕墙及外门窗	《镀膜玻璃 第 2 部分 低辐射镀膜玻璃》GB 14915.2
彩釉玻璃	规格同钢化玻璃	釉层牢固，色彩稳定，可与建筑同寿命	适用于幕墙非透光部分或有装饰、遮阳要求的室内、室外幕墙	《釉面钢化及釉面半钢化玻璃》JC/T 1006
夹层玻璃	夹层总厚度 6.38mm 以上，最大规格为 2.5m×7.8m	属于安全玻璃，安全性、隔声性能良好	适用于有安全要求的门窗、幕墙、天窗、玻璃地面、隔断等	《建筑用安全玻璃 第 3 部分：夹层玻璃》GB 15763.3

种类	分类和规格	性能	适用范围	执行国家现行标准
中空玻璃	常用 3～12mm 厚玻璃与 6mm、9mm、12mm 厚空气层进行组合，最大规格 2.4m×3.5m（手工除外）	具有良好的热工、隔声性能	适用于有节能要求的建筑	《中空玻璃》GB 11944
真空玻璃	最大规格 1.8m×2.8m	两片或两片以上玻璃以支撑物隔开，周边密封，在玻璃间形成真空空腔。具有良好的热工、隔声性能，支撑物对外观有影响	适用于节能窗及超低能耗建筑幕墙	《真空玻璃》GB/T 38586
防火玻璃	按结构分为复合防火玻璃和单片防火玻璃；按耐火性能分为 A（耐火、隔热）、B（耐火、耐热辐射）、C（耐火）三类，每类按耐火等级分为 Ⅰ（≥90min）、Ⅱ（≥60min）、Ⅲ（≥45min）、Ⅳ（≥30min）四级；按材料分普通防火玻璃和高硼硅防火玻璃等	有良好的防火、隔热性能	复合防火玻璃适用于防火门、玻璃门窗、隔断、隔墙等；防火夹丝玻璃、防火中空玻璃适用于玻璃门窗、隔断、隔墙等；单片防火玻璃适用于外幕墙、门窗、隔断等	《建筑用安全玻璃 第1部分：防火玻璃》GB 15763.1
夹丝玻璃	有菱形、方格网、夹线三种网型的压花夹丝玻璃，厚度 6mm、7mm、10mm，最大尺寸 2m×1.2m	有一定的抗冲击强度，当受外力作用超过本身强度而引起破裂时，其碎片仍连在一起不致伤人，具有安全和防火作用，经国家防火建筑材料质量监督检验测试中心检验，耐火极限定为 75min	适用于有安全、防火要求的防火门窗、天窗等	《夹丝玻璃》JC 433

注：玻璃厚度和具体规格需与生产厂协商确定。

5.3.7 玻璃安全性

1. 安全玻璃包括夹层玻璃、钢化玻璃及由他们构成的复合产品，应符合现行国家标准《建筑用安全玻璃 第2部分：钢化玻璃》GB 15763.2、《建筑用安全玻璃 第3部分：夹层玻璃》GB 15763.3 的规定，且应包含对其边框形材、成品窗、密封胶、结构胶和配套五金等的安全要求。安全玻璃的选择详见《建筑玻璃应用技术规程》JGJ 113—2015 第7.2节。

2. 根据《建筑安全玻璃管理规定》（发改运行〔2003〕2116号），各建筑工程（包括新建、扩建、改建以及装饰、维修工程），采用玻璃做建筑材料的下列部位，必须设计使用安全玻璃：

1）7 层及 7 层以上建筑物外开窗；

2）面积大于 1.5m² 的窗玻璃或玻璃底边离最终装修面小于 500mm 的落地窗；

3）幕墙（全玻璃幕除外）；

4）倾斜装配窗、各类顶棚（含天窗、采光顶）、吊顶；

5）观光电梯及其外围护；

6）室内隔断、浴室围护和屏风；

7）楼梯、阳台、平台走廊的栏板和中庭内栏板；

8）用于承受行人行走的地面板；

9）水族馆和游泳池的观察窗、观察孔；

10）公共建筑物的出入口、门厅等部位；

11）易遭受撞击、冲击而造成人体伤害的其他部位。

3. 窗用玻璃的最大许用面积应同时考虑风压和人体冲击安全两种因素，其中抗风压数值见《建筑玻璃应用技术规程》JGJ 113—2015 附录 C，抗人体冲击最大许用面积值见《建筑玻璃应用技术规程》JGJ 113—2015 表 7.1.1-1 及表 7.1.1-2。

5.4 外 幕 墙

5.4.1 外幕墙由装饰面板与支承结构组成，装饰面板材质包括玻璃、石材、金属、人造板材等，支承结构包括支承框架、肋板、钢拉索等。外幕墙按照面板种类可分为玻璃、金属、石材和组合幕墙等，按照制作和安装工艺可分为构件式和单元式幕墙，构件式幕墙适用于一般多层和高度不超过 100m 的高层建筑，单元式幕墙安装精度与施工效率高，造价相对较高，多用于高层及超高层建筑。

【说明】构件式幕墙是在工厂加工幕墙构件，包括装饰面板、二次结构的立柱、横梁等，构件运送至施工现场后按顺序安装。单元式幕墙是在工厂将装饰面板与支承框架组合成标准单元，一般为整层高，运送至施工现场并安装在主体结构上。单元式幕墙质量高，现场工序少，安全风险小，受天气和自然因素影响小，造价比同样造型要求的构件式幕墙高约 20%。

5.4.2 外幕墙物理性能包括抗风压变形、平面内变形、水密性、气密性、热工、隔声、安全性能等，性能等级与地理位置、气候条件、建筑重要性、高度和体型特征等相关。

1. 抗风压变形

应依据现行国家标准《建筑结构荷载规范》GB 50009 的规定计算并确定风荷载标准值，并在其基础上确定抗风压性能分级指标。重要的高层建筑或特殊形态的建筑应通过风洞试验验证风荷载标准值。

2. 平面内变形

应依据现行国家标准《建筑抗震设计规范》GB 50011 的规定确定主体结构楼层内最大弹性层间位移，并在此基础上确定平面内变形性能分级指标。幕墙的变形能力应适应主体结构的变形。可通过幕墙系统与主体结构之间以及幕墙系统内部的弹性构造，提高幕墙适应变形的能力。

3. 水密性、气密性

1）应依据现行国家标准《建筑幕墙》GB/T 21086 的规定确定幕墙水密性能和气密性性能分级指标。现行国家标准《公共建筑节能设计标准》GB 50189 规定幕墙气密性不应低于 3 级。

2）应采用密封胶等填缝材料或构造阻隔水的渗透。拼接式单元幕墙在采用嵌缝法的同时，应采取措施确保排放渗漏水的路径为等压空间。

3）应确保防水和气密构造的连续性，包括幕墙与室外场地、楼地面、屋面交接处及幕墙板块之间的交接部位。

4）异形复杂幕墙应制定有组织排水方案，包括雨水汇集方式、排水点位设置等。

5）超高层建筑应适当提高幕墙气密性能等级。

4. 保温隔热

应根据现行国家及地方节能设计标准确定外幕墙传热系数和太阳得热系数（SHGC），合理选择玻璃配置和断热型材，宜采用 Low-E 玻璃，保温隔热性能指标见表 5.4.2。

表 5.4.2　保温隔热性能指标

术语	定义	备注
体型系数	建筑物与室外空气直接接触的外表面积与其所包围的体积的比值，外表面积不包括地面和不供暖楼梯间内墙的面积	1. 该数值是评价建筑方案在节能专项上的参数。 2. 不同的气候分区对不同的建筑规模有相应的体型系数要求，详见现行国家标准《公共建筑节能设计标准》GB 50189
单一立面窗墙面积比	建筑某一个立面的窗户洞口面积与该立面的总面积之比，简称窗墙面积比	1. 非透光部分幕墙的构造措施包括：①玻璃面板（透光部分）+金属背衬板+保温岩棉；②非透光面板+保温岩棉（非透光面板可以是彩釉玻璃、金属板、石材、人造板材等非透光材料）。 2. 体型系数对应传热系数限制要求和窗墙比选取范围，详见现行国家标准《公共建筑节能设计标准》GB 50189
传热系数	即 K 值，指在稳定传热条件下，围护结构两侧空气温差为 1 度（K 或 ℃），单位时间通过单位面积传递的热量，单位为 W/(m² · ℃)	1. 数值越小热工性能越好，可降低建筑能耗。 2. 外窗和幕墙透光部分的传热系数为包含金属框料和玻璃的综合传热系数

术语	定义	备注
太阳得热系数（SGHC）	通过透光围护结构（门窗或透光幕墙）的太阳辐射室内得热量与投射到透光围护结构（门窗或透光幕墙）外表面上的太阳辐射量的比值。太阳辐射室内得热量包括太阳辐射通过辐射投射的得热量和太阳辐射被构件吸收再传入室内的得热量两部分	1. 反映了实际进入室内的太阳辐射量，是衡量透光围护结构热工性能的参数。 2. 与以往标准中曾采用的遮阳系数（SC）是固定的转换关系，即太阳得热系数＝遮阳系数×0.87。 3. 部分气候区域可不限定该项。 4. 对于超低能耗建筑或近零能耗建筑，太阳得热系数需细化为冬季控制参数和夏季控制参数
可见光反射比	1. 在可见光谱（380～780nm）范围内，玻璃或其他材料反射的光通量与入射的光通量之比。 2. 玻璃幕墙可见光反射比分为可见光反射比（室外侧）和可见光反射比（室内侧）两个参数，依据项目需求分别控制	玻璃室外侧数值越高表明反光性能越强，塑造的建筑体感越强。该数值过高会对周围环境造成光污染影响。《玻璃幕墙工程技术规范》JGJ 102—2003 中要求玻璃幕墙应采用反射比不大于 0.30 的幕墙玻璃。对于一些特殊的应用部位，如主干道、高架桥两侧，该数值要求更为严格
		玻璃室内侧数值越高表明反光性能越强，易产生炫光。对于有较高夜间观测室外要求的建筑，宜控制在 0.10～0.11
可见光透射比	透过透光材料的可见光光通量与投射在其表面上的可见光光通量之比	反映室内自然采光的状况，当窗墙比数值较小时，可通过增加玻璃镀膜材料的透光性能改善室内的自然采光条件

注：本表术语定义依据《公共建筑节能设计标准》GB 50189—2015、《公共建筑节能设计标准》DB11/687—2015 编制。

5. 隔声

1）应符合现行国家标准《民用建筑隔声设计规范》GB 50118 的规定，各类建筑外围护结构的空气声隔声标准见本书第 3.9.12 条。

6. 防火

1）当跨越水平或竖向防火分区时应采取防止火灾水平或竖向蔓延的措施，具体措施及要求应符合现行国家标准《建筑设计防火规范》GB 50016 的规定。同一幕墙单元不应水平或垂直跨越不同的防火分区。

2）层间封堵做法应符合《建筑防火封堵应用技术标准》GB/T 51410—2020 第 4.0.3 条第 1 款和《玻璃幕墙工程技术规范》JGJ 102—2003 第 4.4.11 条的规定。幕墙与窗槛墙之间的空腔应在建筑缝隙上、下沿处分别填塞高度不小于 0.2m 的岩棉或矿物棉等材料，填塞材料的上下表面应采用弹性防火漆封堵覆盖，底部应采用厚度不小于 1.5mm 的连续镀锌钢板承托。

3）当雨篷二次钢结构在发生火灾时有破坏风险且破坏后影响安全疏散时，应涂刷不小于 1.5h 耐火极限的防火涂料。

4）消防救援窗应有明显标识，构造及玻璃选型应便于火灾状态下消防队员进入。

7. 安全

1）玻璃幕墙使用范围见住房和城乡建设部、国家安全监管总局联合发布的《关于进一步加强玻璃幕墙安全防护工作的通知》建标〔2015〕38号文件。

2）玻璃幕墙应具有一定的耐撞击性能，其指标不应低于现行国家标准《建筑幕墙》GB/T 21086中耐撞击性能分级2级的要求。

3）人员密度大、青少年或幼儿活动的公共场所以及使用中容易受到撞击的幕墙部位，应设置必要的防冲撞设施及明显的警示标识。

4）安全玻璃和有框平板玻璃、真空玻璃、夹丝玻璃的最大许用面积应符合现行行业标准《建筑玻璃应用技术规程》JGJ 113的规定。

5）玻璃幕墙应采用安全玻璃，宜选用夹层玻璃。外倾角度大于15°（即水平面夹角小于75°）的玻璃幕墙应选用夹层玻璃。

6）钢化玻璃宜经过二次热浸钢化处理，降低自爆率。

8. 幕墙防雷应与建筑主体防雷系统可靠连接，防雷性能和做法应符合现行国家标准《建筑防雷设计规范》GB 50057的规定。

【说明】第1款抗风压性能指幕墙在与其平面相垂直的风压作用下，保持正常工作状态与使用功能而不发生任何损坏的能力，是幕墙检测的重要性能之一。应明确幕墙的抗风压分级指标值，作为结构计算的依据，确保幕墙支承体系和面板的挠度变形等符合现行国家标准《建筑幕墙》GB/T 21086的规定。

第2款造成幕墙平面内变形的主要原因是受地震力影响，各楼层间产生相对位移从而引起幕墙构件水平方向强制位移。结构楼层的层间位移角是确定平面内变形分级指标的重要依据。

第6款应合理设置上、下层幕墙之间的实体防火槛墙，防止火势蔓延。防火槛墙和幕墙之间应通过在层间空腔设置双道防火封堵实现完整的防火阻隔。

5.4.3 应结合功能、性能和外观等要求合理确定幕墙系统选型和玻璃配置，优先选用标准产品和构造。复杂形体的玻璃幕墙应采用合理的板片化策略，减少双曲面玻璃等异形材料种类。

【说明】全玻璃系统、点支承幕墙、双层幕墙造价一般均高于普通框支承幕墙。不同的玻璃配置会影响造价。应根据项目需求和工艺成熟度评估，合理选择单中空或双中空玻璃，单银、双银或三银玻璃等。

除特殊情况宜避免使用超高、超宽构件。玻璃面板不宜大于2.4m×3.6m，短向不宜大于2.4m。单片玻璃厚度不宜大于12mm。双曲玻璃需单独开模具且无法钢化，常采用双夹胶，造价约为普通玻璃的3～5倍，加工周期长。单曲玻璃造价比普通平板玻璃高约30%。

5.4.4 应在结构变形缝位置设置幕墙变形缝，同一幕墙单元不应跨越结构变形缝。

5.4.5 超高层建筑宜采用通风器，通风器设计要点如下：

1. 宜在非透明部分结合幕墙构件设置通风器。

2. 宜在室内侧设置缓冲空腔，采取排水、防尘、防虫、防噪声反射等措施。

3. 可利用气流"狭管效应"增加进风量。

4. 宜布置在不同方向，形成空气对流。

【说明】通风器是隐蔽式的自然通风设施。当高层建筑环境风压较大时，可通过缝隙式通风器或隐蔽式开启扇，将自然风引入建筑室内。

5.4.6 幕墙维护与清洁系统包含蜘蛛人、蜘蛛车、升降车和擦窗机等，应满足幕墙和夜景照明等系统的日常清洁维护和部件更换要求，也应满足可拆卸的最大构件尺寸和最重构件荷载要求。

【说明】蜘蛛人是指工人运用吊绳下滑到指定位置进行清洗操作，具有方便、灵活的特征，但操作安全风险较高。蜘蛛车和升降车是指工人乘坐蜘蛛车吊篮或升降车到指定位置进行清洗操作，适用于高度在 30m 以下的建筑幕墙清洗，多用于建筑底部幕墙及室内高大空间的清洁。擦窗机是指工人乘坐擦窗机吊篮到指点位置进行清洗操作，可有效保障清洗周期和操作安全，初期成本较大，适用于高层和超高层建筑。

5.4.7 框支承玻璃幕墙

1. 由玻璃面板及其支承框架组成，分明框、隐框和半隐框三种类型，幕墙示意见图 5.4.7-1 及图 5.4.7-2。

2. 北京地区不应使用全隐框玻璃幕墙。

3. 应在主体结构施工时预埋幕墙埋件，不具备条件时可使用后置锚固螺栓（化学螺

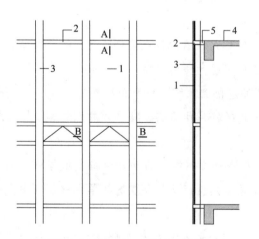

1—玻璃面板；2—横梁；3—立柱；4—主体结构；5—立柱悬挂点

(a) 立面、剖面示意

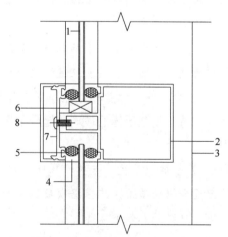

1—玻璃面板；2—横梁；3—立柱；4—耐候密封胶；5—聚乙烯发泡填料；6—硬橡胶垫；7—压盖；8—扣盖

(b) 剖面大样A—A

图 5.4.7-1 明框玻璃幕墙示意（一）

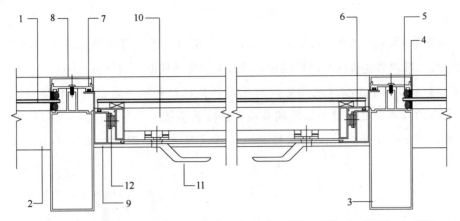

1—玻璃面板；2—横梁；3—立柱；4—耐候密封胶；5—聚乙烯发泡填料；6—结构胶；7—压盖；
8—扣盖；9—窗框；10—窗扇；11—执手；12—不锈钢铰链

(c) 平面大样B–B

图5.4.7-1 明框玻璃幕墙示意（二）

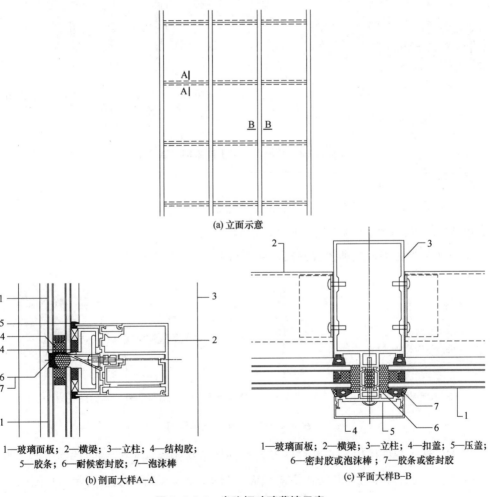

(a) 立面示意

1—玻璃面板；2—横梁；3—立柱；4—结构胶；
5—胶条；6—耐候密封胶；7—泡沫棒

(b) 剖面大样A–A

1—玻璃面板；2—横梁；3—立柱；4—扣盖；5—压盖；
6—密封胶或泡沫棒；7—胶条或密封胶

(c) 平面大样B–B

图5.4.7-2 半隐框玻璃幕墙示意

栓）连接。

4. 幕墙埋件常位于结构板顶面或边梁侧面，板厚、梁高应满足埋件受力要求。幕墙立柱通过可三维调节连接件与埋件固定，埋件与主体结构的连接示意见图 5.4.7-3。

【说明】第 2 款全隐框玻璃幕墙使用范围详见住房和城乡建设部、国家安全监管总局联合发布的《关于进一步加强玻璃幕墙安全防护工作的通知》（建标〔2015〕38 号）。全隐框玻璃幕墙的安全性完全依赖结构胶的强度和质量，因此本书规定不应用于北京地区。

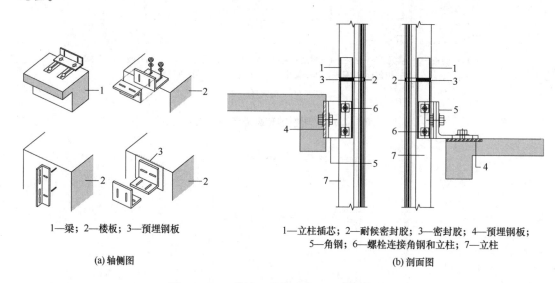

1—梁；2—楼板；3—预埋钢板

(a) 轴侧图

1—立柱插芯；2—耐候密封胶；3—密封胶；4—预埋钢板；
5—角钢；6—螺栓连接角钢和立柱；7—立柱

(b) 剖面图

图 5.4.7-3　幕墙埋件与主体结构的连接示意

5.4.8　点支承玻璃幕墙

1. 又称点式幕墙，以点连接方式直接承托和固定玻璃面板，由玻璃面板、支承装置和支承结构组成。玻璃之间采用硅胶嵌缝，通透性高。

2. 支承装置分夹板式和接驳件式，见图 5.4.8-1 及图 5.4.8-2。

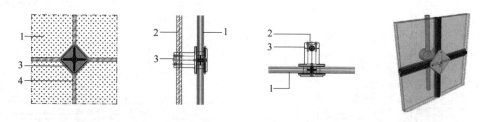

1—玻璃面板；2—拉索；3—不锈钢夹具（后端与拉索连接，前端夹板固定玻璃面板）；4—耐候密封胶

图 5.4.8-1　夹板式支承装置

3. 支承结构分杆件体系和索杆体系，杆件体系是刚性构件组成的结构体系，索杆体系是由拉索、拉杆和刚性构件等组成的预应力结构体系，支承结构受力示意见图 5.4.8-3。

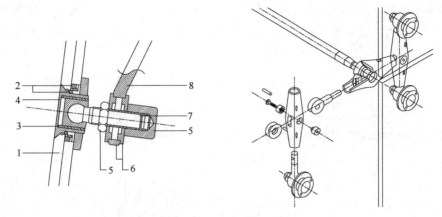

1—钢化玻璃；2—密封胶；3—不锈钢螺纹套；4—不锈钢内螺纹块；5—不锈钢螺母；
6—不锈钢垫圈；7—不锈钢螺栓；8—不锈钢爪

图 5.4.8-2　接驳件式支承装置

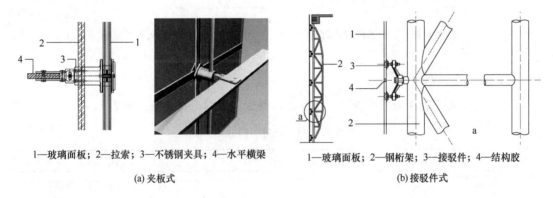

1—玻璃面板；2—拉索；3—不锈钢夹具；4—水平横梁	1—玻璃面板；2—钢桁架；3—接驳件；4—结构胶
(a)夹板式	(b)接驳件式

图 5.4.8-3　支承结构示意图

5.4.9　全玻璃幕墙

是以玻璃肋板作为支承结构或仅依靠玻璃面板自支撑的幕墙系统，通透性好，多用于高大公共空间。下端支承全玻璃幕墙玻璃高度和厚度详见现行行业标准《玻璃幕墙工程技术规范》JGJ 102。当玻璃高度大于 6m 时应采用吊挂全玻璃幕墙。

【说明】采用吊挂装置可有效降低玻璃自重，节省幕墙造价。

5.4.10　双层玻璃幕墙

1. 由外层幕墙、空气间层和内层幕墙组成，在空气间层内可形成空气流动，有利于提高保温隔热、隔声降噪性能，初期投资较高，占用建筑面积较大。按照通风方式分为内通风和外通风两种，见图 5.4.10-1 及图 5.4.10-2。

2. 空气间层宽度宜为 0.5～0.6m，在满足通风要求的基础上易于清洁维护。

【说明】内通风双层幕墙是在内层幕墙设置进、出风口，利用通风设备使室内空气进入空气间层并有序流动。为提高节能效果，间层内可设电动百叶或电动卷帘等遮阳装置。外通风双层幕墙也称为呼吸式幕墙，是在外层幕墙设置进、出风口，室外空气进入空气间层并有序流动，可在室内形成自然通风效果。进、出风口可逐层设置，也可全楼统一设置。

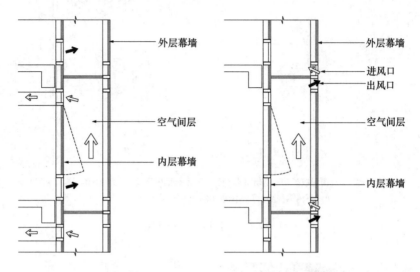

图 5.4.10-1　内通风双层幕墙　　　　图 5.4.10-2　外通风双层幕墙

5.4.11　金属幕墙

1. 面层可选用铝合金、不锈钢、钛合金、铝锌合金等，材料特点见表 5.4.11。

表 5.4.11　金属材料分类

材料	性能特征	适用范围
铝合金	重量轻，易加工，着色均匀。 铝单板厚度为 2.5～4mm，平整度、耐久性好，价格适中。 铝蜂窝板厚度为 10～25mm，抗弯强度大，价格较铝单板高	适用于大部分中、高档建筑。 铝蜂窝板适用于短边长大于 1.4m 且长度大于 4m 或单板面积大于 5m² 的幕墙
不锈钢	可长期保持自然的金属光泽，表面可呈现多种纹理和光泽度，价格较高	适用于标准较高的建筑
钛合金	稳定性好，耐候性强，表面光亮美观，一般复合在其他金属板上，构造较为复杂，价格昂贵	适用于极少量有特殊需求的建筑
铝锌合金	具有较强的耐候性，不用额外涂层或着色，固有色是灰色，形态为浅波瓦楞	适用于特殊设计的墙面和屋顶

2. 金属表面处理

1）阳极氧化镀膜：是铝合金表面常用的处理方法，硬度高，耐磨性好，金属质感强，颜色少。

2）热镀锌：可提高耐候性能，镀铝锌、镀铝锌硅等工艺使金属耐候性能达到 30～50 年。颜色单一，一般多用于非外露的钢构件。

3）静电粉末喷涂：可用于铝板和钢板表面，颜色丰富，耐候性能较差，多用于室内。

4）氟碳喷涂：具备较好耐候性能，颜色多样，多用于室外，也可用于钢结构防火涂料表面。

3. 铝单板和不锈钢板宜采用开背槽折弯工艺，背槽深度不应大于板厚的 1/2。

4. 板缝分密闭式和开放式。当采用开放式板缝时，保温层外侧应设铝板、镀锌钢板等防水保护措施，且应采取加强龙骨耐候性等可靠防护措施确保幕墙二次结构耐久性。

5. 保温层应进行支承和固定设计。保温层室内侧应设置隔汽层，隔汽层应连续完整。

【说明】铝塑复合板耐候性较差，燃烧性能为 B1 级，不建议用于外幕墙。

第 4 款密闭式板缝是指密封胶条结合密封胶的方式。板缝空腔内气压与室外气压应相等或相近，防止内、外空气压力差导致雨水进入空腔内。密闭式板缝有利于确保支承结构耐久性。

5.4.12 石材幕墙

1. 常用装饰石材包括花岗岩、大理石和砂岩等。花岗岩硬度大，耐风化，适用于室外和室内。大理石和砂岩硬度较小，多用于室内。

2. 石材厚度一般不小于 25mm，石材表面为烧毛或有其他纹路时，厚度应适当增加 3～5mm。

3. 石材面板与支撑结构连接方式分为插槽式和背栓式，在成本允许情况下，宜采用背栓式连接。

1) 插槽式连接是在石板的上、下边开宽度 6mm，深度 17～20mm 的槽，可通长也可不连续，利用不锈钢板式挂件插入槽中固定石材，工艺简单，但开槽作业量大，宜采用便于石材面板独立安装和拆卸的支承系统，如图 5.4.12-1 所示。

2) 背栓式连接是在石板背面增设后切式螺栓，螺栓与幕墙龙骨组合成可拆卸构件。价格较高。每块石材面板采用 2～4 个后切式螺栓。当面板尺寸较大时，应适当增加螺栓数量（如面板尺寸为 1.5m×1.0m 时采用 4～8 个后切式螺栓），工厂加工，现场作业量少，背栓与石材紧密连接，石材边沿完整性好，连接更为牢靠，抗震性好，便于石材面板独立安装和拆卸，如图 5.4.12-2 所示。

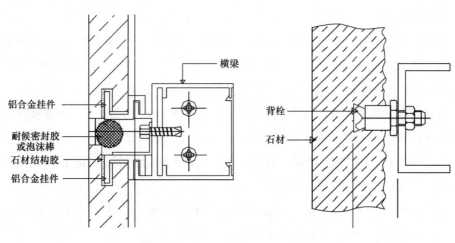

图 5.4.12-1 插槽式连接   图 5.4.12-2 背栓式连接

4. 板缝和保温层做法同本书第 5.4.11 条第 4 款、第 5 款。

5.5　钢筋混凝土屋面

5.5.1　钢筋混凝土屋面按形态分为平屋面和坡屋面；按防水类型分为柔性防水、刚性防水屋面和瓦屋面；按使用功能分为上人屋面和非上人屋面；按保温隔热性能分为保温、隔热屋面（包括架空屋面、蓄水屋面等）和兼具绿化功能的种植屋面等。钢筋混凝土屋面设计应符合现行国家标准《民用建筑通用规范》GB 55031、《屋面工程技术规范》GB 50345 和《坡屋面工程技术规范》GB 50693 的规定。

5.5.2　防火

1. 基层耐火极限不低于 1h 的钢筋混凝土屋面，外保温材料燃烧性能不应低于 B2 级。当采用 B1 级、B2 级保温材料时，应设置厚度不小于 10mm 的不燃材料防护层，防止由于防水层施工或日常使用不当引起保温材料燃烧。

2. 当屋面和外墙外保温系统均采用 B1 级、B2 级保温材料时，屋顶人孔、采光窗等开口部位的保温层与周边保温层之间宜设置宽度不小于 0.5m 的不燃材料防火隔离带。

3. 当钢筋混凝土屋面（非倒置式）防水层为可燃材料时，其上部应设置地砖、细石混凝土等不燃材料防护层。

【标准摘录】《建筑设计防火规范》GB 50016—2014（2018 年版）第 6.7.10 条：当建筑的屋面和外墙外保温系统均采用 B1 级、B2 级保温材料时，屋面与外墙之间应采用宽度不小于 500mm 的不燃材料设置防火隔离带进行分隔。

5.5.3　排水

1. 应采用有组织排水。多层建筑屋面宜采用有组织外排水，严寒地区、高层建筑、多跨及集水面积较大的屋面宜采用有组织内排水或内、外排水相结合，大面积屋面宜采用虹吸式雨水排放系统。

2. 排水坡度应符合《民用建筑设计统一标准》GB 50352—2019 表 6.14.2 的规定，当屋面坡度≥3％时可采用结构找坡，倒置式屋面坡度不宜小于 3％。当屋面坡度大于 25％时，应采取粘贴或铺钉等方式固定保温层，防止保温层变形和下滑。

3. 当采用重力式排水时，每个汇水面积内的屋面或天沟不应少于 2 个排水口。

4. 当设置外檐天沟时，雨水口的间距不宜大于 24m；当无外檐天沟或采用内排水时，雨水口的间距不宜大于 15m。虹吸雨水斗之间的间距不宜超过 20m，雨水口中心至女儿墙内侧距离不宜小于 0.5m。

5. 宜靠近水落口设置溢流口，溢流口底标高宜高出屋面完成面 0.15～0.25m，且应低于女儿墙泛水高度，溢流管伸出墙面不应小于 50mm。

6. 单个雨水口汇水面积不得超过按当地降水条件计算所得最大值，北京地区雨水斗最大汇水面积见表 5.5.3-1。

表 5.5.3-1　北京地区雨水斗（单斗）的最大汇水面积（m²）

设计重现期（年）	87 型雨水斗			虹吸雨水斗			
	DN75（mm）	DN100（mm）	DN150（mm）	DN50（mm）	DN75（mm）	DN100（mm）	DN150（mm）
3	210	430	980	160	320	680	1920
5	190	380	860	140	280	600	1680
10	160	330	740	120	240	510	1440
50	120	240	560	90	180	380	1080
100	110	220	500	80	160	350	980

注：1. 本表依据《城镇雨水系统规划设计暴雨径流计算标准》DB11/T 969—2016 编制。

　　2. 设计重现期（a）取值按工程重要程度递增，一般为 10 年，其取值及雨水流态由给水排水专业确定。

　　3. 当采用多斗系统时，单个斗的汇水面积应为本表数值的 0.8 倍。

7. 雨水汇水面积应按屋面水平投影面积计算，当有高出屋面的侧墙时，应附加侧墙面积的 50%。

8. 当上层屋面向下层屋面无组织排水时，下层屋面受雨水冲刷的部位应加铺一层卷材，且应设置 40～50mm 厚、0.3～0.5m 宽的 C20 细石混凝土保护层。

9. 天沟、檐沟不应跨越变形缝和防火墙，有效深度应为设计水深加保护高度，见表 5.5.3-2。

表 5.5.3-2　屋面天沟

类型	天沟宽度（mm）	天沟分水线处最小深度（mm）	沟底水落差（mm）	有效深度 h（含保护高度）（mm）	保护高度（mm）	纵向坡度	
						外排水	内排水
重力流	≥300	≥100	≤200(100 金属)	100<250	0.3h	≥1%	≥1.5%
压力流（虹吸式）	—	—	—	≥250	75	≥0.3%（金属管为0）	

注：本表依据《屋面工程技术规范》GB 50345—2012 第 4.2.11 条及《建筑屋面雨水排水系统技术规程》CJJ 142—2014 第 4.2.3 条、第 4.2.4 条编制。

10. 大型雨篷应做有组织排水，应设 2 个或 2 个以上排水口。严寒或寒冷地区大型雨篷的雨水沟内宜设置融雪设施。小型雨篷应设 2 个或 2 个以上泄水管，泄水管伸出雨篷边缘不应小于 50mm。

【说明】虹吸式雨水排放系统是利用具有虹吸作用的雨水斗将重力流改为压力流，加大汇水面积，减少雨水口数量，减少系统占用高度，适用于大面积屋面。

5.5.4　防水

屋面防水等级、设防要求及防水做法应符合现行国家标准《建筑与市政工程防水通用规范》GB 55030 和《屋面工程技术规范》GB 50345 的规定。北京地区还应符合现行地方标准《屋面防水技术标准》DB11/T 1945 的规定。常用平屋面工程的一、二级防水做法见表 5.5.4。

表 5.5.4 常用平屋面防水做法表

防水等级			一级		二级
设防要求			3 道防水设防（卷材防水层不应少于 1 道）	2 道防水设防（卷材防水层不应少于 1 道）	
		防水层组合	做法选用示例	防水层组合	做法选用示例
防水做法	相邻设置的 3 道防水层	3 道相同卷材叠合	3.0mm＋3.0mm＋3.0mm 厚 SBS 改性沥青防水卷材	2 道相同卷材叠合	3.0mm＋3.0mm 厚 SBS 改性沥青防水卷材
		3 道 2 种不同卷材叠合	2.0mm＋2.0mm 厚改性沥青聚乙烯胎防水卷材	2 道不同卷材叠合	3.0mm 厚自粘聚合物改性沥青防水卷材（聚酯胎基）
			1.5mm 厚自粘聚合物改性沥青防水卷材		2.0mm 厚自粘聚合物改性沥青防水卷材
		2 道卷材与 1 道涂料复合	3.0mm＋3.0mm 厚 SBS 改性沥青防水卷材	1 道卷材与 1 道涂料复合	3.0mm 厚 SBS 改性沥青防水卷材
			2.0mm 厚非固化橡胶沥青防水涂料		2.0mm 厚非固化橡胶沥青防水涂料
	相邻设置的 2 道防水层＋独立设置的 1 道防水层	2 道相同卷材叠合＋1 道卷材	3.0mm＋3.0mm 厚 SBS 改性沥青防水卷材	—	—
			4.0mm 厚 SBS 改性沥青防水卷材（聚酯胎基）	—	—
		2 道相同卷材叠合＋1 道涂料	3.0mm＋3.0mm 厚自粘聚合物改性沥青防水卷材	—	—
			3.0mm 厚氯丁橡胶改性沥青防水涂料	—	—

注：本表中防水等级和设防要求依据《建筑与市政工程防水通用规范》GB 55030—2022 第 2.0.6 条及第 4.4.1-1 条编制。防水材料组合及厚度依据《屋面防水技术标准》DB11/T 1945—2021 表 A.0.1、表 A.0.2、表 A.0.3 编制。

【说明】

表 5.5.4 中，一级设防可将 3 道防水层全部相邻设置在保温层上面，也可将隔汽层改为 1 道正式防水层，形成相邻设置的 2 道防水层＋独立设置的 1 道防水层。

相邻设置的 3 道防水层做法可参照《屋面防水技术标准》DB11/T 1945—2021 表 A.0.3 选用，相邻设置的 2 道防水层做法可参照表 A.0.1 选用，独立设置的 1 道防水层做法可参照表 A.0.2 选用。

5.5.5 保温隔热

1. 保温层宜选择轻质（密度小）高效（吸水率低、导热系数小）、抗压强度高的材料，常用保温材料见本书表 9.3.5-2。

2. 用于屋面保温的挤塑聚苯板压缩强度应≥150kPa，模塑聚苯板压缩强度应≥100kPa，硬质聚氨酯泡沫塑料板压缩强度应≥120kPa。板状保温材料其他性能指标见《屋面工程技术规范》GB 50345—2012 表 B.2.1。当屋面为停车场、运动场等大荷载情况时，应根据实际荷载验算后选用相应压缩强度的保温材料。

3. 封闭式保温层或保温层干燥有困难的卷材屋面宜采取排汽构造，见国标图集 19BJ5-1《屋面详图》。

4. 非倒置式屋面的保温层下宜设隔汽层，当屋面下方为游泳池、公共浴室、厨房操作间、开水房等高湿度房间时，屋面保温层下应设隔汽层。

5. 应合理选用架空层、种植土屋面、蓄水屋面等隔热层构造做法，常用屋面隔热技术措施见本书表 9.3.5-3。

6. 当设置架空隔热层时，架空高度宜为 0.18～0.3m，设置无阻滞的进、出风口，架空板与女儿墙之间净距不应小于 0.25m，屋面宽度较大时宜设通风屋脊。

【说明】第 2 款保温材料的压缩强度摘自《屋面工程技术规范》GB 50345—2012 表 B.2.1。屋面为停车场、运动场等大荷载场地时，保温材料可选用高强度挤塑聚苯板，参考压缩强度≥350kPa（小型车）或≥450kPa（大型车）。

5.5.6 防雷

1. 应依据现行国家标准《建筑电气与智能化通用规范》GB 55024 确定建筑物的雷电防护分类。屋面防雷设施不应影响使用功能，不应破坏防水层。

2. 当利用金属屋面作为接闪器时，应综合考虑安全性和经济性。

3. 应充分利用金属构件，在屋角、屋脊、屋檐和檐角等易受雷击的部位设置接闪器。接闪器应有防坠落措施，并应预留基座、埋件等安装条件。

4. 出屋面的金属管、烟囱等附属设施应设置抱箍与接闪器连接。

5.5.7 构造做法

1. 应根据气候条件和建筑功能合理选用屋面构造做法，常用平屋面构造要点对比见表 5.5.7。

表 5.5.7 常用平屋面构造要点

	保温隔热（隔汽）屋面	倒置式屋面
构造做法	1. 保护层 2. 隔离层 3. 防水层 4. 找平层 5. 找坡层 6. 保温隔热层 7.（隔汽层） 8.（找平层） 9. 结构层	1. 保护层 2.（隔离层） 3. 保温隔热层 4. 防水层 5. 找平层 6. 找坡层 7. 结构层

	保温隔热（隔汽）屋面	倒置式屋面
防水等级	Ⅰ级或Ⅱ级	应为Ⅰ级
优点	对保温材料要求较低	1. 节能效果较好，不易结露。 2. 保温层保护防水层，利于延长防水层寿命。 3. 不用设置排气孔。 4. 防水可靠性好，防止窜水。 5. 施工简单、造价低
缺点	1. 需设置排气孔，影响屋面使用和美观，易形成雨水倒灌。 2. 防水材料寿命短，易被破坏、易老化。 3. 施工工序复杂。 4. 一旦漏水容易窜水不易找到漏点	1. 对保温材料要求高，可选范围小（部分模塑聚苯板不适用）。 2. 保温层缺少保护，易因吸水受潮降低保温隔热性能，威胁防水层。 3. 维修防水时需要破坏保温层、维修成本高
适用范围	适用于保温隔热要求高于防水要求的建筑	不宜用于种植屋面及对防水要求高于保温隔热要求的建筑。 不宜用于严寒地区和冬天多雨、夏天隔热的南方地区

2. 混凝土基层的坡屋顶瓦屋面常采用沥青瓦、块瓦、波形瓦，也可选用装配式轻型坡屋面。当建筑的屋面坡度大于 45°，并位于强风多发和抗震设防烈度为 7 度以上的地区时，应采取加强措施固定瓦块。块瓦和波形瓦可用金属件锁固，沥青瓦应采取满粘和增加固定钉的措施。

【说明】第 2 款装配式轻型坡屋面是以冷弯薄壁型钢屋架或木屋架为承重结构，由轻质保温隔热材料、轻质瓦材等装配组成的坡屋面系统。

5.5.8 附属设施

1. 设备基础及出屋面孔洞防水构造应满足泛水高度要求，不应破坏屋面防水的整体性，不应阻断排水通路。

2. 屋面不应设置大量装饰性构件，高大装饰构件应经结构计算并与主体结构可靠连接。

3. 太阳能热水、光伏发电等设施宜结合建筑功能、造型一体化设计。

4. 屋面临空处防护栏杆要求见本书第 5.7 节。

5.5.9 维护

1. 应兼顾可达性、覆盖性、安全性和便捷性。

2. 当屋面坡度大于等于 1∶2 时，坡面下端应设现浇钢筋混凝土檐口、女儿墙和栏杆等防护措施。

3. 坡屋面应设置安全扣环等与主体结构可靠连接且可承受维修荷载的安全设施。

4. 严寒和寒冷地区坡屋面宜加大檐沟宽度、深度，并采取必要的挡雪、融冰除雪等安全措施。

5.6 金属屋面

5.6.1 金属屋面是由金属面板与支撑体系组成的外围护系统，常用于大跨度钢结构建筑，应满足保温隔热、隔声降噪以及防火、防水、排水、抗风、防雷等性能要求。金属面板包括铝合金板、彩色钢板、不锈钢板、钛合金板等。金属屋面应符合现行行业标准《建筑金属围护系统工程技术标准》JGJ/T 473 的规定。

【说明】金属屋面具有自重轻、板材种类丰富、施工快速等特点。宜选用系统化金属屋面产品，二次结构包括檩条、衬檩、持力板等。应根据需要设置保温隔热、隔声降噪、防水等功能构造层和防坠落、防冻雪等设施。金属屋面二次结构一般不参与主体结构受力计算。金属涂层耐候、耐久性能包括抗紫外线、抗粉化、抗酸碱、耐磨损性能等，沿海等特殊环境地区还应提出耐盐雾等特殊性能要求。

5.6.2 设计原则

1. 使用年限不应少于 25 年。

2. 严寒、强冰雪地区及沿海、强风地区，宜通过专项技术论证并采取相应的防冰雪或防风措施。

3. 重要工程应根据风洞试验结果确定风荷载要求和抗风揭性能要求，并应通过抗风揭测试。

4. 当室内环境有较高声学要求时应进行声学计算，并完成必要的声学性能测试。

5. 应设置清洁维护系统，包括升降机、蜘蛛车、检修马道等，应设置防坠落系统。

6. 宜采用具有自洁功能涂层的金属面板，且无需特殊化学清洗剂清洗。

5.6.3 金属屋面总厚度宜预留 50～100mm 的结构误差冗余空间。

5.6.4 金属面板

1. 应适应屋面造型且顺直平滑，板肋方向应沿屋面排水坡度顺水搭接。当为双曲面时，立缝咬合方向应朝向双曲面的下坡方向。

2. 宜单向排板，扇形放射排板时板型可为扇形，最窄板宽不宜小于 0.25m，扇形板须连续咬扣，长度方向不得搭接或焊接，不得采用直板拼接。

3. 当采用滑动式连接的压型金属面板时，钢板单板长度不宜超过 75m，铝合金板单板长度不宜超过 50m。当采用固定式连接的压型金属屋面板时，单板长度不宜超过 36m。

4. 应合理控制金属屋面涂层的光反射率，避免产生眩光和光污染。

5.6.5 屋面天沟

1. 应根据雨水排放计算确定天沟的深度和宽度，有效深度不应小于 0.25m。

2. 屋面汇水面积较大、降雨强度较大或重力排水条件不足时可采用虹吸式排水系统，虹吸雨水口应设集水井，井底距天沟不应小于 0.25m。

3. 应设置伸缩缝，顺直天沟连续长度不宜大于 30m，伸缩缝宜采用工厂预制的专用构件。

4. 保温、隔热、降雨噪等性能应与屋面整体性能保持一致。

5. 当纵坡较大时，沟内宜设置阻水缓冲板等措施，防止雨水飞溅产生局部渗漏。

6. 当有外观要求时可采用带有外装饰附加层的隐藏式天沟。

5.6.6 外装饰附加功能层

1. 应与金属屋面系统一体化设计，且不应影响金属屋面板的伸缩变形或降低屋面系统的整体性能。

2. 应满足抗风揭、防火、防雷、防腐、耐久等性能要求，应便于维护和更换。

3. 附加层材质宜与金属屋面板相同，当为不同材质时应采取必要的绝缘隔离措施。

【说明】外装饰附加功能层是通过连接构件固定安装在金属屋面板外侧的起装饰作用的附加设施，与主屋面一起形成双层屋面。两层金属板之间可形成空气流通层，利用空气对流降温，可增强降雨噪、隔热和耐久性能。

5.6.7 采光天窗

1. 当具有自然通风和消防排烟功能时，应设自动开启扇。

2. 高大空间的可开启天窗应设风雨感应装置，降雨时可自行关闭。

3. 天窗四周应设排水天沟，当设置多个独立天窗时，天沟宜于高度较低一侧连通。

4. 应采用夹层玻璃。

5. 宜采用遮阳板、遮阳帘等。

5.6.8 防坠落

1. 宜在屋脊、檐口、屋面排水边沟等处设置连续的防坠落设施。

2. 防坠落设施支撑构件不得破坏金属屋面板的连续性，应确保系统具有可靠的结构安全性能。

【说明】常用的防坠落设施可采用多跨度锚固的不锈钢钢缆专用设备。钢缆直径一般不小于 8mm，强度不小于 37kN，支撑跨不大于 7m。宜设置应力感应器、指示器和坠落减震器等设备，确保操作人员安全装备沿钢缆自由滑动而无需在支撑处人为解锁。

5.6.9 日照条件充分的地区宜设置屋面光伏系统，应对光伏系统的选型及结构安全性、防火、耐候性能、经济效益等进行综合评估。光伏系统安装不得降低屋面系统的整体性能。坡度较大的北向坡屋面不宜设置光伏系统。

5.6.10 光伏一体化屋面

1. 光伏一体化屋面（简称 BIPV）是在原有金属屋面基础上，用光伏组件全部或部分替代金属面板的屋面系统，应符合现行国家标准《建筑节能与可再生能源利用通用规范》GB 55015 的规定，具体做法可参照现行团体标准《光电建筑技术应用规程》T/CBDA39

执行。

2. 同一光电建筑构件不应跨越建筑变形缝。

3. 光伏组件应满足抗风、抗穿刺、自清洁、耐候、耐腐蚀等性能要求，可承受 130km/h（2400Pa）风压和 25mm 直径冰雹 23m/s 的冲击。光伏组件的燃烧性能应为 A 级。

4. 宜采用太阳能自动清洁系统。

【说明】光电建筑构件是指兼具光伏发电功能和建材功能的建筑构件。光伏组件存在热斑效应，在发电中会伴随发热。

5.7 扶手、栏杆

5.7.1 扶手、栏杆是保障人员安全的重要建筑部件。防护栏杆除应满足现行国家和地方标准外，其设计、制作、安装、验收和维护还应符合现行行业标准《建筑防护栏杆技术标准》JGJ/T 470 的规定。

【说明】本书各章节楼梯、外窗、屋面、室内外临空处等部位和栏杆、扶手相关的防护措施，均索引本节内容。

5.7.2 玻璃栏板应设有立柱和扶手，栏板玻璃作为镶嵌面板安装在护栏系统中。当采用栏板玻璃固定在结构上且直接承受人体荷载的护栏系统时，栏板玻璃最低点离一侧楼地面高度不应大于 5m，且应使用公称厚度不小于 16.76mm 的钢化夹层玻璃。当栏板玻璃最低点离一侧楼地面高度大于 5m 时，不得采用此类护栏系统。

【标准摘录】《托儿所、幼儿园建筑设计规范》JGJ 39—2016（2019 年版）第 4.1.12 条：幼儿使用的楼梯，当楼梯井净宽度大于 0.11m 时，必须采取防止幼儿攀滑措施。楼梯栏杆应采取不易攀爬的构造，当采用垂直杆件栏杆时，其杆件净间距不应大于 0.09m。

5.7.3 防护高度

1. 建筑临空部位防护栏杆的防护高度应符合现行国家标准《民用建筑通用规范》GB 55031、《民用建筑设计统一标准》GB 50352、《住宅设计规范》GB 50096 等各类建筑设计标准的规定。

2. 防护栏杆的高度应从所在楼地面或屋面至栏杆扶手顶面垂直高度计算，当底面有宽度≥0.22m 且高度≤0.45m 的可踏部位时，应从可踏部位顶面起算。

3. 阳台、外廊、室内回廊、中庭、内天井及楼梯等临空处，栏杆或栏板的防护高度不应小于 1.1m，封闭阳台的栏板或栏杆应满足阳台栏板或栏杆的防护要求。

4. 上人屋面和交通、商业、旅馆、医院、学校等建筑临开敞中庭的栏杆高度不应小于 1.2m。

5. 托儿所、幼儿园防护栏杆高度不应低于 1.3m。

6. 住宅、幼儿园、托儿所、中小学及其他少年儿童专用活动场所的设有阳台或平台的外窗，窗台距楼面、地面的净高低于 0.9m 时应设置防护设施。其他建筑窗台距楼面、地面的净高低于 0.8m 时应设置防护设施。当采用固定扇作为防护设施时应采用厚度大于 6.38mm＋6.38mm 的夹层玻璃。

7. 窗台的防护高度应遵守以下规定（不包括设有宽窗台的凸窗等），见图 5.7.3-1～图 5.7.3-3。

1）窗台高度小于或等于 0.45m 时，护栏或固定扇的高度从窗台算起。

2）窗台高度大于 0.45m 时，护栏或固定扇的高度从地面算起。但护栏下部 0.45m 范围内不得设置水平栏杆或任何其他可踏部位。如有可踏部位则其高度应从可踏面算起。

3）当室内外高差≤0.6m 时，首层的低窗台可不设防护措施。

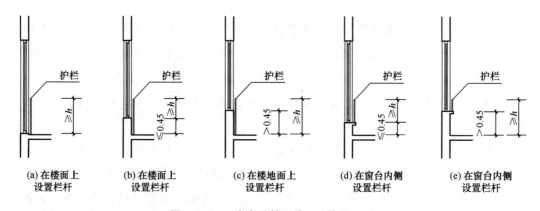

图 5.7.3-1　窗台防护设施 1（单位：m）

注：图中 h 为窗台安全高度 0.8m（住宅、托儿所、幼儿园、中小学校为 0.9m）。

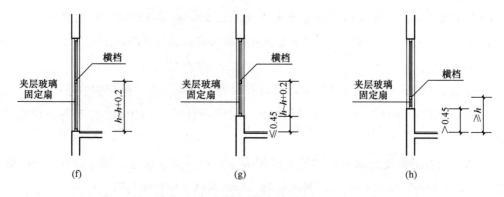

图 5.7.3-2　窗台防护设施 2（单位：m）

注：图中 h 为窗台安全高度 0.8m（住宅、托儿所、幼儿园、中小学校为 0.9m）。

8. 当凸窗窗台高度≤0.45m 时，其防护高度从窗台面起算不应低于 0.9m，且应贴窗设置。凸窗防护设施做法见图 5.7.3-4（a）、（b）。由于栏杆过高影响视线，不建议采用图 5.7.3-4（c）、（d）的做法。

【说明】本条第 7 款、第 8 款是在上一版技术措施的基础上，结合《民用建筑设计统

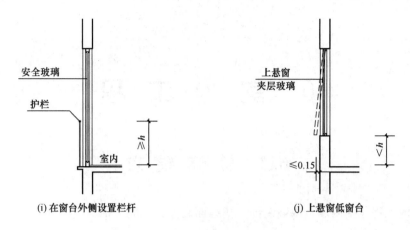

图 5.7.3-3 窗台防护设施 3（单位：m）

注：图中 h 为窗台安全高度 0.8m（住宅为 0.9m）。

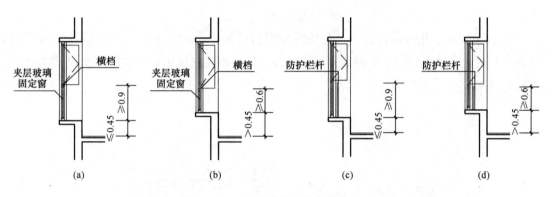

图 5.7.3-4 凸窗防护设施（单位：m）

一标准》GB 50352—2019 修改而成，表达更加清晰、准确。

5.7.4 建筑防护栏杆应进行结构设计，应满足承载力、刚度、稳定性的要求，荷载取值应符合现行国家标准《建筑结构荷载规范》GB 50009、《中小学校设计规范》GB 50099 等的规定。

【标准摘录】《建筑结构荷载规范》GB 50009—2012 第 5.5.2 条：楼梯、看台、阳台和上人屋面等的栏杆活荷载标准值，不应小于下列规定：

1. 住宅、宿舍、办公楼、旅馆、医院、托儿所、幼儿园，栏杆顶部的水平荷载应取 1.0kN/m；

2. 学校、食堂、剧场、电影院、车站、礼堂、展览馆或体育场，栏杆顶部的水平荷载应取 1.0kN/m，竖向荷载应取 1.2kN/m，水平荷载与竖向荷载应分别考虑。

【标准摘录】《中小学校设计规范》GB 50099—2011 第 8.1.6 条：上人屋面、外廊、楼梯、平台、阳台等临空部位必须设防护栏杆，防护栏杆必须牢固、安全，高度不应低于 1.10m。防护栏杆最薄弱处承受的最小水平推力应不小于 1.5kN/m。

6 室 内 工 程

6.1 总 体 要 求

6.1.1 室内工程包括内墙、内墙装饰、楼地面装饰、顶棚装饰、内门窗等。

6.1.2 室内设计原则

1. 以装饰完成面为控制基准确定饰面材料的定位和分格，并根据构造厚度确定内墙定位。

2. 宜采用模数化的设计方法，在轴网和层高的基础上生成平面控制网格和竖向控制网格，并在此基础上确定各装饰要素的定位和分格，确保建筑布局和装饰要素以及各要素之间的协调统一，见图 6.1.2。

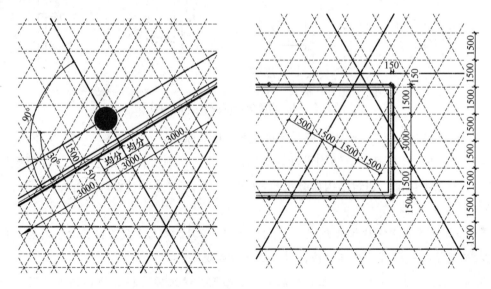

图 6.1.2　模数化平面控制网格示意

3. 当采用块状饰面材料时宜保持材料的完整性，避免切割。墙、顶、地饰面宜对缝，可通过调节不同尺寸块材的缝宽达到对缝效果。

4. 优先选用技术成熟、质量可靠、坚固耐用、供应充足、绿色低碳（含生产阶段）的建筑材料，综合考虑一次性投入成本与使用年限、运行维护费用之间的经济平衡。

5. 优先选用标准化产品和构造，最大限度地采用工厂预制、现场安装的建造方式，构造做法应适应允许的结构误差和变形。

6. 优先选用能自洁或易清洁的装饰材料，装饰组件应易于更换，并易于开启维护机电设备等隐蔽工程。

7. 应明确外露机电设施的外观要求，包括形状、材质、颜色、表面处理等，并通过样板确保产品符合建筑设计要求。

8. 设有防水层的区域或房间不应跨越变形缝。伸缩缝、变形缝应贯通各构造层。不得利用门框遮盖变形缝，门扇开启时不应跨越变形缝。

9. 防水、排水设计应满足《建筑与市政工程防水通用规范》GB 55030—2022 第 4.6 节建筑室内工程的规定。

10. 室内装饰设计应满足声学设计要求。现行国家标准《民用建筑隔声设计规范》GB 50118 规定了需采取吸声措施控制混响时间和噪声的空间，并提出了对吸声材料的降噪系数 NRC 的要求。

6.2 内　　墙

6.2.1 内墙指室内分隔墙，分为承重墙和非承重墙。承重墙常用材料包括钢筋混凝土、混凝土小型空心砌块、多孔砖等。非承重墙分为砌块墙和板材墙，砌块墙常用材料包括蒸压加气混凝土砌块、轻集料混凝土小型空心砌块、混凝土小型空心砌块、复合保温砌块等，非承重板材墙常用材料包括蒸压加气混凝土板、混凝土或 GRC 板、轻集料配筋混凝土板、圆孔石膏板、轻钢龙骨石膏板或硅酸钙板等。常用非承重墙性能和适用范围见表 6.2.1。

表 6.2.1　常用非承重墙分类表

墙体类型	系统特性和适用范围
蒸压加气混凝土砌块墙	优点：密度低，强度高，防火、隔热保温、吸声性能好，可进行二次加工；适用于建筑内、外填充墙和防火墙、防火隔墙。 缺点：材料具有吸湿性，不适用于潮湿环境，不宜用于钢结构建筑
轻集料混凝土小型空心砌块墙	优点：容重轻，强度高，隔热保温、防潮性能好；适用于建筑内、外填充墙。 缺点：耐火性差，不适于作防火墙，不宜用于钢结构建筑
蒸压加气混凝土条板墙	优点：容重轻，防火、隔热保温、吸声性能好，适用于建筑内、外填充墙和防火墙、防火隔墙；可与结构进行柔性连接，可适应一定的结构变形，适用于混凝土结构和钢结构建筑。 缺点：材料具有吸湿性，不适用于潮湿环境；材料性脆、抗裂性较差，不宜剔槽，不适用于需暗埋管线的部位
轻钢龙骨石膏板墙	优点：重量轻，湿作业少，施工便捷，可用于异形墙体，广泛应用于各类公共建筑。 缺点：与混凝土制品比强度较弱，隔声性能较差，不适用于设备机房、客房、居住空间等；当作为防火墙或防火隔墙时，需填充耐火材料以达到耐火要求

续表

墙体类型	系统特性和适用范围
铝合金框玻璃隔断	优点：重量轻，无湿作业，施工便捷，视觉通透，可与门窗一体化设计；可通过设置调光百叶或光电设施调节透光度；适用于室内空间分隔墙，顶部可到吊顶，也可到梁（板）下。 缺点：耐火性差，不宜做防火墙；用于疏散走道两侧隔墙时，需满足 1h 耐火极限要求，可采用防火玻璃和钢龙骨外包铝合金饰面的做法，并应符合现行地方标准《防火玻璃框架系统设计、施工及验收规范》DB11/1027 的相关规定

【说明】一般情况下室内分隔墙均应至结构板（梁）下，当无防火和隔声要求时可至吊顶下。

6.2.2 北京市所有建筑工程（包括基础部分）禁止使用黏土砖、页岩砖，见《北京市禁止使用建筑材料目录》（2018 年版）京建发〔2019〕149 号。其他地区禁用材料按照项目所在地的具体规定执行。

6.2.3 结构稳定性要求

1. 非承重砌块墙体允许计算高度见表 6.2.3-1。

表 6.2.3-1 常用砌体自承重墙允许计算高度（H_0）表（mm）

材料	规格（长×宽×高）	墙体厚度	无门窗洞口	b_s/s（有门窗洞口）					
				0.3	0.4	0.5	0.6	0.7	0.8
轻集料混凝土小型空心砌块及普通混凝土小型空心砌块	390×90×190	90	3200	2800	2700	2500	2400	2300	2200
	390×140×190	140	4500	3900	3800	3600	3400	3200	3100
	390×190×190	190	5400	4800	4500	4300	4100	3900	3800
蒸压加气混凝土砌块	600×125×200（250，300）	125	3200	2800	2700	2600	2400	2300	2200
	600×150×200（250，300）	150	3900	3400	3200	3100	2900	2800	2700
	600×200×200（250，300）	200	5200	4500	4300	4100	3900	3700	3600
	600×250×200（250，300）	250	6500	5700	5400	5200	4900	4600	4500

注：1. 本表摘自国标图集 12G614—1《砌体填充墙结构构造》第 7 页。
2. 表中：s——相邻横墙或混凝土主体结构构件（柱或墙）之间的距离；b_s——在宽度范围内的门窗洞口总宽度。

2. 蒸压加气混凝土内墙板最大板长见表 6.2.3-2。

表 6.2.3-2　蒸压加气混凝土内墙板最大板长规格表（mm）

板厚	50	75	100（常用规格）	125（常用规格）	150，175（常用规格）200，250	备注
最大板长	1400	3000	4000	5000	6000	可根据层高定制板长
板宽	600（标准宽度）					—

注：本表摘自国标图集 13J104《蒸压加气混凝土砌块、板材构造》第 12 页。

3. 轻钢龙骨纸面石膏板内隔墙限制高度见表 6.2.3-3。

表 6.2.3-3　轻钢龙骨纸面石膏板内隔墙限制高度表（mm）

墙厚	UC 龙骨（宽×厚×壁厚）	龙骨间距	限制高度		
			$H/120$	$H/240$	$H/360$
74（98）	50×50×0.6	300	4110（4397）	3250（3477）	2850（3049）
		400	3590（3841）	2850（3049）	2490（2664）
		600	3260（3488）	2590（2771）	2250（2407）
	50×50×0.7	300	4500（4815）	3580（3830）	3120（3338）
		400	3930（4205）	3120（3338）	2730（2921）
		600	3580（3830）	2830（3028）	2480（2653）
	2−50×50×0.6	300	5170（5531）	4110（4397）	3590（3841）
		400	4520（4836）	3590（3841）	3130（3349）
		600	4110（4397）	3250（3477）	2850（3049）
	2−50×50×0.7	300	5110（5467）	4500（4815）	3930（4205）
		400	4950（5296）	3930（4205）	3430（3670）
		600	4500（4815）	3580（3830）	3120（3338）
99（123）	75×50×0.6	300	5730（6131）	4550（4868）	3970（4247）
		400	5010（5360）	3970（4247）	3470（3712）
		600	4550（4868）	3610（3862）	3150（3370）
	75×50×0.7	300	6300（6741）	5000（5350）	4370（4675）
		400	5500（5885）	3960（4237）	3460（3702）
		600	5000（5350）	3960（4237）	3460（3702）
	2−75×50×0.6	300	7220（7725）	5730（6131）	5010（5360）
		400	6310（6751）	5010（5360）	4370（4675）
		600	5730（6131）	4550（4868）	3970（4247）
	2−75×50×0.7	300	7940（8495）	6300（6741）	5500（5885）
		400	6930（7415）	5500（5885）	4800（5136）
		600	6300（6741）	5000（5350）	4370（4675）

续表

墙厚	UC龙骨（宽×厚×壁厚）	龙骨间距	限制高度		
			H/120	H/240	H/360
124 (148)	100×50×0.6	300	7890（8442）	6270（6708）	5480（5863）
		400	6900（7383）	5480（5863）	4780（5114）
		600	6270（6708）	4980（5328）	4350（4654）
	100×50×1.0	300	8680（9287）	6890（7372）	6020（6441）
		400	7580（8110）	6020（6441）	5260（5628）
		600	6890（7372）	5470（5852）	4780（5114）
	2−100×50×0.7	300	9950（10646）	7890（8842）	6900（7383）
		400	8690（9298）	6900（7383）	6030（6452）
		600	7900（8453）	6270（6708）	5480（5863）
	2−100×50×1.0	300	10940（11705）	8680（9287）	7580（8110）
		400	9550（10218）	7580（8110）	6630（7094）
		600	8680（9287）	6890（7372）	6180（6612）

注：1. 本表摘自《建筑产品选用技术 建筑·装修》（2009版）第31页表3.1.5。
2. 本表系隔墙两侧按各贴一层12mm厚石膏板考虑。当隔墙两侧各贴两层12mm石膏板时，其极限高度可提高1.07倍，其数据在括号中表达。
3. 如隔墙仅贴一层12mm厚石膏板，其极限高度可再乘以0.9系数。
4. 一般石膏板墙面水平变形值不得大于H/120（如一般标准的住宅或办公楼）；对于墙面装修标准较高或对撞击有一定要求时（如人流不太多的公共场所）水平变形值不得大于H/240；对隔墙振动和撞击有特殊要求（如人流较多的公共场所）或墙高度大于7m时，水平变形值可为H/360，H为墙体高度。

4. 超高墙体

1）通常情况下，6m以上为超高墙体。当受条件限制必须选用超高墙体时，应进行结构验算并采取相应的加强措施。

2）当轻钢龙骨板材墙体用于超高墙体时，可采用钢龙骨替换轻钢龙骨并进行结构验算。

3）当加气混凝土条板用于超高墙体时，可设置层间钢梁并进行结构验算。

4）砌块墙体不宜用于超高墙体，当受条件限制必须采用时，可减小构造柱或水平拉接带间距并进行结构验算。

6.2.4 与土壤接触或有水房间内墙应采取防水、防潮措施。

1. 首层墙基防水、防潮

1）当室内砌筑墙基与地下土壤接触时，应在首层墙基处设置防潮层。钢筋混凝土墙体可不设置墙基防潮层。

2）防潮层常设在室内地坪下60mm处，一般为20mm厚1∶2.5水泥砂浆内掺水泥重量3%～5%的防水剂，见图6.2.4-1。

2. 室内有水房间墙面防水、防潮

1）处于高湿度环境的墙体应采用轻集料混凝土空心砌块等耐水性好的材料，不宜采用吸湿性强的材料，不应采用因吸水变形、霉变导致强度降低的材料。

2）室内有水房间应进行防水设计，泛水翻起高度不应小于 0.3m。高湿度房间（如卫生间、垃圾间、洗衣房、厨房等）墙面防水层泛水翻起高度不应小于 1.2m。淋浴间或其他直接受水冲淋的墙面应设置通高防水层，且应避免靠外墙设置。

3）当采用加气混凝土制品时，地面应设置混凝土导墙，导墙顶面距建筑完成面不小于 0.1m，见图 6.2.4-2。

4）室内温度低的房间（如冷藏间）墙体内侧应先设隔汽层再设隔热层。室内或室内外温度变化引起大温差时，应根据实际情况采用单面隔汽层或双面隔汽层，见图 6.2.4-3。

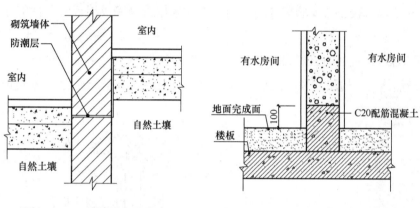

图 6.2.4-1 墙体防潮层节点   图 6.2.4-2 混凝土导墙节点

3. 住宅内的厨房、卫生间、浴室、设有配水点的封闭阳台不应使用溶剂型防水涂料，墙面宜采用防水砂浆或聚合物水泥防水涂料作为防潮层。

6.2.5 墙体隔声

1. 内墙的空气声隔声性能应符合现行国家标准《民用建筑隔声设计规范》GB 50118 的规定。

2. 当对室内安静程度、振动隔绝（如音乐厅、录播间、实验室等）要求很高时，或房间之间（如电影院、与电梯间相邻客房、卧室、病房等）噪声影响很

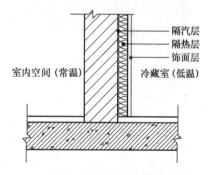

图 6.2.4-3 隔汽层构造和节点

大时应采用双层墙体。双层墙体与相邻构件衔接处应采用弹性材料封堵。

3. 双层轻钢龙骨板材墙体可采用 Z 形龙骨并填充岩棉隔绝空气传声和固体传声。

4. 住宅分户墙

1）当两侧房间功能不同时，应按隔声限值要求高的标准进行隔声性能设计。

2）宜采用重质匀质墙体，不应采用轻钢龙骨墙体或空心砌块墙体。

3）应砌筑至梁（板）底，与梁（板）、柱交接处应采取缝隙隔声措施。当装配式住宅建筑采用预制分户墙板时，墙板接缝处应采取隔声措施。

4）入户管线应从住宅公共部位进入户内，穿墙进入户内的管线应设置套管，管线与套管之间应采取隔声措施。

5）不应在分户墙上暗装配电箱、弱电箱等。分户墙两侧暗装电气开关、插座等设施应错位设置，其洞（槽）应采取隔声封堵措施。

5. 酒店客房墙

1）相邻客房卫生间的隔墙应与上层楼板紧密连接，不留缝隙。相邻客房隔墙上的电气插座、配电箱或其他嵌入墙里的设施不宜设置在墙体两侧的相同位置。墙体上的洞、槽应采取有效隔声封堵措施，见图6.2.5-1。

2）客房隔墙或楼板与玻璃幕墙之间的缝隙应采用与隔墙或楼板隔声性能相当的材料封堵。

3）相邻客房壁柜处的分隔墙应满足隔声要求。

6. 隔声墙体与周边墙、顶、地交接处，应采用密闭构造措施确保整体隔声性能，见图6.2.5-2。

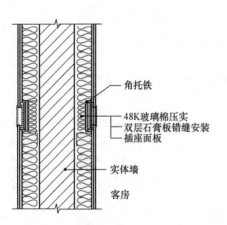

图6.2.5-1 客房插座隔声封堵节点　　　　图6.2.5-2 轻钢龙骨石膏板墙体与主体结构封堵做法

6.2.6 采暖房间与非采暖房间的分隔墙当需要设置保温层时，宜在非采暖房间一侧设置保温层，热桥部位应采取可靠保温或者"断桥"措施。

6.2.7 内墙材料的密度与结构计算相关。一般情况下，结构计算中内墙材料密度不宜超过800kg/m³，超出时应重新进行结构计算。常用内墙材料密度见表6.2.7。

表6.2.7 常用内墙材料密度参考表

类型	规格	密度（kg/m³）
蒸压加气 混凝土砌块墙	B04	400
	B05	500
	B06	600

续表

类型	规格	密度（kg/m³）
混凝土小型 空心砌块墙	单排孔砌块	1280
	双排孔砌块	1450
	三排孔砌块	1200
陶粒空心 砌块墙	长 600mm，400mm 宽 150mm，250mm 高 250mm，200mm	510
	390mm，290mm，190mm	612
粉煤灰轻渣 空心砌块墙	390mm，190mm，190mm， 390mm，240mm，190mm	714～816
蒸压加气 混凝土条板墙	B04	400
	B05	500
	B06	600

注：本表部分数据摘自《建筑结构荷载规范》GB 50009—2012。

6.2.8 钢结构建筑宜采用轻钢龙骨复合板材、蒸压加气混凝土条板等板材拼装式墙体，不宜采用砌筑墙体。蒸压加气混凝土条板墙顶部与主体钢结构连接节点示例见图6.2.8。

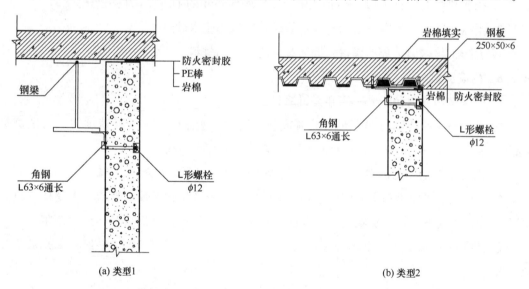

(a) 类型1　　　　　　　　　　　　　(b) 类型2

图 6.2.8　蒸压加气混凝土条板与钢结构固定类型

6.3 内墙装饰

6.3.1 内墙装饰包括饰面材料及其与墙体之间的构造，构造做法除找平层、防水层等基层处理措施外，也包含龙骨、连接件等系统构件。内墙装饰做法主要包括清水混凝土饰面、涂料饰面、裱糊与软包饰面、面砖饰面、内幕墙饰面及其他饰面。

6.3.2 室内涂料墙面、柱面和门洞口的阳角应采用不低于 M20 水泥砂浆做护角，其高度不应低于 2m，每侧宽度不应小于 50mm。

6.3.3 观演建筑、体育建筑、超大型公共空间及其他建筑中需要进行音质设计的空间（见本书第 9.6.2 条），应通过声学专项分析确定适宜的吸声装饰做法及范围，常用吸声材料（构造）的吸声性能及适用性见本书第 9.6.7 条。

6.3.4 婴幼儿经常接触的墙面（如托儿所、幼儿园的生活用房），距离地面高度 1.3m 以下宜采用光滑易清洁的材料，墙角、窗台、暖气罩、窗口竖边等阳角处应做成圆角。

6.3.5 厨房区域各加工场所的墙面、隔断及工作台、水池等设施均应采用无毒、无异味、不透水、易清洁的材料，阴角宜做成曲率半径为 30mm 以上的弧形。

6.3.6 医疗用房的地面、踢脚、墙裙、墙面、顶棚应便于清洁或冲洗，其阴阳角宜做成圆角，踢脚、墙裙完成面应与墙面齐平。

6.3.7 内墙抹灰

1. 配电室、变压器室、电容器室的顶棚以及变压器室的内墙面不应抹灰，避免抹灰脱落造成房间内裸露带电体的短路事故。

2. 抹灰总厚度不宜超过 35mm，当大于或等于 35mm 时应采用加强措施。

3. 当抹灰层要求具有防水、防潮功能时，应选用防水砂浆。

4. 人防工程内墙抹灰不得掺入纸筋等可能霉烂的材料。

6.3.8 内墙涂料

1. 内墙常用涂料包括乳胶漆和无机涂料。

2. 乳胶漆是有机涂料的一种，具有成膜速度快、遮蔽性强、干燥速度快、耐洗刷等特点。漆膜具有一定的延展性，抗裂并可遮蔽基层的细小裂纹。

3. 无机涂料是以无机材料为主要成膜物质的涂料。无机涂料多呈碱性，适合在同样显碱性的水泥和灰砂等基层上使用，并与基层中的石灰产生化学反应形成一个整体，具有附着力好、透气、抗霉、抗碱性、不褪色、环保无味等优点，无机涂料具有不燃性。

【说明】无机涂料中有机物含量，德国 DIN 标准规定不超过 5%，中国标准规定不超过 8%。

【标准摘录】《建筑内部装修设计防火规范》GB 50222—2017 第 3.0.6 条：施涂于 A 级基材上的无机装修涂料，可作为 A 级装修材料使用；施涂于 A 级基材上，湿涂覆比小于 1.5kg/m² ，且涂层干膜厚度不大于 1.0mm 的有机装修涂料，可作为 B1 级装修材料使用。

6.3.9 面砖

1. 面砖具有易清洁、花色多样的特点，具有一定的防水防潮性能，可分为有釉砖（瓷片、小地砖、抛釉砖、大理石砖、仿古砖等）和无釉砖（俗称通体砖），按表面光泽度可分为哑光砖、半抛光或柔光砖、抛光砖，按吸水率可分为陶质砖（吸水率≥10%）、半瓷砖（10%>吸水率≥0.5%）、瓷质砖（吸水率≤0.5%）。

2. 岩板是陶瓷岩板的简称，由天然原料经过特殊工艺高温烧制而成，是新型瓷质材料，具有规格大、硬度高、可塑造性强、花色多、耐高温、耐磨刮、防渗透、耐酸碱、零甲醛、环保健康等特性，可做切割、钻孔、打磨等二次加工。常用板宽0.9m、1.2m和1.5m，板厚5.5～10.5mm，高度可达3.6m或更高。墙面阳角处宜采用海棠角等转角做法，见图6.3.9。

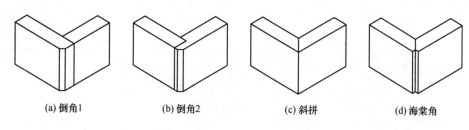

（a）倒角1   （b）倒角2   （c）斜拼   （d）海棠角

图 6.3.9　墙面阳角做法示意

6.3.10　内幕墙

1. 是由金属构件与饰面材料组成的悬挂在主体结构上的装饰做法，按饰面可分为玻璃、金属、石材、人造板材幕墙及组合幕墙等。

2. 应采用系统产品，即每种产品均有成型的安装系统和与之配套的龙骨、连接件和其他配件。系统构件应易于单独拆除，当出现断裂或损坏时便于维护和更换。不得采用自攻钉将金属板直接铆固于龙骨上。

3. 面板与龙骨安装后，面板应能承受设计静载荷，最大变形量不得大于设计值，变形缝处最大变形量应满足主体结构变形要求。

4. 当采用开缝时，缝宽不宜大于6mm，可视的连接构件宜为深色。

6.3.11　清水混凝土

1. 清水混凝土饰面是在确保钢筋混凝土墙体安全性、合理性的前提下，将混凝土表面作为装饰完成面的做法。

2. 应保留全部或部分基层墙体外观，可对瑕疵进行局部修补并涂刷透明或半透明清水混凝土保护剂。

3. 阳角应采用弧形转角或45°倒角，阴角应设凹槽。

4. 应绘制节点大样图和模板拼缝图，对混凝土造型、模板拼缝等外观形式提出控制要求，示例见图6.3.11-1。

5. 清水混凝土墙施工模板通常为木模板、玻璃钢模板或钢模板。弧形外观宜采用玻璃钢模板或钢模板。木模板标准尺寸为1.22m×2.44m。木模板需对穿螺栓固定，螺栓间距为0.6m左右。应绘制模板拼缝图并确定螺栓孔位，确保混凝土外观满足设计要求，示例见图6.3.11-2。

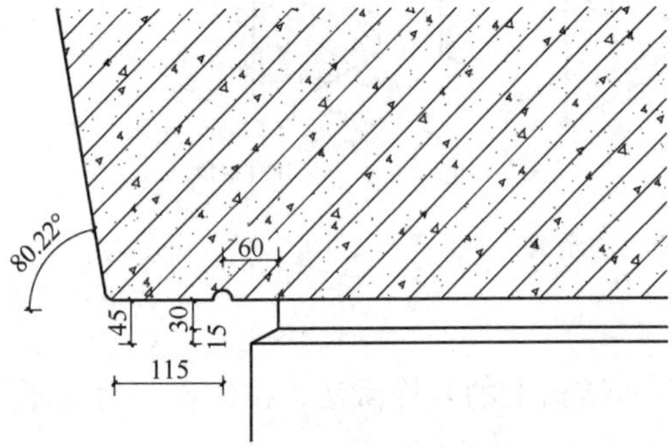

图 6.3.11-1　清水混凝土详图

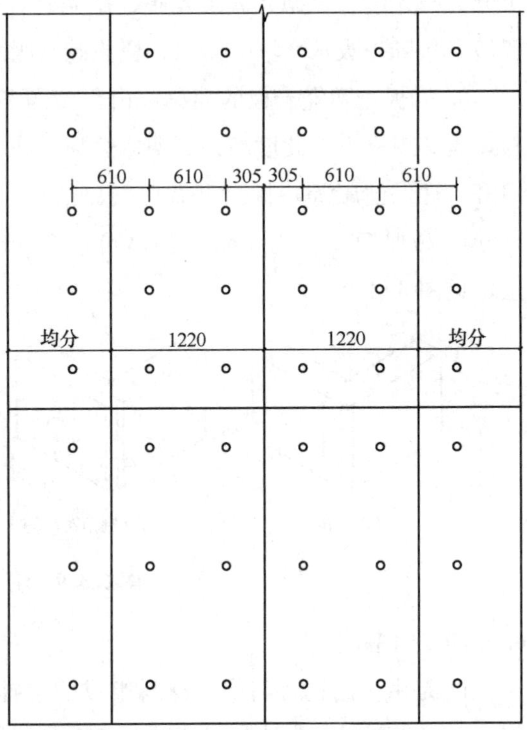

图 6.3.11-2　模板排布图

【说明】清水混凝土保护剂可有效防止混凝土碳化，改善整个墙体表面性能，令外观更加自然、持久。模板刚度大，则拼缝间距大；模板刚度小，则拼缝间距小。排版时应考虑模板尺寸以节省材料。

6.3.12　踢脚

除采用低吸水率、耐污染、宜清洁、抗冲击的装饰材料（如面砖、人造石、石材等）外，常用踢脚材料主要包括水泥、预制水磨石、木材、金属、石材、瓷砖、塑料等，踢脚高度宜为 60～120 mm，表面宜与内墙面齐平。

6.3.13　墙裙

1. 根据建筑使用功能、室内装修及其他需求确定是否设置墙裙。

2. 墙裙选材应根据墙、地面装饰材料确定，同时应满足低吸水率、耐污染、易清洁、抗冲击的要求，常用墙裙材料主要包括水泥、涂饰、木材、金属、石材、地砖、塑料等。

3. 墙裙高度不宜低于 1.2m，表面宜与内墙面齐平。

6.4　楼地面装饰

6.4.1　楼地面装饰包含饰面材料及其构造做法，含面层、垫层、找平层、防水层、结合层等。面层可选用混凝土、地砖、石材、地毯、木地板、弹性地材、架空活动地板等。

6.4.2 常用楼地面面层材料厚度及强度等级见表 6.4.2-1，常用楼地面结合层厚度见表 6.4.2-2。当楼地面垫层内敷设有管道时，垫层厚度应满足管道敷设的要求。

表 6.4.2-1　常用楼地面面层

名称	强度等级	厚度（mm）
混凝土（垫层兼面层）	≥C15	按垫层厚度定
细石混凝土	≥C20	≥30
聚合物水泥砂浆	≥M20	5～10
水泥砂浆	≥M15	20
现浇水磨石	≥C20	25～30（含结合层）
预制水磨石板	≥C15	25
陶瓷锦砖（马赛克）	—	5～8
地面陶瓷砖	—	8～10
花岗岩条石（主要用于室外）	≥MU60	80～120
大理石、花岗石	≥MU30	25～30
木地板（单层） （双层）	—	12～18 18～22
聚氨酯自流平	—	3～4
地毯	—	5～12

表 6.4.2-2　常用楼地面结合层

面层名称	结合层材料	厚度（mm）
陶瓷锦砖 （马赛克）	1∶1 水泥砂浆或 1∶3 干硬性水泥砂浆	5 20～30
地砖	1∶2 水泥砂浆 建筑胶水泥砂浆	10～15 6
大理石、花岗石、预制水磨石	1∶2 水泥砂浆 1∶3 干硬性水泥砂浆	20～30 30

6.4.3 当放置重型设施设备或有重型设施设备（如蜘蛛车）经过时，应通过计算确定垫层配筋，提高面层材料强度，确保满足大荷载使用强度要求。

6.4.4 防水、防潮和排水措施

1. 室内宜选用防水涂料，环保型防水涂料包括聚氨酯防水涂料（环保型）、聚合物水泥基防水涂料（JS 防水涂料）、丙烯酸防水涂料，其特点和适用范围见表 6.4.4。

表 6.4.4 室内防水涂料特点和适用范围

类型	性能特点	适用范围
聚氨酯防水涂料（环保型）	优点：具有很好的耐久性和耐腐蚀性，弹性大、抗拉强度高，能够很好地抵抗基层开裂和变形。 缺点：不易粘接饰面材料，单次成膜薄，施工周期较长，价格较高	卫生间、浴室、贮水池等用水区域，适用范围广
聚合物水泥基防水涂料（JS防水涂料）	优点：成膜后强度大，耐久性好，对基层界面有很好的适应性，易粘接饰面材料，单次成膜厚，施工简单，价格适中。 缺点：不适用于大变形基层	卫生间、浴室、贮水池等用水区域。JS-Ⅰ型主要用于非长期浸水部位，如厨房、卫生间等；JS-Ⅱ型主要用于长期浸水部位，如蓄水池、浴室等，适用范围广
丙烯酸防水涂料	优点：有较好的延伸性和抗变形能力，能抵抗基层一定程度的开裂变形，价格适中。 缺点：不适用于长期浸水环境，对施工基层有一定要求，单次成膜薄，施工周期偏长	厨房、卫生间、非蓄水型泵坑等非长期浸水及防渗区域

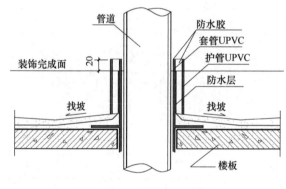

图 6.4.4-1 管道穿楼板节点

2. 当管道穿越设有防水层的楼面时，应采取防水密封措施。当预留洞口时，洞口与管道之间的封堵做法详见国标图集 19S406《建筑排水管道安装——塑料管道》。安装在楼板内的套管，其顶部应高出装饰完成面不小于 20mm；安装在卫生间及厨房内的套管，其顶部应高出装饰完成面不小于 50mm，管道与套管之间的封堵做法详见图 6.4.4-1。地漏处管道根部应采取密封防水措施，地漏预留洞口与管道间应用 C20 细石混凝土分层嵌实。

3. 表面粗糙的楼地面坡度宜为 1‰～1.5‰，当面积较大时宜设排水沟，排水沟内纵坡不宜小于 0.5‰。

【标准摘录】

《建筑与市政工程防水通用规范》GB 55030—2022 第 4.6.3 条：有防水要求的楼地面应设排水坡，并应坡向地漏或排水设施，排水坡度不应小于 1.0‰。

4. 平面图上以房间入口处为标志标高，应注明排水坡度和地漏位置。楼面构造层厚度应满足坡度计算要求，见图 6.4.4-2。

5. 汽车库楼地面应采用强度高、耐磨、防滑性能好的材料。

6. 档案馆、图书馆的书库及资料库，当采用填实地面时应采取防潮措施；当采用架空地面时，架空层净高不宜小于 0.45m，并宜采取通风透气措施。架空层下部地面宜采用

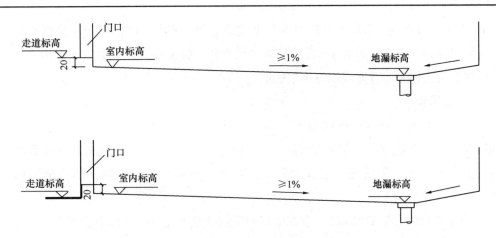

图 6.4.4-2 排水楼地面示意

不小于1‰坡度的防水地面，并高于室外地面0.15m。架空层上部的地面宜采取隔潮措施。

6.4.5 声学

1. 楼板隔声性能包含空气声隔声和撞击声隔声，隔声性能应符合现行国家标准《民用建筑隔声设计规范》GB 50118、《建筑环境通用规范》GB 55016 的规定。隔声性能指标等级根据项目的建筑类型、声环境设计目标、绿色建筑星级评分要求确定。

2. 撞击声声源通常直接作用于楼板并通过固体结构传递，可通过设置弹性材料切断传播途径，主要做法包括：

1）在楼板上层房间的结构楼板与装饰面层之间铺设弹性垫层（块），形成浮筑楼板。

2）在楼板上层房间表面铺设地毯、橡胶、塑料毡等柔性材料。

3）在楼板下房间（敏感房间）的顶棚加设弹性吊顶。

3. 可采用铺设地毯的方式达到吸声要求，吸声性能见本书表 9.6.7。

4. 当管线穿过有隔声要求的楼板时，应设置高出楼地面完成面不小于20mm 的套管，并在套管与管道的空隙设置非硬化密封胶和弹性胶条等密封隔声措施，见图 6.4.5 。

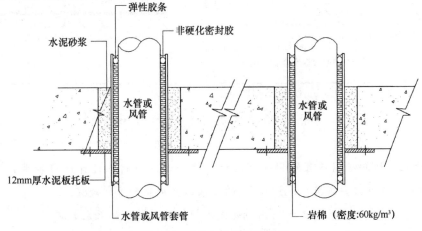

图 6.4.5 隔声密封措施示意

6.4.6 严寒、寒冷地区节能设计标准对于架空或外挑楼板、分隔供暖与非供暖空间的楼板、分隔供暖设计温度温差大于 5K 的楼板等均有热工性能要求,应采取保温措施,热工限值应根据现行国家、行业或地方标准选取。

6.4.7 地板采暖

1. 水暖型地板采暖地面做法厚度为 0.13～0.2m,宜在保温层下方设置防水层,具体构造详见北京市地方标准图集 19BJ1-1《工程做法》。当地面垫层内有过线电管时,电管应位于水管之上。尽量避免过线电管交叉,当无法避免时,应视具体情况增加垫层厚度。

2. 当地面荷载大于 20kN 时,应在垫层内距加热管上皮 10mm 处增设 $\phi6@150$ 双向钢筋网,钢筋网配置应根据荷载计算复核。

3. 当保温层(绝热层)使用聚苯乙烯泡沫板(密度≥20kg/m³)时,保温层厚度当为低温热水采暖地板时不小于 30mm,当为电热采暖地板时不小于 20mm。

4. 典型电热采暖铺地砖楼地面构造做法见表 6.4.7。

【说明】地板采暖构造层包括楼板或地面、找平层、防水层、绝热层、均热层、加热部件、填充层和面层。地板采暖分为水暖和电暖两大类。饰面材料应优先选用导热性好、热变形小的材料,如石材、地砖等。

表 6.4.7 典型电热采暖铺地砖楼地面

构造做法		简图
地面	楼面	
1. 8～10mm 厚地砖,干水泥擦缝		
2. 20mm 厚 1:3 干硬性水泥砂浆结合层		
3. 50～60mm 厚 C15 细石混凝土(内设供暖电缆盘一层,φ3@50 网片)		
4. 0.2mm 厚真空镀铝聚酯薄膜		
5. 30mm 厚聚苯乙烯泡沫板(保温层密度>20kg/m³)		
6. 20mm 厚 1:3 水泥砂浆找平层		
7. 60mm 厚 C20 混凝土垫层	7. 现浇钢筋混凝土楼板或预制楼板现浇叠合层	
8. 素土夯实		

注:本表根据国标图集 05J909《工程做法》 LD75 编制。

【标准摘录】《地面辐射供暖技术规范》 DB11/T 806—2022 第 3.2.7 条～第 3.2.11 条:

设置地面供暖的房间不宜采用架空地板,地面面层材料的选择应符合现行国家标准《建筑内部装修设计防火规范》 GB 50222 的要求,并应符合下列规定:

1 混凝土填充式地面供暖宜采用地砖或石材等热阻较小的面层材料;

2 加热电缆和电热膜地面供暖,地面上不应铺设地毯;

   3 预制沟槽保温板和供暖板地面供暖宜采用直接铺设的木地板面层。

与土壤相邻的地面应设防潮层，潮湿房间的地面应设防水层。

供暖板地面供暖，房间内未铺设供暖板的部位和敷设输配管的部位应铺设填充板；预制沟槽保温板地面供暖，分集水器与加热区域之间的连接管道应敷设在预制沟槽保温板中。

装配式建筑的供暖地面宜沿墙边预留管线分离空间，并根据需要设置设备检修口。

当地面荷载大于供暖地面的承载能力时，应采取加固措施。

6.4.8 防滑

   1. 防滑设计应符合现行国家标准《建筑地面设计规范》GB 50037、现行行业标准《建筑地面工程防滑技术规程》JGJ/T 331及各类建筑设计规范的要求。

   2. 面层材料应满足防滑要求，并采取相应的防滑构造措施。面层材料的摩擦系数COF，普通地面应≥0.5，老年人居住建筑、托儿所、幼儿园及活动场所、建筑出入口及平台、公共走廊、电梯门厅、厨房、浴室、卫生间、厨房餐厅、洗衣房等处应≥0.6，站台、踏步、坡道等处应≥0.7，且应增设防滑条等防滑构造措施。

【说明】摩擦系数COF是coefficient of friction的缩写，反映两个表面（通常由不同材料制成）相互滑动的难易程度。通过摩擦系数COF测试可测定各种材料的摩擦特性。摩擦系数和物体表面粗糙度有关，与摩擦面积无关。摩擦系数越大，产生的摩擦力越大，防滑效果越好。

6.4.9 地砖

   1. 地砖分类、规格和主要性能参见本书第6.3.8条，应充分考虑防滑、耐污、易清洁等性能。

   2. 公共空间可选用抛光砖或玻化砖。

   3. 有水房间宜选用通体砖，吸水率不宜大于0.5%。

   4. 厨房、垃圾房、隔油间、污水泵房等有油污并对耐腐蚀要求高的楼地面可采用耐酸碱地砖。

【说明】地砖厚度和硬度均高于墙砖。通体砖耐磨性和防滑性能较好，吸水率低，适用于有水房间。抛光砖表面光滑，硬度高，但抗污性较差，不适用于厨房，卫生间等房间。玻化砖即瓷质抛光砖，吸水率低于0.5%，质感好、耐酸碱且性能稳定，比抛光砖硬度高，不易有划痕，但价格较高、抗污性能差。抛光砖和玻化砖一般用于公共区域。

6.4.10 石材

   1. 室内楼地面装饰可采用天然石材、人造石材、复合石材。

   2. 应根据通行状况和分块尺寸选择适合的材料及厚度。当板材长、宽均不大于0.8m时，花岗岩板厚约为20~25mm，大理石和砂岩板厚约为25~30mm。当任意一条边长大于0.8m时，应根据具体尺寸相应增加石材厚度。

3. 石材楼地面一般采用粘接法施工。湿式工法石材上表面、侧面和背面应使用有机硅防水剂进行封闭处理。深色石材防护处理可避免返碱，浅色石材防护处理可防止锈斑。

4. 人流量大的公共场所楼地面应避免采用镜面石材。

【说明】天然石材主要有大理石、花岗岩、砂岩等。花岗岩硬度最高，大理石次之，砂岩最低。大理石和砂岩多用于室内装修饰面。人造石材是以石渣为骨料添加粘结料制成，主要有水磨石、人造大理石、人造石英石等。复合石材主要由石材面层和背衬材料（如铝蜂窝板）复合而成，自重轻、强度高。

石材表面有多种处理方式，包括抛光、细磨、喷砂、水喷、火烧、劈裂、酸蚀等。石材表面抛光程度用光泽度表示，一般情况下光泽度40%～60%为亚光，60%～90%为亮光，高于90%为镜面。

6.4.11 木地板

1. 木地板主要分为实木地板、实木复合地板、强化木地板、竹材地板和软木地板五大类，基本构造层包括基层、垫层和面层。当基本构造层不能满足使用需求时，可增设防潮隔离层、填充层、找平层、保温层、隔声层等。防潮隔离层应形成全封闭的整体。

2. 铺设方式主要分为平铺和架空两大类，平铺式木地板宜增设防潮垫层。采用架空木地板时，其龙骨、垫木、木衬板等应进行防腐、防蛀处理，当有防火要求时应进行阻燃处理。

【说明】木材是天然的材料，具有无污染、质轻而强、易加工、保温性好、缓和冲击等特点。实木地板存在天然缺陷，如易虫蛀、易燃、易变形，需进行防蛀、防火、防腐处理。

6.4.12 自流平

1. 自流平地面主要分为无机自流平和有机自流平两大类，具有整体性好、施工快、耐久、耐溶剂腐蚀、耐冲击等特点。

2. 基层应为坚固、密实的混凝土层或水泥砂浆层。当基层为混凝土时，其抗压强度不应小于20MPa；当基层为水泥砂浆时，其抗压强度不应小于15MPa。基层含水率不应大于8%。

3. 大面积水泥基自流平应设双方向间距不大于6m的分隔缝。

【说明】水泥基自流平属于无机自流平，颜色较少，燃烧性能等级为A级，常用于室内停车场、无水机房、图书馆、美术馆、展厅、办公室等。环氧树脂自流平、聚氨酯自流平属于有机自流平，颜色丰富，燃烧性能等级为B1级，适用于医疗用房、实验用房以及高洁净度车间等对洁净度要求高的室内空间。

6.4.13 地毯

1. 按照产品规格可分为块毯和卷毯，按照材质可分为纯毛、混纺和化纤地毯，性能特点和适用范围见表6.4.13。地毯与其他地面材料以及与墙、柱子交接处的构造做法见

图 6.4.13。

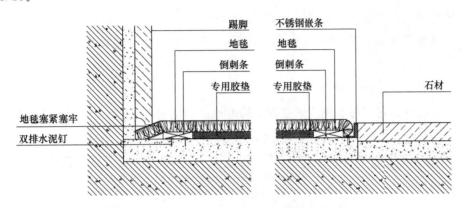

图 6.4.13 地毯交接节点示意图

2. 固定式地毯面层与基础的结合（粘结或固定）必须牢固，无脱胶或脱落现象。

3. 当地毯铺设于地面时，应设置地面防水、防潮隔离层，以免潮气浸入粘结层，导致地毯脱落和受潮霉变。

【说明】应根据使用环境选择适用的地毯产品。应综合考虑防火、防静电等基本性能，以及对防污、防霉、防菌等方面的卫生要求，并对绒簇拔出力、耐光色牢度、耐摩擦色牢度、燃烧性能、抗静电指数、抗菌标准、有效面重等指标提出要求。地毯应进行安全有效的防尘防污处理。

表 6.4.13 地毯分类表

类型	性能特点	适用范围
纯毛地毯	优点：纤维长，拉力大，弹性好，有光泽，有较好的吸声、保温性能，脚感柔软。 缺点：耐磨性较差，防虫性、耐菌性和耐潮湿性较差	对舒适度有较高要求的场所。不适用于高使用频率或有较大荷载的场所。不适用于潮湿地区
混纺地毯	掺有合成纤维，耐磨性、耐虫蛀、耐腐蚀性和耐霉变性能介于纯毛地毯和化纤地毯之间	各类场所
化纤地毯	优点：常用材料为尼龙，耐磨性高，耐虫蛀、不易腐蚀，耐霉变性强。 缺点：人造纤维易燃，易产生静电吸附灰尘	各类场所，特别是高使用频率的交通和办公空间

6.4.14 弹性地材

1. 弹性地材包括聚氯乙烯（PVC）、橡胶和亚麻等，多应用于医院、学校、文化设施、办公、商业、机场航站楼等建筑室内，不适用于经常受到重荷载或者有严重刮擦的区域，如物流中心、大型仓储及铁路运输车站等。

2. 宜采用水泥自流平基层，基层强度等级不应低于C20，含水率应＜4％。

3. 在人流量大的公共区域宜选用厚度不小于2mm的聚氯乙烯（PVC）或橡胶面层。

【说明】弹性地材燃烧性能等级一般可达到B1级，按产品规格可分为卷材和块材，按材料组合方式可分为同质透心型、多层复合型和半同质型。同质透心型是指从底到面的花纹材质相同,具有可修复性。多层复合型包含至少两种以上材质,通常由耐磨层、印花层、弹性发泡层、基层等组成。半同质型是前两种类型的组合,具备较好的吸声效果。

6.4.15 架空活动地板

1. 架空活动地板可分为网络地板和防静电地板,见表6.4.15。

表6.4.15 架空地板分类表

类型	适用范围	架空层功能	构造高度
网络地板	办公等一般用房	仅用于电气布线	≥100mm（含地板块）常用高度为150mm（含地板块）
		仅用于地板送风	≥300mm
		用于电气布线和地板送风	300～450mm
防静电地板	弱电机房、数据机房	仅用于电缆布线	≥250mm
	专用数据机房、数据中心	用于电缆布线的同时作为空调静压箱,需根据风量计算其高度	≥450mm,常用600mm

2. 架空活动地板按照支撑方式分为四边式支撑和四角式支撑。四边支撑式结构由地板、可调支撑、横梁、缓冲垫(导电胶垫)组成,地板铺在横梁上,横梁架在支撑上,见图6.4.15-1。四角支撑式由地板、可调支撑、缓冲垫(导电胶垫)组成,地板的四角直接铺设在支撑上,见图6.4.15-2。

3. 架空地板下的混凝土基层表面应涂刷防尘漆。

4. 出线口或地面插座盖板开启方式应便于操作,出线口位置应均匀分布并具有灵活性。

【说明】智能网络钢质架空活动地板表面应铺设方形地毯或粘贴塑料地板。防静电钢制架空活动地板应用于有防静电需求的房间,例如智能化系统的控制、管理、集成设备机房等。应明确防静电贴面材料的系统电阻和耐磨性要求。可采用由防静电瓷砖面层、复合全钢地板、四周导电胶条封边组成的完整导电系统,确保稳定的防静电性能。

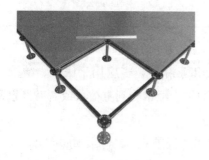

图6.4.15-1 四边支撑式示意图　　图6.4.15-2 四角支撑式示意图

6.5 顶棚装饰

6.5.1 顶棚装饰按构造做法分为结构板底式和吊挂式。结构板底式顶棚包括涂料、粘贴矿棉吸声板等功能性材料、无机纤维喷涂等。吊挂式顶棚简称吊顶，饰面材料为石膏板、矿棉板、玻纤板、岩棉板、金属板、透光软膜等。常用顶棚吸声材料（构造）的吸声性能及适用性见本书第9.6.3条，常用吊顶分类见表6.5.1。

表6.5.1 常用吊顶类型及系统特点

类型	系统特点
石膏板吊顶	优点：表面无缝，造型能力强，有一定防潮、隔声性能。 缺点：不便于拆卸和更换，吸声性能较差
矿棉板吊顶	优点：安装检修方便，吸声性能较好，降噪系数（NRC）为0.5左右。 用于开敞办公区时，当吊顶吸声面积比≥80%时，其降噪系数NRC应≥0.70。 缺点：造型能力差，易变形，防潮、防霉性能较差，易变色，造价高于石膏板吊顶
金属板吊顶	优点：造型能力强，安装检修方便，防潮、防霉性能好，耐久性好。 缺点：一般无吸声效果，穿孔后加无纺布可提高吸声性能，多次拆卸易变形
发光天幕	优点：表面无缝，可在一定程度上改进室内声效。 缺点：燃烧性能一般为B1级，特殊产品最高可达到A级

6.5.2 有水或潮湿房间顶棚应涂刷防水、防霉涂料。公用大、中型浴室顶棚宜有一定的坡度。当设置吊顶时，吊顶龙骨应采用热镀锌处理。

【说明】顶棚坡度可使顶棚凝结水顺坡沿墙面流下，有效避免凝结水滴落。

6.5.3 顶棚隔声可用于楼板隔声量不足时的补充。采用双层石膏板吊顶或双层石膏板背衬岩棉构造可提高空气声隔声量，采用弹性吊顶构造可提高撞击声隔声量。

【说明】弹性吊顶是在吊顶连接构件中增加弹性吊钩、吊架等构件以隔绝固体传声。

6.5.4 当采用结构板底式顶棚时，宜采用刮腻子、喷涂或其他便于施工且粘接牢固的饰面做法。

【说明】不建议采用结构板底抹灰做法，易造成龟裂和剥落。

6.5.5 无机纤维喷涂和厚度≥80mm的硬质无机纤维喷涂应外罩热镀锌钢丝防坠网或玻璃纤维布防护罩。当涂层表面需要增设防水层时，应采用硬质无机纤维喷涂。防水层可选用有机硅防水剂、聚合物水泥砂浆、防水涂料或防水透气膜。

【说明】无机纤维喷涂是用喷枪将无机纤维和胶粘剂喷涂于基层表面形成绝热层，具有防火、保温隔热、吸声等功能，施工便捷，常用于形状复杂或受管线影响操作空间狭小的部位，如设备机房、车库等。无机纤维喷涂主材多为岩棉或玻璃棉，低密度，低强度，在使用过程中易产生漂絮和脱落。硬质无机纤维喷涂是通过加入粉状固化剂提高强度。

6.5.6 当采用玻璃顶棚时，应选用夹层安全玻璃。

6.5.7 当采用上人吊顶时，应在结构板内设预埋件并与吊杆可靠连接。当无预埋件时，应对吊顶与结构板连接节点进行结构安全计算。不上人吊顶可采用射钉、膨胀螺栓等后置连接件，后置连接件应安全可靠。

6.5.8 石膏板等无缝板材吊顶应重视检修口的设计，加强专业协调。应根据吊顶内机电设施检修要求合理确定检修口位置、数量、尺寸和开启方式，并与吊顶整体设计相协调。当人员需进入吊顶检修、更换机电管线、设备时，应设检修马道和便于人员进入的检修口，马道净空不宜低于 1.8m，并应设置高度不低于 0.9m 的栏杆和低压无眩光的照明灯具。

6.5.9 金属板吊顶面层包括铝板、钢板和蜂窝复合板等。铝板吊顶形式分为方板、条板和格栅等，方板尺寸一般为 0.6m×0.6m 或 0.6m×1.2m，条板宽度一般为 0.3m，格栅间距、高度可根据具体情况确定。当单板尺寸大于 2.5m² 时宜选用蜂窝复合板。当面板为钢板时，为确保良好的抗腐蚀性能，应采用热镀锌钢板。

【说明】金属面板涂层分为预辊涂和静电粉末喷涂两种工艺。预辊涂工艺成品外观色差小，表面平整度高。静电粉末喷涂工艺造型能力较强，加工难度低。面板的正、背两面均应进行涂层处理，背面涂层可选用聚酯漆以达到防腐蚀效果。

6.5.10 集成吊顶

1. 集成吊顶是将外露的所有机电设施（包括：风口、喷淋、烟感、广播等）安装于统一设计的机电单元或机电设备带上，可实现机电设施的高度集成化，见图 6.5.10-1。常用机电单元尺寸为 0.6m×0.6m、0.6m×1.2m 等。常用设备带宽度为 0.3～0.6m。

2. 除空间边角部位可单独设置喷淋点位以满足消防要求外，其余所有机电设施均应位于机电单元或者机电设备带上，见图 6.5.10-2。

图 6.5.10-1 集成吊顶

图 6.5.10-2 机电单元

6.5.11 发光天幕

1. 发光天幕又名软膜天花、弹力布等，是将软膜蒙覆在龙骨上并使用扣边条固定。一般采用挤压成型的铝合金龙骨，龙骨拼接夹角不宜<20°。

2. 当软膜宽度≥1.6m时应设拼接焊缝。为避免下垂，单块软膜面积宜≤40m²。

3. 应均匀布置灯具，灯具与软膜距离应符合《建筑内部装修设计防火规范》GB 50222—2017第4.0.16条的规定。

【说明】软膜采用聚氯乙烯材料制成，厚0.18～0.2mm，重约180～320g/m²，防火级别可达到B1级。当采用特殊处理的玻璃纤维和氟树脂及维纶纤维作为原料时，配合铝合金龙骨可达到防火A级。

6.6 内 门

6.6.1 一般要求

1. 内门系统包括室内各类门及其配件、五金件。

2. 门尺寸应优先选用基本规格，尽量减少规格数量。

3. 人员密集场所平时需控制人员出入的疏散门，和设置门禁系统的住宅、宿舍、公寓建筑的外门，应保证火灾时不需使用钥匙等任何工具即能从内部易于打开，宜选用逃生推杠锁，并应在显著位置设置具有使用提示的标识。

4. 弹簧门、推拉门、旋转门、电动门、卷帘门、吊门、折叠门不应作为疏散门。

5. 开向疏散走道、疏散楼梯间和前室的门、窗开启时，不应影响疏散通道宽度。

6. 所有内门若无隔声、气密、挡水、防虫或其他特殊要求，不得设门槛。机电用房设置门槛时，门槛宜设置在门内侧，门槛高度要求见本书第8.4.1条第4款。机电用房的气密门、隔声门门槛宜与门框一体化考虑，见图6.6.1-1。对密闭性能无特殊要求的门，如需设置门槛，宜选用有斜坡的门槛或自动升降门底密封条，见图6.6.1-2。

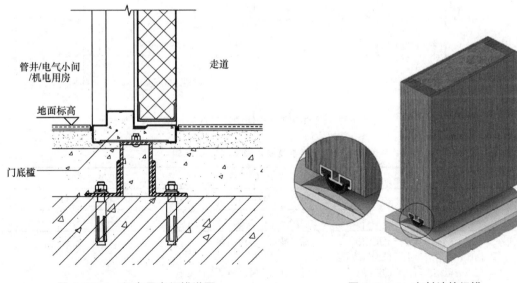

图6.6.1-1 机电用房门槛详图　　　　图6.6.1-2 有斜坡的门槛

7. 门楣一体化是指在装修设计中统一门和门楣的外观效果，包括形式、材料、颜色、表面处理等，见图 6.6.1-3。门楣的各项性能指标应与门保持一致。

图 6.6.1-3　门楣一体化

6.6.2　门的净宽度是指门扇呈 90°打开时可供通行的宽度，其与结构洞口宽度的尺寸关系见图 6.6.2 及表 6.6.2。应在图纸上明确标注门的净宽度。

【说明】现行国家标准《民用建筑设计统一标准》GB 50352、《建筑设计防火规范》GB 50016 等均未明确定义门的净宽度，现结合近期工程验收特别是消防验收标准编写此条。

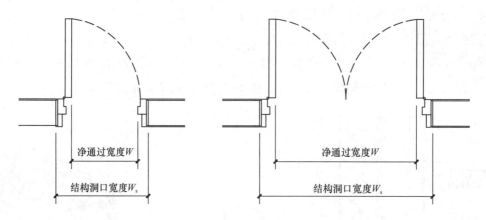

图 6.6.2　门的净宽度与结构洞口宽度示意

表 6.6.2　门的净宽度计算表（涂料墙面）

类型	单扇	子母扇或双扇
防火门、普通钢质门	$W = W_s - 200mm$	$W = W_s - 250mm$
木质门	$W = W_s - 150mm$	$W = W_s - 200mm$

注：1. 本表反映了大部分产品的情况，部分产品可能尺寸有所调整。
　　2. 面砖、石材等墙面需根据构造做法调整。
　　3. 施工方应结合所选用的产品进行深化设计，确保净宽度满足设计要求。

6.6.3　应根据平开门门框控制宽度选用门扇形式，见表 6.6.3。尽量避免选用门扇宽度为

1.2～1.3m 和 1.5～1.6m 的门。在满足疏散宽度要求的前提下，疏散楼梯入口优先选用单扇门。无障碍通行流线上门的设计要求见本书表9.1.4。

表6.6.3 平开门门扇形式

门扇宽度（W_1）	门扇形式
$W_1 \leqslant 1.2m$	单扇
$1.3m \leqslant W_1 \leqslant 1.5m$	子母扇
$W_1 \geqslant 1.6m$	双扇

注：双扇门的门扇宽度为两扇门宽之和。

6.6.4 常用防火门按耐火性能分类见表6.6.4。

表6.6.4 常用防火门按耐火性能分类

名称	耐火性能		代号
	耐火隔热性（h）	耐火完整性（h）	
隔热防火门（A类）	$\geqslant 0.50$	$\geqslant 0.50$	A0.50（丙级）
	$\geqslant 1.00$	$\geqslant 1.00$	A1.00（乙级）
	$\geqslant 1.50$	$\geqslant 1.50$	A1.50（甲级）
	$\geqslant 2.00$	$\geqslant 2.00$	A2.00
	$\geqslant 3.00$	$\geqslant 3.00$	A3.00

注：本表摘自《防火门》GB 12955—2008 表1。

6.6.5 卫生间门底部可预留宽度为 10～15mm 的条缝，使空气向负压侧流动。

【说明】宽度大于20mm的条缝影响美观，不建议采用。

6.6.6 门窗的防盗安全性能应符合表6.6.6的规定。

表6.6.6 防盗安全级别

项目	级别			
	甲级	乙级	丙级	丁级
防破坏工作时间（min）	$\geqslant 30$	$\geqslant 15$	$\geqslant 10$	$\geqslant 6$
门框钢板厚度（mm）	2.0	2.0	1.8	1.5
门扇钢板厚度（外面板/内面板）（mm）	不低于乙级	1.0/1.0	0.8/0.8	0.8/0.6
防盗锁防盗级别	B	A	A	A

注：本表摘自《防盗安全门通用技术条件》GB 17565—2007 第5.4.2条和表4。

金库门、藏品库门的制造与安装还应符合现行公共安全标准《金库门通用技术条件》GA/T 143 和现行金融行业标准《金库门》JR/T 0001、《组合锁》JR/T 0002 的规定。

6.6.7 货运通道、库房通道、手术室通道等有推车（床）通过的门应采取防护措施，宜安装厚度≥1.2mm的不锈钢保护板，见图6.6.7。

6.6.8 图书馆、档案馆、厨房等需防鼠患的区域宜采用金属门。门下沿与楼地面之间的

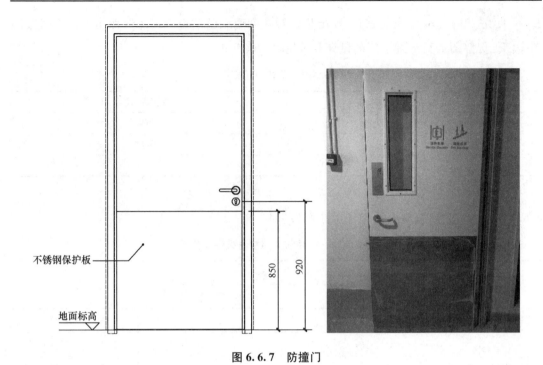

图 6.6.7　防撞门

缝隙不应大于 5mm。变配电室、电力电信机房、数据机房等房间应设置挡鼠板，见图 6.6.8。

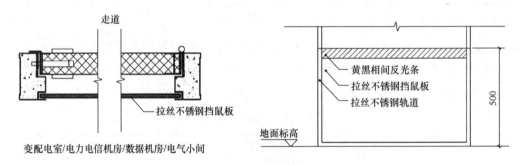

图 6.6.8　挡鼠板

6.6.9　疏散通道、除心理咨询室外的教学用房、训练室、疗养室、治疗室、病房、供轮椅通行等的门应设玻璃观察窗。

双面弹簧门应在可视高度安装透明安全玻璃。

全玻璃门应设防撞提示标志。

6.6.10　除音乐教室外，教室门宜设置上亮窗。走道两侧隔墙上设置的高窗和教室门及其上亮窗均不需要考虑耐火极限要求。

6.6.11　设置门禁的疏散门，火灾时门禁系统应自动关闭。

6.6.12　关键通道、重要房间、重要机电用房宜设置门禁。普通机电用房（含电气小间、管井）门宜设置门磁。控制信号和反馈信号均应接入安防控制室。

【说明】门禁具有控制人员进出、反馈门的开启或关闭状态信号的功能。门磁仅具备反馈门的开启或关闭状态信号的功能，不具有控制人员进出的功能。

6.6.13 为便于使用，互锁门之间的距离宜≥6m。

6.6.14 幼儿园、托儿所内门不应采用旋转门、弹簧门、推拉门，不宜采用金属门。门扇距离地面0.6m处宜加设幼儿专用拉手，见图6.6.14-1。门双面均应平滑、无棱角，门下不应设门槛。平开门距楼地面1.2m以下应设防止夹手设施，见图6.6.14-2。

图 6.6.14-1　设有幼儿专用拉手的门　　　图 6.6.14-2　设有防夹手胶条的门

6.6.15 窗按照开启方式可分为平开窗、悬窗、推拉窗、立转窗、固定窗、百叶窗等。

公共卫生间和浴室不宜向室内公共走道设置可开启窗；专业训练和正式比赛的游泳池和跳水池的池壁宜设水下观察窗。

面积大于1.5m²的窗玻璃或玻璃底边离装修完成面小于0.5m的落地窗、室内隔断、浴室围护和屏风、水族馆和游泳池的观察窗以及易遭受撞击、冲击而造成人体伤害的其他部位应使用安全玻璃。

6.6.16 门窗材料

1. 常见的门窗材料有木及木质加工产品、钢、彩色钢板、不锈钢、铝合金、塑料（含纯塑、钢塑、铝塑等）、玻璃钢、复合材料（如铝木、塑木等）以及玻璃等。有节能要求的部位宜选用塑料、断热金属型材（铝、钢）或复合型材（铝塑、铝木、钢木）等框料的门窗。

2. 潮湿、高温、防火要求高的房间不宜使用木门窗。木门扇宽度不宜超过1m；若宽度＞1m，高度＞2.5m，应加大断面，并采取防止下垂的措施。

3. 潮湿房间不应采用空腹钢门窗，实腹钢门窗用于潮湿房间应刷防锈漆。

4. 塑料门窗框、扇型材内腔应采用镀锌增强型钢（或铝材）作为内芯，形成塑包钢

（铝）断面，型钢（铝）壁厚不得小于 1.2mm；线性膨胀系数较大的框料，在大洞口外窗中使用时，应采用分樘组合等措施，以防止变形；与洞口的固定连接应采用弹性连接（填矿棉、泡沫塑料），不得采用水泥砂浆封堵。

6.6.17 门控五金

1. 应根据门的使用位置与功能、性能要求、安防要求、门扇形式、自重、使用频率等因素合理确定五金配置，包括配置方案、配置标准等。

2. 重要房间的门、自重大或者使用频率高的门，门锁、闭门器、合页等五金宜符合美国国家标准学会标准（ANSI A156.13、ANSI A156.4、ANSI A156.1）的规定，其余宜符合欧洲标准化组织标准（EN1154）的规定。

3. 门锁按控制方式可以分为机械锁、机电一体锁和电磁吸合锁。安防控制室、智能化系统集成机房、档案室等设有门禁的重要房间应配置机电一体锁。当用于疏散的双扇门设有门禁时，宜配置机电一体锁。

4. 应结合使用功能确定读卡器的安装数量和位置。

5. 机械门锁按照功能可分为通道功能锁、办公室功能锁、教室功能锁、储藏室功能锁、卫浴功能锁、逃生推杠锁等。应根据房间功能选用相应的门锁。所有机械门锁应具备纳入总钥匙系统的条件。

6. 闭门器可分为明装闭门器和隐藏式闭门器。明装闭门器分为支臂式闭门器和滑轨式闭门器。防火门不宜选用隐藏式闭门器。当有外观要求时可选用滑轨式闭门器。双门或子母门从动扇应快于主动扇。

7. 合页可分为轴承合页、弹簧合页、升降合页、过线合页、隐藏式合页等。安装在防火门上的合页不得使用双向弹簧。合页数量、选型和安装位置应由供应商根据门的尺寸和重量计算确定。

8. 双扇门应配置顺位器。顺位器可分为明装顺位器和隐藏式顺位器。子母门小扇宽度不宜小于 0.3m。

【说明】门控五金主要包括锁、闭门器、地弹簧、合页（铰链）以及拉手、插销、顺位器、门止、门吸、防尘筒等小五金件。

第 5 款通道功能锁适用于疏散通道，门的任何一侧任何情况下转动执手即可使锁舌缩回。办公室功能锁可使用钥匙和内转钮将门锁住。当不锁门时，门的任何一侧转动执手即可使锁舌缩回。教室功能锁可使用钥匙将门锁住，门内不能反锁，当不锁门时，门的任何一侧转动执手即可使锁舌缩回。储藏室功能锁在门外使用钥匙或门内用执手可使锁舌缩回，门外执手不具备控制锁舌功能。卫浴锁可使用内转钮将门锁住，门外可用应急工具开锁。当不锁门时，门的任何一侧转动执手即可使锁舌缩回。逃生推杠锁适用于人员密集场所安全疏散通道上的门，使用者无需经验，只需按压动作即可将门开启。

总钥匙系统是指一个集体环境的钥匙管理系统，它对建筑的各个功能房间进行归类，使具有相同特征的功能房间纳入同一系统，以达到对房间钥匙进行分级管理的目的。总钥匙系统的优点是可以有效提高钥匙管理的安全性和便捷性。总钥匙系统的级别划分可以达到六级，一般的公共建筑做到四级钥匙管理即可满足运营需求。

第8款当门扇尺寸小于0.3m时，闭门器安装空间不足。即使安装了闭门器，因力矩较大易造成开启困难。

7 交通系统

7.1 核心筒

7.1.1 核心筒是高层建筑的交通中心和服务中心,包含电梯、楼梯等竖向交通设施和机电用房、管井、卫生间、清洁间、茶水间、垃圾间等辅助空间。核心筒平面位置相对稳定,其周边和内部墙体常作为结构主要受力构件,是结构体系的重要组成部分。

7.1.2 核心筒按照平面布局分为集中式和分散式,集中式核心筒各项设施使用效率较高,分散式核心筒可提供大进深空间。

7.1.3 集中式核心筒分为内向型和外向型。内向型核心筒将检修和服务通道设置在筒内,可避免后勤人员穿越筒外区域,见图 7.1.3-1。外向型核心筒在筒外设置公共走道,供办公人员和物业管理人员共同使用,见图 7.1.3-2。

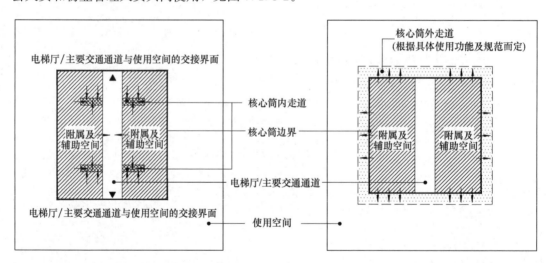

图 7.1.3-1 内向型核心筒示意图   图 7.1.3-2 外向型核心筒示意图

7.1.4 集中式核心筒平面布局需满足电梯组排列和结构受力等要求,可分为十字形、一字形、井字形和混合型。

1. 十字形核心筒电梯厅呈十字交叉布局,核心筒多为方形,中心对称且四个方向均好,适用于塔式高层建筑,见图 7.1.4(a)。

2. 一字形核心筒电梯厅呈一字并列布局,核心筒多为长方形,较十字形核心筒更为节省面积,经济性更强,适用于板式高层建筑,见图 7.1.4(b)。

3. 井字形核心筒结构呈九宫格布局，电梯厅布局较分散且有多种组合方式，核心筒多为方形，结构稳定性最好，适合多分区、多功能且高度超过 250m 的超高层建筑，见图 7.1.4(c)。

4. 混合型核心筒是上述类型的组合。

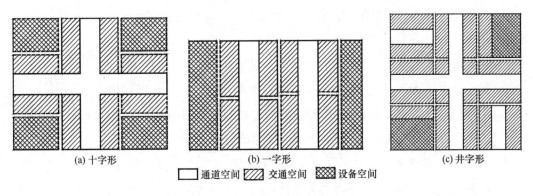

(a) 十字形　　　　　　　　(b) 一字形　　　　　　　　(c) 井字形

☐ 通道空间　▨ 交通空间　▧ 设备空间

图 7.1.4　集中式核心筒类型

7.1.5 核心筒建筑面积是影响标准层使用率的重要因素，标准层使用率计算方法如下：

$$使用率1 = \frac{标准层建筑面积 - 核心筒建筑面积 - 筒外机电等公共使用空间建筑面积}{标准层建筑面积}$$

$$使用率2 = \frac{标准层建筑面积 - 核心筒建筑面积 - \begin{array}{c}筒外机电等公共\\使用空间建筑面积\end{array} - 走道建筑面积}{标准层建筑面积}$$

核心筒外走道面积约占本层建筑面积的 8%～10%。

【说明】标准层使用率与建筑高度有关，建筑越高，核心筒面积越大，各层使用率越低。但在高层上部随着电梯的减少和结构墙、柱断面的减小，使用率反而会增加，因此同一建筑中的标准层使用率随着建筑高度的增加，会在一定范围内变化。

高层、超高层办公建筑标准层使用率 1 与建筑高度 H 对应关系如下：

当 $H \leqslant 50m$ 时，约为 85%；

当 $50m < H \leqslant 100m$ 时，约为 80%；

当 $100m < H \leqslant 150m$ 时，约为 75%～80%；

当 $150m < H \leqslant 250m$ 时，约为 70%～75%；

当 $H > 250m$ 时，全楼平均约为 70%。

单一功能的高层酒店或公寓建筑标准层使用率比办公建筑高约 5%～10%。

使用率分为标准层使用率和总使用率。标准层使用率目前各地区计算方式稍有不同，比较之前应注意计算方式的统一。总使用率一般为总建筑面积扣除不能供人居住或办公的面积，如楼梯间、电梯间、公共走道、设备间、卫生间、主体结构面积等。使用率 1 可用于评价核心筒设计水平，使用率 2 可用于评价建筑整体设计水平。

7.1.6 高层建筑核心筒内各功能空间占比与使用功能、建筑高度、租售形式等相关。普通办公建筑核心筒内功能空间占比约为：电梯井道占 30%，疏散楼梯占 7%～10%，机电空间占 15%，卫生间等附属功能空间占 10%～12%，其他空间（含电梯厅等交通空间及结构空间）占 35%。

7.1.7 提高高层建筑标准层使用率的措施包括：

1. 合理确定标准层建筑面积。以办公建筑为例，高层建筑不宜小于 1500m²，超高层建筑不宜小于 1800m²。

2. 核心筒形状宜方正、规整，减少异形、低效空间。

3. 核心筒内机电空间宜采用最小安装或检修距离。

4. 当建筑高度大于 250m 时，宜设置穿梭电梯或双轿厢电梯。

5. 根据楼梯间、消防电梯设置高度限值合理确定居住建筑高度和层数。

【说明】第 4 款设置穿梭电梯方案可减小核心筒面积，提高低区标准层使用率，但需设置空中转换空间，整体使用率没有明显提升。双轿厢电梯对层高要求较严格，下轿厢停靠楼层的层高必须保持一致。

7.1.8 电梯候梯厅最小深度见表 7.1.8。公共建筑电梯厅预留墙面装修厚度不宜小于 0.15m。

表 7.1.8　候梯厅最小深度

电梯类别	布置方式	候梯厅深度
住宅电梯	单台	$\geqslant B$
	多台单侧排列	$\geqslant B^*$
乘客电梯	单台	$\geqslant 1.5B$
	多台单侧排列	$\geqslant 1.5B$，当电梯群为 4 台时应 $\geqslant 2.4$m
	多台双侧排列	$\geqslant$ 相对电梯 B 之和且 < 4.5m
病床电梯	单台	$\geqslant 1.5B$
	多台单侧排列	$\geqslant 1.5B$
	多台双侧排列	$\geqslant$ 相对电梯 B 之和

注：1. B 为轿厢深度，B^* 为电梯群中最大轿厢深度。
　　2. 供轮椅使用的候梯厅深度不应小于 1.5m。
　　3. 本表规定的深度不包括穿越候梯厅的走道宽度。

7.1.9 当单井道电梯速度 $\geqslant 4$m/s 时易产生活塞效应，使轿厢产生噪声、摇摆和振动。避免高速电梯活塞效应的主要措施包括：

1. 避免设置单井道电梯，成组布置的电梯宜采用通井道。

2. 当受条件限制需采用单井道时，宜在轿厢底部和顶部安装流线型整流罩。

【说明】电梯活塞效应是指在有限的空间内，电梯升降过程中前方的空气被推动向前，后方由于诱导作用而产生气流跟随，类似汽缸内活塞压缩气体的现象。电梯活塞效应产生箱体的气动阻力，一方面增加载荷，影响电梯运行的安全性和乘客的舒适性，另一方面加剧电梯井道开口处的空气渗漏。

7.1.10 北方地区高度大于 250m 的超高层建筑，为避免严重的烟囱效应，宜将大行程电梯布置在可封闭的电梯厅内，且在电梯厅入口处设气密等级不低于 6 级的气密门。

【说明】烟囱效应是由室内外温差造成的超高层建筑普遍存在的一种现象，冬季最为明显。非受控气流使通道门或电梯门两侧产生大压差，造成啸叫、门故障、穿堂风、紧急逃生通道阻塞等问题。高度大于 250m 的超高层建筑，当室内外温差过大（主要在寒冷地区冬季）时，易形成烟囱效应。

7.1.11 当建筑高度超过 50m 且层数大于 12 层时，乘客电梯宜分区运行。

7.1.12 当核心筒壁为钢筋混凝土剪力墙时，为确保筒外空间净高，管线集中进出处可采用双连梁。

7.2 楼梯、台阶、人行坡道

7.2.1 一般要求

1. 经常使用的室外楼梯、台阶踏步宽度宜≥0.35m，高度宜≤0.15m；以疏散功能为主不经常使用的室外楼梯、台阶踏步宽度宜≥0.3m。

2. 经常使用的室内楼梯、台阶踏步宽度宜≥0.30m，高度宜≤0.15m。

3. 台阶踏步数不应少于 2 级，不宜少于 3 级。当台阶踏步数超过 3 级或台阶及人行坡道总高度超过 0.6m 时，应在临空面设扶手、护栏、花台、挡土墙等防护措施。

4. 楼梯、台阶的踏步面、人行坡道的铺装面应采取防滑措施，当防滑条上表面高出踏步完成面时，超出高度不宜大于 3mm。

5. 老年建筑、托儿所、幼儿园的楼梯、台阶踏步前缘应设防滑条，并应设置警示标识。老年人使用为主的楼梯、台阶踏步前缘不应突出梯面，防滑条和警示条等附着物不应突出踏面。老年人及幼儿使用为主的楼梯、台阶踏步踢面不应漏空。

6. 楼梯及总高度不小于 0.6m 的台阶应至少于一侧设扶手，梯段或台阶净宽达三股人流时，应两侧设扶手，达四股人流时，宜加设中间扶手。体育、观演等建筑中的人员密集场所，医疗、适老等建筑中的主要公共空间，梯段、台阶净宽达四股人流时，应加设中间扶手。

7. 楼梯扶手、栏杆的高度要求见本书第 5.7.4 条。

8. 老年人和幼儿经常使用的扶手直径宜为 40mm。

9. 当梯段改变方向时疏散楼梯休息平台宽度应不小于梯段净宽且不小于 1.2m。当中间有实体墙时，扶手转向端处休息平台净宽应≥1.3m。直跑楼梯的中间平台宽度应≥0.9m 并满足建筑设计标准相关规定。

10. 开向疏散楼梯间的门，当完全开启时不应减少楼梯平台的有效宽度，见图 7.2.1。

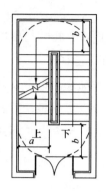 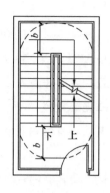 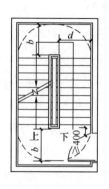 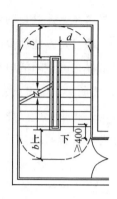

图 7.2.1 楼梯平台有效宽度

注：本图依据国标图集 15J403-1《楼梯 栏杆 栏板（一）》第 A4 页和国标图集 18J811-1《〈建筑设计防火规范〉图示》第 6.4.11 条图示 6，按照本书第 7.2.2 净宽原则归纳而成。

7.2.2 疏散楼梯的净宽度应为墙面装饰完成面或栏杆扶手边缘至对面墙面装饰完成面或栏杆扶手边缘之间的最小净距，示例见图 7.2.2，可根据不同的装修做法、扶手类型和安装距离做相应调整。楼梯平台净宽应为墙面装饰完成面或栏杆扶手边缘至梯井栏杆或实体墙扶手边缘之间的最小净距。

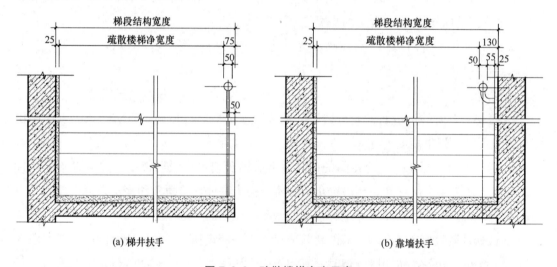

图 7.2.2 疏散楼梯净宽示意

【说明】 《民用建筑通用规范》GB 55031—2022 和《民用建筑设计统一标准》GB 50352—2019 规定楼梯净宽从扶手中心线计算，但近年北京地区消防验收对净宽要求多以完成面为准，因此本书按消防验收标准提出要求。

【标准摘录】《民用建筑设计统一标准》GB 50352—2019 第 6.8.3 条：梯段净宽除应符合现行国家标准《建筑设计防火规范》GB 50016 及国家现行相关专用建筑设计标准的规定外，供日常主要交通用的楼梯的梯段宽应根据建筑物使用特征，按每股人流宽度为 0.55m＋(0～0.15)m 的人流股数确定，并不应少于两股人流。

7.2.3 楼梯扶手转弯处不宜采用"鹤颈"或"斜接",见图 7.2.3(a)、(b)。宜将两跑楼梯踏步在平面上错开一步,或将扶手延长半步,确保楼梯扶手在转折处平顺连接,见图 7.2.3(c)、(d)。

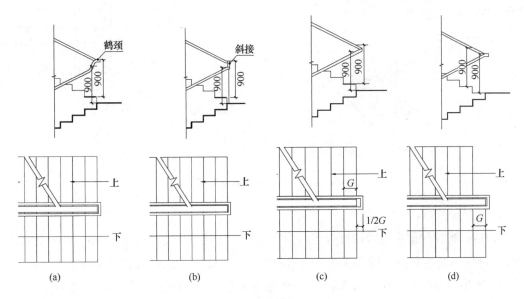

图 7.2.3 楼梯转折处示意

7.2.4 装配式混凝土楼梯

1. 根据承重方式可分为梁承式、墙承式及悬臂式,可采用踏步板预制、梯段板预制和平台板、梁预制等多种方式。预制构件与主体常见连接方式见图 7.2.4。

2. 预制梯段板边缘与墙面之间的安装间距不宜小于 20mm。

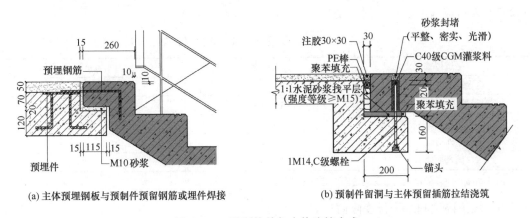

图 7.2.4 预制构件与主体连接方式

7.2.5 装配式钢楼梯

1. 应提高工厂预制率,减少现场焊接,可采用整体梯段板预制或梯段板与平台板一体预制等方式。

2. 梯段板与休息平台连接节点见图 7.2.5。

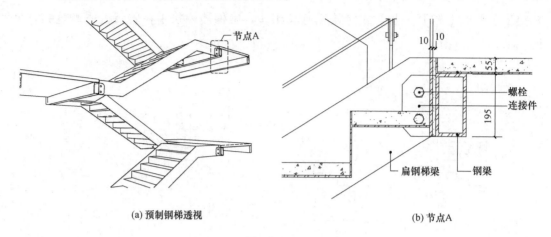

(a) 预制钢梯透视

(b) 节点A

图 7.2.5 预制梯段板连接节点

7.2.6 钢楼梯防火

1. 钢楼梯构件耐火极限应符合现行国家标准《建筑设计防火规范》GB 50016 的规定，具体措施应符合现行国家标准《建筑钢结构防火技术规范》GB 51249 的规定。

2. 当采用非膨胀型防火涂料时，涂层厚度不应小于 15mm；当采用膨胀型防火涂料时，涂层厚度不应小于 1.5mm。

3. 平台和踏步的踏面不宜喷涂防火涂料，宜采用叠合或预制混凝土面层，混凝土厚度应满足耐火极限要求。

4. 当室外疏散钢梯涂刷防火涂料时，应采用室外钢结构防火涂料。

5. 钢制平台处可采用防火水泥板、加气混凝土条板等防火包覆做法。

7.2.7 人行坡道坡度和宽度见表 7.2.7，坡面应平整、防滑。

表 7.2.7 不同位置的坡道、坡度和宽度

坡道位置	最大坡度	最小宽度（m）
有台阶的建筑入口	1：12	≥1.20
只设坡道的建筑入口	1：20	≥1.50
室内走道	1：12	≥1.00
室外道路	1：20	≥1.50
困难地段	1：10～1：8	≥1.20

注：1：10～1：8 坡度仅用于受场地限制的改建项目。

7.2.8 坡道高度和水平长度限值见表 7.2.8。

表 7.2.8 坡道高度和水平长度限值

坡度	1：6	1：8	1：10	1：12	1：16	1：20
高度（m）	0.2	0.35	0.6	0.75	1	1.5
水平长度（m）	1.2	2.8	6	9	16	30

7.2.9 坡道起点、终点和中间休息平台的水平长度不应小于1.50m，见图7.2.9。

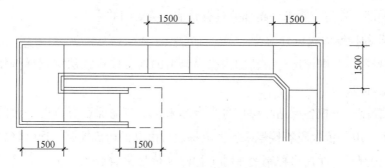

图7.2.9 坡道起点、终点和休息平台水平长度

7.3 电 梯

7.3.1 电梯是服务于规定楼层的固定式升降设备。电梯分类如下：

1. 按使用功能可分为：

1）乘客电梯——主要用于运送乘客。

2）客货电梯——主要用于运送乘客的同时兼运货物。

3）病床电梯（医用电梯）——主要用于运送病床（包括病人）及医疗设备。

4）载物电梯——主要用于运送（通常由人押运）货物。

5）杂物电梯——主要用于运送货物，不允许人进入。为满足人不得进入的条件，轿厢底板面积应≤1.00m²，轿厢深度应≤1.00m，轿厢高度应≤1.20m。

6）汽车电梯——主要用于运送车辆。

2. 按动力驱动方式可分为：

1）曳引梯——依靠曳引绳和曳引轮槽摩擦力驱动或停止，可分为有齿曳引梯和无齿曳引梯，无齿曳引梯常用于高速电梯。

2）液压梯——依靠液压驱动，梯速通常为0.6~1.0m/s，行程高度≤12m。目前由于无机房电梯的广泛使用，仅在载重量3t以上且行程高度不高的情况下采用。

3. 按电梯控制及牵引机房位置可分为：

1）顶机房——电梯机房位于井道顶部。曳引梯通常为顶机房。

2）侧机房——电梯机房位于井道一侧。液压梯通常为下侧机房，如条件有限，还可采用顶侧机房或中侧机房。由于无机房电梯的广泛使用，曳引梯已不采用侧机房。

3）无机房——无专用机房，驱动主机安装在井道或轿厢上，控制柜位于维修人员可接近的部位。

4. 按电梯井道形式可分为：

1）普通井道——电梯井道由常规材料（钢筋混凝土墙、填充墙或钢结构）围合。

2）透明井道——电梯井道及轿厢的全部或部分为透明材料，多采用钢结构。由于结构构件和电梯部件外露，要求外露部分具有整洁、美观的效果。

5. 按运作的控制方式可分为：

1）按钮控制——电梯运行由轿厢内操纵盘上的选层按钮或层站呼梯按钮来操纵，一般用于杂物电梯。

2）信号控制——把各层站呼梯信号集合起来，将与电梯运行方向一致的呼梯信号按先后顺序排列，电梯依次应答接运乘客。电梯运行由电梯司机控制，现已较少采用。

3）集选控制——在信号控制的基础上把呼梯信号集合起来，进行有选择的应答，可自动应答同一方向所有层站呼梯信号。电梯为无司机自动控制。

4）并联控制——通过一套呼梯信息系统把2台或3台规格相同的电梯并联控制。乘客呼梯时系统自动派梯服务。无乘客时，1台电梯停靠在基站待命，其余电梯随机停靠在中间层站。

5）梯群控制——客流量大且具有多台电梯的高层建筑中，电梯被分为若干组，每组3～8台。每组电梯共用一个信号系统，通过电梯群控系统协调组内电梯的运行，提高整体运行效率。

6）目的地选层控制——具有多台电梯服务的建筑物中，乘客在电梯厅选择目的地楼层，电梯控制系统通过计算指派电梯，并采用指示灯光等多种提示方式引导乘客前往乘坐指定电梯。

【说明】第5款电梯群控系统可根据不同时段客流需求，使梯群以最合适的方式应答层站的呼梯信号，缩短乘客等候时间，提高电梯使用效率。当采用目的地选层系统（也称目的地预分配系统）时，电梯轿厢内可不设操作按钮，或按照时间段设置操作按钮的使用权限。目的地选层控制系统可与门禁、闸机等联动，提高运行效率。

7.3.2 服务性能指标

1. 平均等待时间（AWT）是指从按下呼叫按钮到电梯到站的时间，通常设定为40s，高服务标准可设定为30s，低服务标准可设定为60s。

2. 上行高峰5min运载率（HC5％）是指上行高峰运载模式时，电梯在5min内所运送的乘客人数占总人数的比率。该指标与建筑使用功能相关，办公建筑不宜小于12％，酒店不宜小于15％，公寓不宜小于7％。

3. 上行高峰平均间隔时间（UPPINT）是指在上行高峰模式时电梯相继到达门厅的平均间隔时间，一般不宜小于40s。

7.3.3 主要技术参数和服务标准

1. 应根据建筑类型、服务标准、建筑层数、使用人数、客流特点、电梯技术参数等因素，经运力计算后确定电梯数量。表7.3.3-1适用于高度不大于75m或层数为25层以下的建筑，可作为方案阶段估算电梯数量的依据。

超高层建筑应根据使用需求合理确定 AWT、HC5‰等关键指标，应通过电梯运力计算确定电梯数量、技术参数和组合方案。

表 7.3.3-1　电梯数量、主参数表

建筑类别		数量				额定载重量（kg）乘客人数（人）					额定速度（m/s）
		经济级	常用级	舒适级	豪华级						
住宅		90～100户/台	60～90户/台	30～60户/台	<30户/台	400（kg）		630（kg）	1000（kg）		0.63，1.00，1.60，2.50
						5（人）		8（人）	13（人）		
旅馆		120～140客房/台	100～120客房/台	70～10客房/台	<70客房/台	630（kg）	800（kg）	1000（kg）	1250（kg）	1600（kg）	0.63，1.00，1.60，2.50
办公	按建筑面积	6000 m²/台	5000 m²/台	4000 m²/台	<4000 m²/台	8（人）	10（人）	13（人）	16（人）	21（人）	
医院住院部		200床/台	150床/台	100床/台	<100床/台	1600（kg）		2000（kg）	2500（kg）		0.63，1.00，1.60，2.50
						21（人）		26（人）	33（人）		

注：1. 本表的电梯台数不包括消防和服务电梯。
　　2. 旅馆的工作、服务电梯台数为客梯数量的0.3～0.5倍。住宅的消防电梯可与客梯合用。
　　3. 医院住院部宜独立设置1～2台医护人员专用客梯。
　　4. 超过3层的门诊楼应设1～2台乘客电梯。
　　5. 无障碍电梯设置应满足无障碍设计要求。

2. 电梯载重量从600～5000kg不等，常用数值为1000kg（住宅）、1350kg（办公）、1600kg（人＋手推车）、2000kg（货梯）。为防止人员超载，轿厢有效面积与额定载重量具有等效关系，见表7.3.3-2。

表 7.3.3-2　额定载重量与轿厢最大有效面积

额定载重量（kg）	轿厢最大有效面积（m²）	额定载重量（kg）	轿厢最大有效面积（m²）
100	0.37	900	2.20
180	0.58	975	2.35
225	0.70	1000	2.40
300	0.90	1050	2.50
375	1.10	1125	2.65
400	1.17	1200	2.80
450	1.30	1250	2.90
525	1.45	1275	2.95
600	1.60	1350	3.10
630	1.66	1425	3.25
675	1.75	1500	3.40
750	1.90	1600	3.56
800	2.00	2000	4.20
825	2.05	2500	5.00

注：1. 本表摘自《电梯制造与安装安全规范 第1部分：乘客电梯和载货电梯》GB/T 7588.1—2020 表6。
　　2. 对于中间的额定载重量，最大有效面积采用线性插值法确定。
　　3. 额定载重量超过2500kg时，每增加100kg，最大有效面积增加0.16m²。

3. 额定速度：

1）低速梯速度小于 1.0m/s，常用于多层商场、影院、医院、多层办公、多层住宅建筑等。

2）中速梯速度为 1.0～2.5m/s，常用于高层或 100m 以下的酒店、办公建筑、高层住宅等。

3）高速梯速度为 2.5m/s 以上，常用于超高层建筑。

4．电梯从底层直升至顶层的理论运行时间不宜大于 40s。

【说明】除住宅电梯、消防电梯外，现有标准中电梯配置数量仅为建议。大型或重要的民用建筑应通过电梯运力计算确定电梯选配方案。

7.3.4 常用电梯主要技术参数见表 7.3.4-1～表 7.3.4-6。

表 7.3.4-1 常用住宅乘客电梯技术参数及土建尺寸

载重量 (kg) (人数)	速度 (m/s)	厅门尺寸 (mm) 宽×高	轿厢尺寸 (mm) 宽×深×高	井道尺寸 (mm) 宽×深	机房尺寸 (mm) 宽×深×高	厅门洞口尺寸 (mm) 宽×高	底坑深度 (mm)	顶层高度 (mm)	备注
630 (8)	0.63	A：800×2100	1100×1400×2200	A：1700×1900 B：1700×1900	2500×3700×2200		1400	3600	常用于叠拼或别墅、6～9层住宅
	1						1400	3700	
	1.6				2500×3700×2400		1600	3800	
800 (10)	0.63/1.00	B：900×2100	1350×1400×2200	B：1700×2100	1700×2100×2400	A：1000×2200 B：1100×2200	1400	3800	可用于消防电梯，可运载有人陪伴的手动轮椅
	1.6						1600	4000	
	2						1750	4400	
	2.5				1700×2100×2600		2200	5000	
1000 (13)	0.63	A：800×2100 B：900×2100 C：900×2100	A、B：1100×2100×2200 C：1400×2000×2200	A：1700×2600 B：1700×2600 C：2150×2100	3200×4900×2400		1400	3600	A、B 系列可用于超过54m消防电梯兼用担架梯
	1						1400	3700	
	1.6						1600	3800	
	2				2700×5100×2600		1750	4300	
	2.5						2200	5000	

注：1. 本表为有机房电梯设计时参考数据，表中参数摘自《电梯主参数及轿厢、井道、机房的型式与尺寸第1部分：Ⅰ、Ⅱ、Ⅲ、Ⅵ类电梯》GB/T 7025.1—2023 和制造商资料。载重量 1275kg 的详见该标准。

2. 施工图设计以实际选用电梯型号样本为准。

3. 速度为 0.5m/s、0.75m/s 的可参考 0.63m/s 档数值；速度为 1.5m/s、1.75m/s 的可参考 1.6m/s 档数值。载重量 1050kg 的可参考 1000kg 档数值。

4. 厅门（轿门）A 系列出入口宽度 800mm，B、C 系列出入口宽度 900mm，高度均为 2100mm。

5. 表中轿门形式为中分。

6. 本表为对重侧置。

表 7.3.4-2 常用办公楼、旅馆乘客电梯技术参数及土建尺寸

载重量(kg)(人数)	速度(m/s)	轿厢尺寸(mm) 宽×深×高	井道尺寸(mm) 宽×深	机房尺寸(mm) 宽×深×高	厅门洞口尺寸(mm) 宽×高	底坑深度(mm)	顶层高度(mm)
800(10)	1	1350×1400×2200	A：1900×2200 (2200×1800) B：2000×2200 (2100×1800)	2500×3700×2200		1600	4000
	1.6					1750	4400
1000(13)	1	1600×1400×2200	B：2200×2200 (2200×1800) C：2400×2200 (2400×1800)	3200×4900×2200		1400	3700
	1.6					1600	3800
	2			2700×5100×2400		1750	4300
	2.5					2200	5000
1350(18)	1	2000×1500×2400	C：2550×2350 (2800×2050)	3200×4900×2400	A：1000×2200 B：1100×2200 C：1300×2200 D：1400×2200	1400	4200
	1.6					1600	4200
	2			3000×5300×2600		17.50	4400
	2.5					2200	5200(5500)
1600(21)	1	2100×1600×2400	C：2700×2500	3200×4900×2400		c	c
	1.6					c	c
	2			3000×5300×2600		c	c
	2.5					2200	5500
1800(24)	1	2350×1600×2400	D：3000×2500	3000×5000×2400		c	c
	1.6					c	c
	2			3300×5700×2600		c	c
	2.5					2200	5500

注：1. 本表为有机房电梯设计时参考数据，表中参数摘自《电梯主参数及轿厢、井道、机房的型式与尺寸第1部分：Ⅰ、Ⅱ、Ⅲ、Ⅵ类电梯》GB/T 7025.1—2023 并结合制造商资料。

2. 施工图设计以实际选用电梯型号样本为准。

3. 速度为1.5m/s、1.75m/s 的可参考1.6m/s 档数值。载重量1050kg 的可参考1000kg 档数值。

4. 轿门 A 系列出入口宽度 800mm，B 系列出入口宽度 900mm，C 系列出入口宽度 1100mm，D 系列出入口宽度 1200mm。高度一般为 2100mm。1800kg 的出入口高度可为 2400mm，轿厢高度为 3000mm.

5. 表中轿门形式为中分。

6. c 为非标电梯，应咨询制造商。

7. 本表井道尺寸未特殊标明的为对重后置，（ ）的为对重侧置。

表 7.3.4-3 常用医用电梯技术参数及土建尺寸

载重量(kg)	速度(m/s)	轿门尺寸(mm) 宽×高	轿厢尺寸(mm) 宽×深×高	井道尺寸(mm) 宽×深	机房尺寸(mm) 宽×深×高	厅门洞口尺寸(mm) 宽×高	底坑深度(mm)	顶层高度(mm)	备注
1600	1	1300×2100	1400×2400×2300	2400×2900	3200×5500×2800	1500×2200	1700	4400	
	1.6						1900		
	2						2100	4600	

续表

载重量 (kg)	速度 (m/s)	轿门尺寸 (mm) 宽×高	轿厢尺寸 (mm) 宽×深×高	井道尺寸 (mm) 宽×深	机房尺寸 (mm) 宽×深×高	厅门洞口 尺寸(mm) 宽×高	底坑 深度 (mm)	顶层 高度 (mm)	备注
2000	1	1300×2100	1500×2700 ×2300	2400×3200	3200×5800 ×2800	1500×2200	1700	4400	
	1.6						1900		
	2						2100	4600	
2500	1	1300×2100/ 1400×2100	1800×2700 ×2300	2700×3200	3500×5800 ×2800	1500×2200/ 1600×2200	1900	4600	1400 门宽为 中分四 折门
	1.6						2100		
	2						2300	4800	

注：1. 本表为有机房电梯设计时参考数据，表中参数摘自《电梯主参数及轿厢、井道、机房的型式与尺寸第1部分：Ⅰ、Ⅱ、Ⅲ、Ⅵ类电梯》GB/T 7025.1—2023和制造商资料。

2. 施工图设计以实际选用电梯型号样本为准。

3. 表中轿门形式如无特殊说明均为旁开门。

表 7.3.4-4 常用载货电梯技术参数及土建尺寸

载重量 (kg)	速度 (m/s)	轿门尺寸 (mm) 形式	轿门尺寸 (mm) 宽×高	轿厢尺寸 (mm) 宽×深×高	井道尺寸 (mm) 宽×深	机房尺寸 (mm) 宽×深×高	厅门洞口 尺寸 (mm) 宽×高	底坑 深度 (mm)	顶层 高度 (mm)
1000	0.63	旁开门	1300×2100	1300×1750 ×2200	2400×2200 (2300)	2500×3700 ×2200	1500×2200	1400	3700
	1								
1600	0.63	旁开门	1400×2100	1400×2400 ×2200	2500×2850 (2950)	3200×4900 ×2400	1600×2200	1600	4200
	1								
2000	0.63	中分四 折门	1500×2100	1500×2700 ×2200	2700×3150 (3250)	3200×4900 ×2400	1700×2200	1600	4200
	1								
2500	0.63	中分四 折门	1500×2500	1800×2700 ×2500	3000×3150 (3250)	3000×5000 ×2400	1700×2600	1600	4600
	1								

注：1. 本表为有机房电梯设计时参考数据，表中参数摘自《电梯主参数及轿厢、井道、机房的型式与尺寸第2部分：Ⅳ类电梯》GB/T 7025.2-2008和制造商资料。

2. （ ）内为设置对开出入口贯通门时的井道尺寸。

3. 施工图设计以实际选用电梯型号样本为准。

表 7.3.4-5 常用杂物电梯(不进人)主要技术参数及土建尺寸

额定载重量(kg)		额定载重量(kg)		
		40	100	250
轿厢	宽度(mm)	600	800	1000
	深度(mm)	600	800	1000
	高度(mm)	800	800	1000

续表

额定载重量(kg)		额定载重量(kg)		
		40	100	250
井道	宽度(mm)	900	1100	1500
	深度(mm)	800	1000	1200

注：1. 本表摘自《电梯主参数及轿厢、井道、机房的型式与尺寸 第3部分：V类电梯》GB/T 7025.3—1997 表1。
2. 额定载重量40kg、100kg的杂物电梯可在厅门口设高700～800mm的工作台，250kg一般无工作台，轿厢底及门与楼地面平。
3. 机房可在本层或上一层，尺寸约2000mm×2000mm，可向井道两相邻方向伸出。机房门洞尺寸不小于800mm×1500mm。
4. 为满足不得进人的条件，轿厢尺寸不得超过：底板面积1.00m²，深度1.00m，高度1.20m。

表 7.3.4-6 常用无机房电梯技术参数及土建尺寸

载重量 kg（人数）	速度（m/s）	厅门尺寸 宽×高（mm）	轿厢尺寸（mm） 宽×深×高	井道尺寸（mm） 宽×深	厅门洞口尺寸（mm） 宽×高	底坑深度（mm）	顶层高度（mm）
630(8)	1.0 /1.6 /1.75	800×2100	1100×1400×2200	1790×1835	1000×2200	1250/1350/1500	3680/3870 /3890
800(11)		900×2100	1350×1400×2200	2030×1835	1100×2200		
1000(13/14)		900×2100	1600×1400×2200	2200×1835	1100×2200		
1350(18)		1100×2100	2000×1500×2200	2700×2060	1300×2200	1300/1400/1500	3700/3900/3950
1600(21)		1100×2100	2100×1600×2200	2800×2110	1300×2200	1300/1450/1500	3750/3900/3950

注：1. 本表摘自通力电梯有限公司手册。施工图设计应以实际选用制造商的电梯型号样本为准。
2. 井道尺寸设计时可参考《电梯主参数及轿厢、井道、机房的型式与尺寸第1部分：Ⅰ、Ⅱ、Ⅲ、Ⅳ类电梯》GB/T 7025.1—2023 图5、图7，在有机房电梯井道尺寸基础上增加100mm。
3. 载重量1050kg的可参考1000kg档数值，厅门宽度表中仅列900mm档，1000mm和1100mm档详制造商资料。

7.3.5 电梯井道和电梯机房

1. 当底坑深度大于0.9m时，应设置金属固定梯或爬梯，且不得凸入电梯运行空间，不应影响电梯运行部件的运行。

2. 当多台电梯采用通井道时，在井道下部电梯之间应设置护栏，护栏顶部应高于底坑地面2.5m。

3. 通向电梯机房的楼梯和门的净宽宜≥1.2m，且应满足设备更换要求，楼梯坡度应≤45°。

4. 当多台电梯共用机房时，机房的最小宽度应等于共用井道的总宽度加上最大电梯单独安装时侧向延伸长度之和，最大深度应等于电梯单独安装所需最深井道尺寸增加2.1m。

5. 当电梯井道紧邻噪声敏感房间（如：住宅起居室、客房、会议室）时，应采取隔声减震措施，井道、机房隔声做法可参考华北标BJ系列图集12BJ1-1工程做法D127。

7.3.6 超高层建筑可采用多层电梯机房，下层设置曳引机，上层设置控制柜。低区机房高度不宜小于 5m，中区机房高度不宜小于 6m。应与电梯供应商共同确定多层机房布置方案。

7.3.7 单侧并联电梯不宜超过 4 台，双侧并联电梯不宜超过 6 台。

7.3.8 无机房电梯通常为侧对重，可采用贯通门，提升高度不宜大于 80m，额定速度不宜大于 2.5m/s，最大载重量为 2.5t，货梯最大载重量为 3t。

7.3.9 透明电梯额定速度不宜大于 1.7m/s，应采用夹层安全玻璃。当外围护结构四角钢柱固定在底坑中时，底坑尺寸大于钢结构柱外皮至少 50mm。厅门上部横梁应满足厅门和导轨支架的安装要求。

7.3.10 食梯是用于厨房与备餐间上下层之间食物运输的升降设备，载重量小，速度慢，底坑和冲顶要求较小，不允许人员进入，具体参数见表 7.3.4-5。

7.3.11 当需运送超长货物时，货梯轿厢后部可局部升高，且应确保冲顶高度满足要求。

7.3.12 当普通电梯与消防电梯共用前室时，应在首层采用醒目标识标明消防电梯。普通电梯应满足以下要求：

1. 轿厢的内部装修应采用不燃材料；

2. 厅门耐火完整性不宜低于 2h；

3. 底坑应设置排水设施，具体要求同消防电梯。

【标准摘录】《电梯制造与安装安全规范　第 1 部分：乘客电梯和载货电梯》GB/T 7588.1—2020 第 5.2.3 条第 1 款：当相邻两层门地坎间的距离大于 11m 时，应满足下列条件之一：

1. 具有中间安全门，使安全门与层门（或安全门）地坎间的距离均不大于 11m。

2. 紧邻的轿厢均设置第 5.4.6 条第 2 款所规定的安全门。

7.3.13 通道门、安全门、通道活板门和检修门应符合现行国家标准《电梯制造与安装安全规范　第 1 部分：乘客电梯和载货电梯》GB/T 7588.1 的规定。

【标准摘录】《电梯制造与安装安全规范　第 1 部分：乘客电梯和载货电梯》GB/T 7588.1—2020 第 5.4.6 条第 2 款：在具有相邻轿厢的情况下，如果轿厢之间的水平距离不大于 1.00m，可使用轿厢安全门。

【标准摘录】《电梯制造与安装安全规范　第 1 部分：乘客电梯和载货电梯》GB/T 7588.1—2020 第 5.2.3 条第 2 款：通道门、安全门、通道活板门和检修门应满足下列尺寸要求：

1. 进入机房和井道的通道门的高度不应小于 2.00m，宽度不应小于 0.60m；

2. 进入滑轮间的通道门的高度不应小于 1.40m，宽度不应小于 0.60m；

3. 供人员进出机房和滑轮间的通道活板门，其净尺寸不应小于 0.80m×0.80m，且开门后能保持在开启位置；

4. 安全门的高度不应小于 1.80m，宽度不应小于 0.50m；

5. 检修门的高度不应大于 0.50m，宽度不应大于 0.50m，且应有足够的尺寸，以便通过该门进行所需的工作。

【说明】救援时，如果两个轿厢安全门之间的距离大于 0.35m，应提供一个连接到轿厢并具有扶手的便携式（或移动式）过桥或设置在轿厢上的过桥，过桥的宽度不应小于 0.5m，并且具有足够的空间，以便开启轿厢安全门。如果采用便携式（或移动式）过桥，应将其存放在有救援需要的建筑中，并在使用维护说明书中说明其使用方法。过桥应能支撑 2.5kN 的荷载。

7.3.14 当电梯底坑下方空间可进人时，应设对重安全钳或在底坑下设立柱，立柱应向下延伸至结构基础且应大于轿厢配重尺寸。当设置对重安全钳时，电梯底坑深度或者宽度宜增加 0.2m。

7.3.15 应预留门套装修厚度。厅门两侧装修厚度宜为每边 100～150mm，厅门上方预留装修高度宜为 70～100mm。

7.3.16 电梯轿厢装修重量是轿壁、地面、顶棚等饰面材料及构造的总重量。预留装修重量与电梯载重量相关，当载重量为 1000kg 时不宜大于 300kg，当载重量为 1600kg 时不宜大于 500kg。当预留装修重量大于常用数值时，应单独提出并与相关方核实其可行性。

7.4 自动扶梯

7.4.1 自动扶梯是带有循环运行梯级用于向上或向下倾斜输送乘客的固定电力驱动设备，较垂直电梯有更大的运输能力，被广泛应用于机场航站楼、铁路和地铁车站、商业综合体、会展中心等有较大人流量的公共建筑中。

7.4.2 自动扶梯的布置和选型与平面布局、结构形式、客流量、流线等相关，布置形式见表 7.4.2。

表 7.4.2 自动扶梯布置形式

| 并联排列 | | | 乘客可连续流动，升降两方向入口分开，避免拥堵；安装面积大 |
| 平行排列 | | | 乘客流动不连续，需折返；安装面积小，2 台以上扶梯组合可以节省部分侧挡板 |

续表

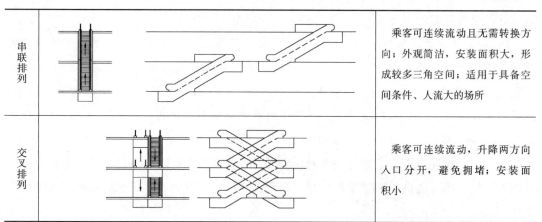

串联排列		乘客可连续流动且无需转换方向；外观简洁，安装面积大，形成较多三角空间；适用于具备空间条件、人流大的场所
交叉排列		乘客可连续流动，升降两方向入口分开，避免拥堵；安装面积小

7.4.3 机场、火车站、地铁等大流量交通建筑宜采用运输速度 0.6～0.65m/s 的自动扶梯，交通型（或重型）自动扶梯水平梯级数应≥3 步。自动扶梯主要技术参数见表 7.4.3。

表 7.4.3 自动扶梯主要技术参数

提升高度（m）	速度 v（m/s）	最大倾斜角度	水平运行梯级长（mm）	水平梯级数	备注
$H \leqslant 6$	$\leqslant 0.5$	35°	800	2 步	0.5m/s、1m 宽梯级、2～3 步水平梯级的扶梯应用最为普遍，适用于商业、办公等建筑。
	$0.5 < v \leqslant 0.65$	30°	1200	3 步	
	$0.6 < v \leqslant 0.75$	30°	1600	4 步	
$H > 6$	$\leqslant 0.5$	30°	1200	3 步	0.6m/s、1m 宽梯级，3 步水平梯级适用于地铁、机场等交通建筑
	$0.5 < v \leqslant 0.65$	30°	1200	3 步	
	$0.65 < v \leqslant 0.75$	30°	1600	4 步	

【说明】自动扶梯常采用 30°倾斜角度。当改造项目受条件限制时可采用 35°倾斜角度，但提升高度不应超过 6m，额定速度不应大于 0.5m/s。

7.4.4 自动扶梯、自动街道运送能力受梯级宽度和运行速度影响，见表 7.4.4。

表 7.4.4 自动扶梯、自动人行道最大输送能力（人/h）

梯级或踏板宽度（m）	名义速度（m/s）		
	0.5	0.65	0.75
0.6	3600	4400	4900
0.8	4800	5900	6600
1.0	6000	7300	8200

注：1. 本表摘自《自动扶梯和自动人行道的制造与安装安全规范》GB 16899—2011 表 H.1。

2. 使用购物车和行李车时将导致输送能力下降约 80%。

3. 对踏板宽度大于 1m 的自动人行道，其输送能力不会增加，因为使用者需要握住扶手带，额外的宽度供购物车和行李车使用。

【说明】自动扶梯常用梯级宽度为 0.6m、0.8m、1m。1m 宽度梯级可满足一人站立的同时一人通过；0.8m 梯级可满足一人站立的同时一人侧身通过；0.6m 梯级可满足一人站立。

7.4.5 自动扶梯起止端应预留足够的缓冲空间供人员通行和等候，出入口畅通区最小尺寸见图 7.4.5。当有密集人流穿行时，应适当加大畅通区。商业建筑 3m 范围内不得兼做他用。

【说明】人员密集的公共场所如交通客运站、地铁站、大中型商店、医院等其畅通区宽度不宜小于 3.5m。

7.4.6 自动扶梯梯级或自动人行道踏板上空，垂直净高不应小于 2.3m，见图 7.4.6。

7.4.7 自动扶梯和倾斜式自动人行道与水平楼板搭接有三种处理方式，见图 7.4.7。

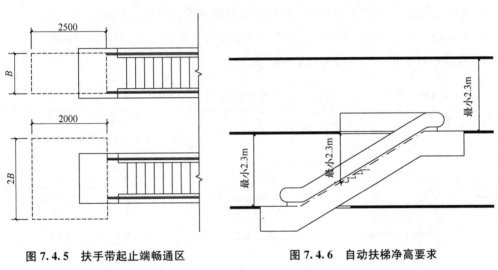

图 7.4.5 扶手带起止端畅通区

注：B 为自动扶梯宽度。

图 7.4.6 自动扶梯净高要求

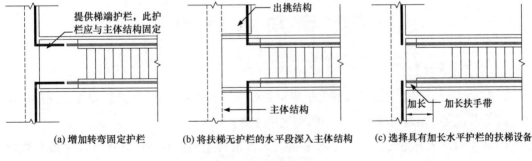

(a) 增加转弯固定护栏　　　　(b) 将扶梯无护栏的水平段深入主体结构　　　　(c) 选择具有加长水平护栏的扶梯设备

图 7.4.7 楼板搭接方式

7.4.8 其他设计要点

1. 当自动扶梯所在楼层与下层为不同防火分区时，其下机坑包封应达到楼板耐火极限要求。当下层为电气用房时，宜采用钢筋混凝土楼板包封。

2. 自动扶梯不宜运载超大、超重物品或手推车，装载后手推车的最大重量不应大于

160kg。为防止手推车进入，可在自动扶梯出入口外0.2~0.3m处设置间距不大于0.5m的限制立柱。

3. 当提升高度大于9m时，宜在扶手带外侧增设高度大于1.2m的安全护栏。

4. 根据无障碍设计要求，可在扶梯入口处设置地面提示铺装，也可选配语音提示装置。

5. 自动扶梯扶手带外缘至相邻楼板或构件装饰完成面水平距离应≥0.5m。当小于0.5m时，应在外盖板上方设置无锐利边缘的垂直防碰挡板，挡板高度不应小于0.3m。当自动扶梯一侧为封闭的垂直墙面时，扶手带外缘至墙面装饰完成面的水平距离应≥80mm。

6. 自动扶梯与水平楼板连接处，防护栏杆与扶手带之间的净距应≤0.11m。

7. 自动扶梯基坑深度不宜小于1.2m，当位于室外时底坑内应设排水设施。

8. 当自动扶梯跨度超过15m时，可设中间支撑或增加扶梯桁架高度。

9. 当自动扶梯设置在室外时，无论是否设置雨篷，均应全长设置排水系统。

7.4.9 自动扶梯水平运行梯级的长度见图7.4.9。

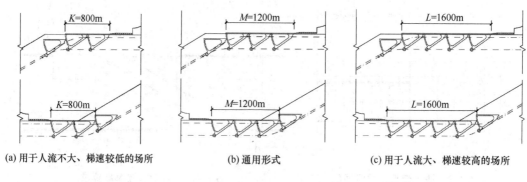

(a) 用于人流不大、梯速较低的场所　　　(b) 通用形式　　　(c) 用于人流大、梯速较高的场所

图7.4.9　水平运行梯级

7.5　自动人行道

7.5.1　主要技术参数

1. 自动人行道的主要技术参数包括步道长度（结构搭接长度）、踏板宽度、速度、角度、扶手带高度、前后机坑尺寸、中间机坑尺寸等。

2. 水平自动人行道无倾角。非水平自动人行道常应用于有楼层转换且需手推车载物的区域（如：超市、机场航站楼等），倾角一般为6°~12°。

3. 自动人行道的踏板宽度分为0.8m、1m、1.2m、1.4m。当倾角≥6°时，最大踏板宽度为1m。

【说明】1m梯级可满足一人站立的同时一人通过，1.2m梯级可满足一人拉行李站立的同时一人通过，1.4m梯级可满足一人拉行李站立的同时另一人拉行李通过。机场航站楼常采用1.4m宽梯级，超市常采用1m宽梯级。

7.5.2 自动人行道最大输送能力见表7.4.4。

7.5.3 自动人行道不宜运载超大、超重物品或手推车。为防止手推车进入，可在自动人行道出入口外0.2～0.3m处设置间距不大于0.5m的限制立柱。当采用有角度的自动人行道且可运载手推车时，装载后手推车的最大重量不应大于160kg，且应具有车轮自锁功能。

7.5.4 为确保人员安全，自动人行道上行和下行通道入口处应设缓冲区，最小尺寸见图7.4.5。

7.5.5 自动人行道应设通长底坑，两端底坑深度应≥1.2m，中间底坑深度应≥0.6m。自动人行道结构支撑梁间距应≤9m。常用底坑尺寸见表7.5.5。

表7.5.5 常用自动人行道底坑尺寸 (m)

自动人行道	踏步宽度		
	1.0	1.2	1.4
两端底坑（长×宽×深）	6.0×1.6×1.2	6.0×1.8×1.2	6.0×2.0×1.2
中间底坑（长×宽×深）	通长×1.6×0.6	通长×1.8×0.6	通长×2.0×0.6

7.5.6 自动人行道支撑结构的设计荷载应在其自重的基础上增加5kg/m²。

7.5.7 自动人行道端部与结构搭接宽度不应小于0.15m，搭接面与建筑完成面高差不应小于0.15m。

8 服 务 空 间

8.1 自 行 车 库

8.1.1 一般规定

1. 自行车库是指独立设置或附设于建筑内部的室内自行车停放场所及其服务空间。自行车库设计应符合现行国家标准《建筑设计防火规范》GB 50016 和现行行业标准《车库建筑设计规范》JGJ 100 的规定。

2. 自行车库应与机动车库分开设置。轻便电动摩托车、电动摩托车、摩托车、动力三轮车、微型电动汽车等机动车辆不应停放在自行车库中。

3. 当自行车库中停放有电动自行车时，应符合现行国家及地方电动自行车车库的标准和规定，北京地区应符合现行地方标准《电动自行车停放场所防火设计标准》DB 11/1624 的规定，其他地区参照执行。

8.1.2 平面布局及流线

1. 可按每个自行车停车位 1.5～1.8 m² 估算建筑面积。

2. 停车流线应与功能流线相结合。

3. 自行车应分组、分段停放，每段长度宜为 15～20m，段与段之间应设通道或出口，通道宽度应符合《车库建筑设计规范》JGJ 100—2015 第6.3.3条的规定。

【说明】第2款举例说明，住宅楼内住户停车流线应与归家路线相结合，办公楼内员工停车流线应与上下班路线相结合。

8.1.3 应根据自行车外廓尺寸合理布局自行车库，外廓尺寸见表8.1.3。

表 8.1.3 自行车设计车型外廓尺寸

车型	车辆几何尺寸（m）		
	长度	宽度	高度
普通自行车	1.90	0.60	1.20
电动自行车	2.00	0.80	1.20

注：本表摘自《车库建筑设计规范》JGJ 100—2015 表6.1.1。

8.1.4 自行车停车方式可采用垂直式和斜列式，停车位和通道宽度见表8.1.4。

表 8.1.4　自行车停车位和通道宽度

停车方式		停车位宽度（m）		车辆横向间距（m）	通道宽度（m）	
		单排停车	双排停车		一侧停车	两侧停车
垂直排列		2.00	3.20	0.60	1.50	2.60
斜排列	60°	1.70	3.00	0.50	1.50	2.60
	45°	1.40	2.40	0.50	1.20	2.00
	30°	1.00	1.80	0.50	1.20	2.00

注：1. 本表摘自《车库建筑设计规范》JGJ 100—2015 表 6.3.3。
　　2. 表中角度为自行车车身与通道之间的夹角。

8.1.5　单层自行车库停车区净高不应小于 2m，不宜小于 2.2m。当采用双层自行车停车架时，双层停车区域净高不应小于 2.6m。

8.1.6　自行车库出入口应与机动车库出入口分开设置，且出地面处的最小距离不应小于 7.5m。

【说明】《车库建筑设计规范》JGJ 100－2015 第 6.2.2 条原文是"宜"，此处从严要求。

8.1.7　停车数量不大于 500 辆时，可设置一个直通室外的带坡道的出入口；超过 500 辆时应设两个或两个以上出入口，且每增加 500 辆宜增设一个出入口。自行车库出入口净宽不应小于 1.8m。

8.1.8　出入口可采用踏步式或坡道式，踏步式出入口宜采用中间为人行踏步两侧为推行坡道的形式，人行踏步单向净宽不应小于 0.55m，推行坡道单向净宽不应小于 0.35m，坡度不宜大于 25％。坡道式出入口是只设坡道的人车混行的出入口形式，一般用于停放电动自行车等重量较大的非机动车库，坡度不宜大于 15％。

8.1.9　出入口宜采用直线形坡道，当坡道长度超过 6.8m 或转换方向时应设休息平台，平台长度不应小于 2m，且应保持自行车推行的连续性。

8.1.10　室外地面通往地下自行车库的坡道出入口处，应设置不小于 0.15m 高的反坡，且宜设置与坡道同宽的截水沟，防止雨水倒灌。

8.2　卫　生　间

8.2.1　公共卫生间一般规定

1. 宜靠近公共交通或交流空间设置公共卫生间。男、女卫生间宜相邻布置，出入口不宜直接开向公共空间。

2. 男、女卫生间应分别设置前室，应做视线分析，避免直视或通过镜子、玻璃等反射介质看到厕位区。人流较大或卫生要求较高的卫生间宜采用"迷宫式"入口，如有临时封闭需求，入口可设常开门。

3. 人员密集场所公共卫生间走道长度大于 3m 时，走道宽度不宜小于 1.8m。

4. 在墙体上预埋设备管线时，单侧安装洁具的墙体厚度不宜小于 0.15m，双侧安装洁具的墙体厚度不宜小于 0.2m。当在混凝土墙或其他承重墙上安装洁具时，应贴砌不小于 0.1m 厚的轻质墙体作为管线预埋空间。

5. 不宜在卫生间与办公、宿舍、病房等房间相邻的墙上安装水箱等易产生噪声的设备，否则应采取隔声措施。

6. 当采用蹲便器时，宜通过结构降板使厕位地面与卫生间地面齐平。做法厚度不宜小于 0.4m。

8.2.2 公共卫生间的厕位和洁具配置数量应符合现行行业标准《城市公共厕所设计标准》CJJ 14 和各类建筑设计标准的规定，其余建筑类型应执行各自的设计标准。对于没有明确规定的场所，配置标准可参考相似的使用场所。

1. 男、女卫生间中坐便器数量不应少于各 1 个，当条件具备时，可全部采用坐便器代替蹲便器。对于境外工程，应结合当地人群的使用习惯确定采用坐便器或蹲便器。

2. 男卫生间中坐便器、小便器数量不应少于各 1 个。

3. 小便槽应按 0.65m 长度计作 1 件小便器。

4. 对不能明确使用人数的场所，可采用消防疏散人数的 60%～80% 作为卫生洁具计算的依据。

5. 体育场馆供观众使用的卫生间，女厕位与男厕位（含小便站位）的比例不应小于 2∶1，厕位数应符合《城市公共厕所设计标准》CJJ 14—2016 第 4.2.4 条的规定。

6. 剧场中供观众使用的卫生间，卫生器具数量应满足现行行业标准《剧场建筑设计规范》JGJ 57 的相关规定。

【说明】第 1 款蹲便器不适用于无障碍人群，大型公共建筑宜全部设置坐便器，但卫生条件较差或考虑主要使用人群习惯等因素，也可部分采用蹲便器，但至少应设一个坐便器供无障碍人员使用。目前大部分国外人群习惯使用坐便器，境外工程在造价允许的情况下，宜选用坐便器。

8.2.3 公共卫生间洁具和配套设施选型

1. 卫生洁具（坐便器、蹲便器、小便器）分为下排水和后排水两种类型。下排水卫生洁具的下水管应避让结构梁，下水管与梁之间的净距不应小于 50mm。后排水洁具后侧宜设置净宽不小于 0.6m 的设备管井。

2. 坐便器、蹲便器冲洗装置分为水箱和冲洗阀两种，水箱节水性能优于冲洗阀。水箱分为明装式和暗装式，暗装水箱安装厚度不宜小于 0.2m，且应预留设备检修口。

3. 宜采用感应龙头和感应式坐便器，小便器可采用自动感应开关或脚踏开关。

4. 宜采用镜子与洗手液、纸巾盒相结合的一体化独立镜箱。

8.2.4 公共卫生间厕所隔间

1. 内开门厕所隔间，蹲便器或坐便器前端至门净距不应小于 0.8m。

2. 当厕所隔间需增加行李放置空间时，外开门隔间深度宜增加 0.2m，内开门隔间宽度宜增加 0.2m，见图 8.2.4。

3. 厕所隔间宜设置独立排风口。

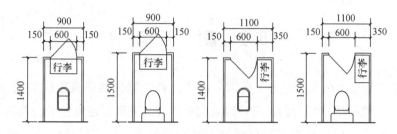

图 8.2.4　需放置行李的厕所隔间平面尺寸

8.2.5 小便槽单侧布置时，设备外沿至对面墙面或隔间的净距不应小于 1.1m。

8.2.6 人员停留时间较长的公共场所宜设置开水间，包括开水设施、洗池和篦水设施，开水设施应有明显的标志和防误开等功能。有儿童活动的场所，开水设施应设有儿童防护措施。

8.2.7 公共建筑宜每层设置清洁间，内设清洁池、挂钩及存放清洁用具的空间。保洁人员休息室可与清洁间合并设置。

8.2.8 住宅卫生间宜采用同层排水，北京地区应采用同层排水。当为同层排水时，可采用结构降板或选用后排水洁具。当采用结构降板时，应设结构楼板和楼面双层防水。

【说明】同层排水是将排水横管设置于本层楼板之上，检修时避免影响下层，但对本层地面破坏较大，适用于下部为私人空间且不易到达的情况。异层排水是将上层卫生间的排水管悬吊于下层顶板下，检修时需利用下层空间，适用于下部为公共区域的情况。同层排水应执行现行行业标准《建筑同层排水工程技术规程》CJJ 232。当同层排水不降板时，应采用后排水洁具，避免卫生间与走道之间形成高差，不利于无障碍通行。

8.2.9 整体卫生间

1. 应符合《装配式整体卫生间应用技术标准》JGJ/T 467—2018 的规定。

2. 宜采用同层排水。当采取结构降板时，降板范围和高度应根据卫生器具布置、防水盘厚度、管道尺寸及敷设路径等因素确定。

3. 内部净尺寸宜为基本模数 100mm 的整数倍。

4. 预留安装尺寸。

1）壁板与外围合墙体之间预留安装尺寸如下：

当无管线时不宜小于 50 mm；

当敷设给水或电气管线时不宜小于 70 mm；

当敷设洗面器墙排水管线时不宜小于 90mm。

2）当采用降板时，防水盘与其安装结构面之间预留安装尺寸如下：

当采用异层排水方式时不宜小于110mm；

当采用同层排水后排式坐便器时不宜小于200mm；

当采用同层排水下排式坐便器时不宜小于300mm。

3）顶板与顶部结构最低点的间距不宜小于250mm。

8.3 厨　房

8.3.1 公共厨房包括单建或附建在旅馆、商业、办公等公共建筑中的餐馆（厅）、快餐店、饮品店、食堂等餐饮场所的厨房，以及宿舍、公寓等居住建筑中的公共厨房。住宅厨房包括各类住宅、公寓、别墅等居住建筑中的套内厨房。厨房设计应符合现行国家标准《住宅设计规范》GB 50096和现行行业标准《饮食建筑设计标准》JGJ 64等的规定。装配式住宅厨房应符合现行行业标准《装配式住宅设计选型标准》JGJ/T 494、《装配式住宅建筑设计标准》JGJ/T 398的规定。

8.3.2 厨房作为食品加工场所，应注意防水、防火，防止有害气体泄漏，防止气、水、声、有机垃圾等对环境的污染，避免影响或干扰其他房间的使用，应满足节能、环保等相关要求。

8.3.3 公共厨房平面布置应符合功能组成和流程，确保从低清洁区到高清洁区的供餐流线，功能流程如图8.3.3所示。

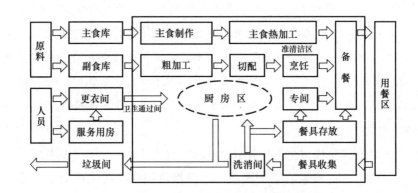

图8.3.3　公共厨房功能流程示意图

注：1. 清洁操作区包括专间、专用操作区、备餐区（间）。

　　2. 准清洁操作区包括主食加工区、烹饪区、餐具存放区。

　　3. 一般操作区包括粗加工制作区、切配区、餐具用具清洗消毒区和食品库房等。

8.3.4 当酒店、食堂等公共建筑中餐饮规模较大时宜设置中央厨房，主要用于食品储藏、粗加工、糕点加工等，进货区、食品加工区、糕点制作区流程见图8.3.4-1～图8.3.4-3。

8.3.5 宜分开设置原料通道及入口、成品通道及出口、使用后餐饮器具的回收通道及入

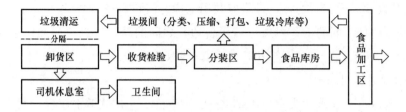

图 8.3.4-1 公共厨房进货区功能组成和流程示意

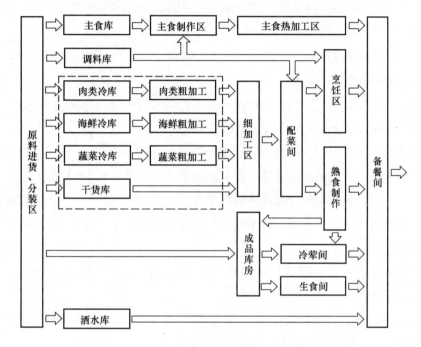

图 8.3.4-2 公共厨房食品加工区功能组成和流程示意

注：1. 清洁操作区包括专间、专用操作区、备餐区（间）。

2. 准清洁操作区包括主食加工区、烹饪区、餐具存放区。

3. 一般操作区包括粗加工制作区、切配区、餐具用具清洗消毒区和食品库房等。

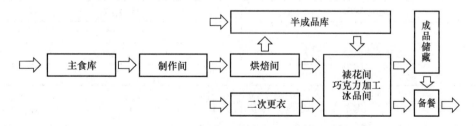

图 8.3.4-3 公共厨房糕点制作区功能组成和流程示意

口，当无法分设时，应在不同时段分别运送原料、成品和使用后的餐饮器具，或使用无污染的方式覆盖运送成品，确保生熟分离、洁污不交叉、不反流。

8.3.6 厨房与餐厅宜同层设置，当不同层时，餐厅层应设置备餐间，并应设置不少于2

部食梯。应分设食品梯和污物梯，且不应共用电梯井道和前室。

8.3.7 公共厨房加工间的工作台边（或设备边）之间的净距，当单面操作且无人通行时不应小于 0.9m，有人通行时不应小于 1.2m；当双面操作且无人通行时不应小于 1.2m，有人通行时不应小于 1.5m。

8.3.8 公共厨房洗手池水龙头宜采用脚踏式、肘动式、感应式等非手触动式开关。

8.3.9 厨房专间、备餐区等清洁操作区内不得设置排水明沟，地漏应能防止浊气逸出。清洁操作区宜采用排水沟，排水沟内表面应为不锈钢或釉面砖等光滑、不易挂油污的饰面材料，排水沟内阴角宜为圆弧形，沟内坡度宜为 1%～2%。

8.3.10 公共厨房中设置冷库时应符合现行国家标准《冷库设计规范》GB 50072 的规定。

8.3.11 公共厨房室内设计要求

1. 楼地面应满足防水、防滑、易冲洗的要求，应向排水沟或地漏找 0.5%～1% 的坡。地面及排水沟的排水方向应从高清洁区至低清洁区。

2. 设排水沟区域楼面做法厚度不宜小于 0.3m。

3. 厨房内和出入口处不宜有高差，当有高差时宜设置不小于 1:8 的坡道。

4. 墙面宜采用釉面砖，铺设高度不应低于 1.5m，当有吊顶时宜高于吊顶 0.1m。

5. 宜采用金属板吊顶，水蒸气较多的房间顶棚应设不小于 1% 的坡或采取其他避免凝结水滴落的措施。

6. 外门和外窗应设置易拆洗且不易生锈的防蝇纱网，外门和专间门应能自动关闭，除专间的食品传递窗外，内窗均应不可开启。

8.3.12 需由专业厨房公司进行详细工艺设计的公共建筑厨房，建筑设计应完成基本的流线设计和功能分区并预留土建和机电条件。

8.3.13 住宅厨房

1. 住宅厨房最小净宽见表 8.3.13。

表 8.3.13　住宅厨房净宽

厨房设备布置形式	厨房净宽（m）
单面布置	≥1.5
L形布置	≥1.8
双面布置	≥2.1

2. 设备布局应符合洗、切、烧的操作流程，操作面延展长度不宜小于 2.1m，燃气灶不宜贴临外窗布置。应预留排油烟机、燃气热水器安装位置，并设单相三孔电源插座。

3. 开敞式厨房不应采用燃气灶具。

4. 厨房地面不宜设地漏，当设有地漏时应采取防返异味措施，并设置防水层和适当的排水坡度。

5. 吊柜宜固定在承重墙上，当固定在非承重墙上时，应采取安全可靠的构造措施。

8.4 设 备 机 房

8.4.1 一般规定

1. 本节包含民用建筑常用设备机房,不包含体育、酒店、医疗等建筑内的特殊机房。

2. 应靠近负荷中心且便于市政管线接入和机电管线进出。

3. 泵房、柴油发电机房等安装有振动设备的机房应采取减振、降噪措施,应采用吸声墙面、吸声顶棚、隔声门窗等。设备宜采用隔振基座,管道支架和穿墙、穿楼板处宜采取防固体传声措施。当设备机房与办公、居住等噪声敏感房间相邻时,隔声、减振措施见本书第9.6.6条。

4. 设备机房挡水或挡油门槛设置要求见表8.4.1。

表 8.4.1 门槛设置要求

类别	使用位置	门槛高度
挡水门槛	1. 水泵房、水箱间等有水机房。 2. 消防控制室、变配电室等强、弱电机房	不宜小于 0.15m
	电气管道井	不应小于 0.10m
挡油门槛	燃油锅炉房、柴油发电机房及其储油间	不应小于 0.15m

5. 应采取防止雨、雪和小动物从开启窗、通风口或其他洞口进入机房的措施。

6. 应合理预留设备安装、操作和检修空间。至少有一个出入口应满足最大设备运输要求,其净宽和净高应按最大运输件加 0.3m 确定。

7. 可通过设备吊装孔或汽车坡道更换大型设备,汽车坡道和楼板应满足设备荷载要求,影响运输的走道墙体可运装完毕后再行砌筑。

8. 进、排风口位置应符合现行国家标准《民用建筑供暖通风与空气调节设计规范》GB 50736、《建筑防烟排烟系统技术标准》GB 51251 等的规定。

9. 设备机房开向建筑内门的耐火极限应满足现行国家标准《建筑设计防火规范》GB 50016、《民用建筑电气设计标准》GB 51348 的规定,当标准未明确时应参照相同火灾危险性类别房间的要求。

1)《民用建筑电气设计标准》GB 51348—2019 第 23.4.2 条第 1 款规定消防控制室应采用甲级防火门。

2)燃气表间、隔油间应采用甲级防火门。

3)强、弱电间应采用丙级防火门。

【标准摘录】《建筑设计防火规范》GB 50016—2014(2018 年版)第 6.2.7 条:通风、空气调节机房和变配电室开向建筑内的门应采用甲级防火门,消防控制室和其他设备房开向建筑内的门应采用乙级防火门。

【说明】第1款特殊机房包括体育建筑内的电台和电视转播机房、酒店建筑内的泳池机房、医疗建筑内的配液净水机房等。

8.4.2　消防控制室

1. 附设在建筑物内的消防控制室宜设置在首层或地下1层，并宜靠外墙设置。

2. 应临近消防车道，便于消防队员进出。

3. 不应设置在有较强电磁场干扰的房间附近，如高压开关室、变配电室、柴油发电机房等。当邻近其他弱电机房时应采取有效的电磁屏蔽措施。

4. 严禁无关的设备管线穿过。

5. 可单独设置，也可与安防控制室、建筑设备监控室等合并设置，合用控制室内应集中设置消防控制设备，且与其他设备有明显分隔。

6. 消防分控室的土建设计标准同消防控制室。

8.4.3　消防水池和消防水泵房

1. 附设在建筑内的消防水泵房，不应设置在地下3层及以下或室内地面与室外出入口地坪高差大于10m的地下楼层。

2. 消防水泵房应靠近消防水池或在同一房间内。

3. 检修人孔宜靠近消防水池补水检修阀门，当附近有梁等结构构件时，人孔与结构构件之间的净距应≥0.8m。

4. 消防水池总蓄水有效容积大于500m³时，为确保检修和清洗时的消防安全，应分设两格可独立使用的消防水池。

5. 消防水泵房的疏散门应设置在安全出口的视线范围内，便于操作人员在火灾时快速进入。

6. 设在屋顶上的消防水池、水箱间不应设在电梯机房的直接上层。

7. 消防水池宜采用刚性防水加柔性防水的做法，柔性防水应设保护层。为便于柔性防水层的施工，消防水池内壁转角处应为135°。

【说明】第7款不推荐采用玻璃钢内衬做法。在狭小密闭、通风不良的水池内施工时，5布7涂玻璃钢内衬做法厚度不应小于5mm，施工时间长，有害气体、粉尘多，对施工防毒措施要求高，不利于施工人员的身体健康。

8.4.4　变、配电室

1. 应符合现行国家标准《民用建筑电气设计标准》GB 51348、《20kV及以下变电所设计规范》GB 50053、《建筑电气与智能化通用规范》GB 55024等的规定。

2. 平面位置应便于进出线，宜靠外墙设置。

3. 变压器室宜采用自然通风，当不具备自然通风条件时应采用机械通风。

4. 电压为35kV、20kV或10kV的高压配电室宜设不能开启的自然采光窗，窗台距室外地坪不宜低于1.8m，当高度小于1.8m时，窗户应采用不易破碎的透光材料或加装格栅、防护栏杆等。低压配电室可设能开启的自然采光窗，但不宜朝向临街一侧。

5. 当电缆夹层、电缆沟和电缆室需设排水措施时，可设深度不小于 0.3m 的集水坑。电缆管线进、出口处应设有挡水板并采取防水砂浆封堵等措施。

6. 不应在变、配电室内设置高、低压开关柜电缆沟的检查人孔、手孔，无关管道（雨水、天然气、上、下水等）不应穿过变、配电室。

7. 配电室、变压器室、电容器室的顶棚以及变压器室的内墙面不应抹灰，避免抹灰脱落造成房间内裸露带电体的短路事故。

8. 位于地下室且顶板上方为室外地面或绿化土层时，应确保顶板防水系统的可靠性。

【说明】变电所功能用房一般包括：高压分界室、高压配电室、变压器室、低压配电室、电容器室、值班室等。有高压设备或线路的电气用房主要包括高压分界室、高压配电室、变压器室和电容器室等。

8.4.5 柴油发电机房

1. 应符合现行国家标准《民用建筑电气设计标准》GB 51348、《20kV 及以下变电所设计规范》GB 50053 等的规定。

2. 柴油发电机房宜单独建造。

3. 民用建筑内的柴油发电机房宜布置在首层或地下 1、2 层，不应布置在人员密集场所的上一层、下一层或贴邻。当地下室为 3 层及以上时不宜设在最底层。

4. 应设洗手盆和便于清洗地面的洗涤槽。

5. 值班室及有人员值守的控制室应设独立出入口。

6. 至少设一个高度不小于 2.3m、宽度不小于 1.8m 的设备出入口。

【标准摘录】《建筑防火通用规范》GB 55037—2022 第 4.1.5 条第 2 款：建筑内单间储油间的燃油储存量不应大于 1m³。油箱的通气管设置应满足防火要求，油箱的下部应设置防止油品流散的设施。储油间应采用耐火极限不低于 3.00h 的防火隔墙与发电机间、锅炉间分隔。

【说明】第 5 款机房内的火灾危险性主要来自柴油发电机组和储油间的燃油及相应的配电电缆，人员疏散应避开危险区域。

8.4.6 锅炉房

1. 锅炉房设计应符合现行国家标准《锅炉房设计标准》GB 50041 的规定，可参考国标图集 14R106《民用建筑内的燃气锅炉房设计》、07J306《窗井、设备吊装口、排水沟、集水坑》、14J938《抗爆、泄爆门窗及屋盖、墙体建筑构造》等。

2. 当确需布置在民用建筑内时，不应布置在人员密集场所的上一层、下一层或贴邻。

3. 疏散门应直通室外或安全出口，需经过一段疏散走道通向安全出口的，应设置在易于看到安全出口标识的位置，且走道长度不应超过 15m。

4. 泄压竖井可兼作吊装孔。

5. 宜设置值班室，锅炉间与值班室之间的防火隔墙上不宜开窗。

【标准摘录】《建筑设计防火规范》GB 50016—2014（2018 年版）第 5.4.12 条第 1
款：燃油或燃气锅炉房、变压器室应设置在首层或地下 1 层的靠外墙部位，但常（负）压
燃油或燃气锅炉可设置在地下 2 层或屋顶上。设置在屋顶上的常（负）压燃气锅炉，距离
通向屋面的安全出口不应小于 6m。

采用相对密度（与空气密度的比值）不小于 0.75 的可燃气体为燃料的锅炉，不得设
置在地下或半地下。

8.4.7　燃气表间

1. 应符合现行国家标准《城镇燃气设计规范》GB 50028 、《城镇燃气技术规范》GB
50494 等的规定。

2. 严禁在有安全隐患的场所安装燃气表，见《城镇燃气设计规范》GB 50028—2006
（2020 年版）第 10.3.2 条。当各地燃气公司对通风条件有详细规定时，应同时符合当地燃
气公司的规定。

3. 燃气表间采用的不发火花地面应符合《建筑地面工程施工质量验收规范》GB
50209—2010 附录 A 中《不发生火花（防爆的）建筑地面材料及其制品不发火性的试验方
法》的规定。

8.4.8　垃圾收集间

1. 民用建筑垃圾包括建筑垃圾和生活垃圾。生活垃圾分类应符合现行国家标准《生
活垃圾分类标志》GB/T 19095、现行行业标准《城市生活垃圾分类及其评价标准》CJJ/T
102 等的规定。

2. 公共建筑宜每层设置生活垃圾分类收集空间，应采用密闭容器收集、存放和转运
垃圾，应设通往服务电梯的专用通道。

3. 公共建筑宜在底层或地下层分别设置建筑垃圾、生活垃圾分级、分类存放和处理
空间，并设冲洗排污设施和清运专用通道。

4. 垃圾收集间、垃圾房、垃圾处理用房等应充分考虑防鼠、防污、防霉、耐酸碱、
耐腐蚀、防火、防水、耐擦洗的要求，应设不与邻室对流的自然通风或机械排风。

5. 具有餐饮功能的公共建筑应设置专用垃圾处理用房，垃圾处理流线应与有洁净、
卫生要求的其他流线适当分离，应单独收集并及时清运厨余垃圾。

6. 医疗废物的收集、暂存等应符合现行医疗建筑设计标准。

7. 住宅建筑内不应设置垃圾道，应在室外设置垃圾分类和收集设施。

【说明】第 1 款建筑垃圾也称建筑废弃物，是指建设、施工单位或个人对各类建筑物、
构筑物、管网等进行建设、铺设或拆除、修缮过程中所产生的渣土、弃土、弃料、淤泥及
其他废弃物。生活垃圾分为有害垃圾、可回收垃圾、厨余垃圾（湿垃圾）、其他垃圾（干
垃圾）四类。

第5款具有餐饮功能的公共建筑包括餐饮建筑、带有餐饮功能的商业、办公、酒店等。

8.4.9 真空垃圾收集系统

1. 真空垃圾收集系统由投放系统、输送管网、垃圾收集站组成，适用于高层办公、住宅、医疗等建筑中产生的厨余垃圾或其他垃圾，不适用于可回收物和有害垃圾的投放。

2. 每层应在便于投放且不易对室内卫生造成影响的位置设置垃圾投放口。当单独设置垃圾投放间时，房间门应为甲级防火门。

3. 当垃圾竖槽投影面积为 0.8m×1.35m、立管直径为 0.46m 时，垃圾投放口尺寸为 0.64m×0.61m，下边缘距地 0.75m。

4. 应减少垃圾输送管道的转弯次数，易堵塞位置应设置检修口。水平输送管道坡度不应大于 5°，转弯半径不应小于 1.8m，最终以设备具体技术参数为准。

5. 垃圾收集站净高不宜小于 4.5m，应设置风机、分离器、除臭过滤器、集装箱及压实机等设备及相应的控制系统。

6. 垃圾收集站应临近清运卡车停车位和装卸区。

【说明】真空垃圾收集系统利用风机产生的真空负压、高速气流，通过自动化控制程序，将垃圾通过预先设置的管道系统抽吸至垃圾收集站，经压缩、除臭等工序后收集到垃圾集装箱内，再由卡车定期清运。

清运卡车参考尺寸为 7.3m（长）×2.49m（宽）×3.1m（高），自重约 6t，含满载集装箱共约 10t。货运坡道净高不应小于 3.3m，最小转弯半径不应小于 18m，坡度不应大于 10°，最终以实际清运部门提供的数据为准。集装箱应一备一用，选型应与垃圾清运卡车相匹配。

8.5 机电竖井

8.5.1 机电竖井包含电缆井、管道井、进风或排风井（道）、排烟道、排气道等，应符合现行国家标准《民用建筑设计统一标准》GB 50352 和《建筑设计防火规范》GB 50016 的规定。

8.5.2 机电竖井的断面尺寸应满足管线安装、检修所需空间的要求。

1. 当竖井内设置金属风道时，为了降低安装难度，减小竖井面积，宜采用填充墙，金属风道与墙体之间的距离见图 8.5.2。

2. 当采用土建风道时，内壁应光滑。

3. 当多风管共用竖井时，若安装空间不足，可与专业工程师协商采用共板法兰。

【说明】当竖井两侧为填充墙时，若风管长度或宽度不超过 0.5m，安装人员可在风管外侧操作墙角处连接螺栓，风管两侧预留 0.15m 即可；若风管长度或宽度超过 0.5m，安

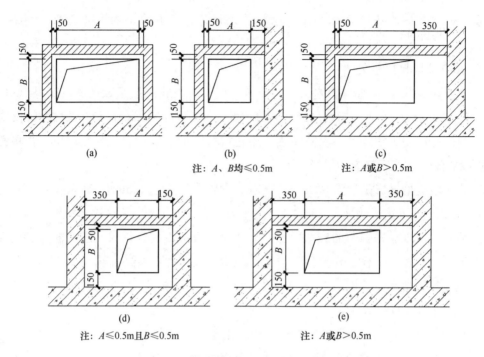

图 8.5.2 金属风道与墙体之间的距离

装人员需进入风管与墙体之间的空间操作墙角处螺栓,因此应保证至少一边的距离不小于0.35m。当竖井仅有一侧为填充墙时,若风管长度或宽度不超过0.5m,安装人员需进入风管与墙体之间的空间操作墙角处螺栓,因此应保证至少一边的距离不小于0.35m。若风管长度或宽度超过0.5m,安装人员需进入风管与墙体之间的空间操作墙角处螺栓,因此两边的距离均不应小于0.35m。

8.5.3 根据管线种类、数量和检修要求,可采用预留套管、结构板洞和后浇板等多种施工方式。

1. 需要检修人员进入的机电竖井,当管线较多时采用后浇板,当管线较少时可预留套管。

2. 电气竖井宜预留结构板洞,线缆敷设完毕后做防火封堵。

3. 当竖井内仅设不需检修的通风管时,宜预留结构板洞,风道安装完毕后做防火封堵。

【说明】第1款采用后浇板既方便施工又能保证层间封堵的严密性。

8.5.4 应在每层楼板处采用不低于楼板耐火极限的不燃材料或防火封堵材料封堵。根据管道与楼板之间空隙的大小,封堵材料可采用膨胀型防火密封胶、防火板、防火泥及防火枕等。在造价允许的前提下,建议选用防火密封胶或防火板封堵,见图8.5.4-1~图8.5.4-5。

8.5.5 宜在每层临公共区域一侧设丙级防火检修门,门槛或竖井内楼地面应高出本层楼

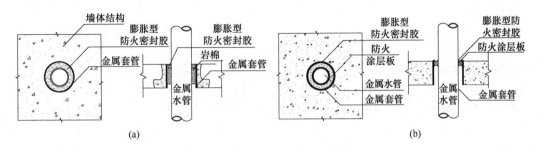

图 8.5.4-1 金属水管（无保温棉）穿楼板防火封堵

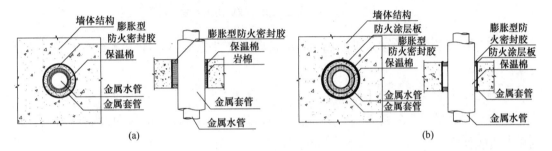

图 8.5.4-2 金属水管（有保温棉）穿楼板防火封堵

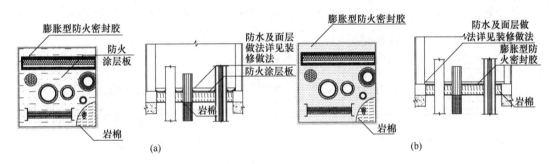

图 8.5.4-3 群管穿楼板防火封堵（应能承受检修荷载）

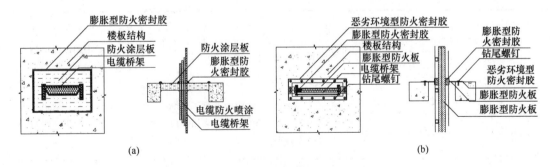

图 8.5.4-4 电缆（带槽盒）穿墙及楼板防火封堵

地面不小于 0.1m，检修门（口）应符合下列规定：

1. 当管线较少时可在阀门处设置检修口，其尺寸应能满足阀门检修要求且不得小于 0.2m×0.2m。

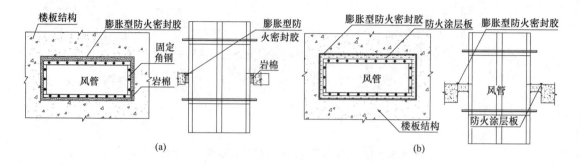

图 8.5.4-5　大型风管穿楼板防火封堵

2. 电气竖井检修门净宽不应小于 0.8m，弱电竖井检修门宽度应满足弱电柜进入的要求。

3. 设备竖井检修门净宽不应小于 0.5m，无检修要求的通风道可不设置检修门。

4. 当竖井内管线一字排开时，为节省检修空间，可对应管线范围加大检修门宽度，利用走道兼检修空间。

5. 为便于人员进入清洁维护，大型土建风道应设置检修门，其气密性不宜低于 6 级。

6. 当污水、废水排水立管的检修门设置确有困难时，可设置检修手孔，尺寸不宜小于 0.3m×0.3m，中心距楼地面宜为 1m。住宅排水立管应每层设置检修口。

8.5.6　住宅排气道

1. 住宅排气道包括用于排油烟的排气道和用于排燃气、烟气、浊气的排气道。

2. 厨房排油烟可分为外排和内排，详见表 8.5.6，宜采用外排方式，且应在室外排气口处设置风帽等防风和防污染环境的构件。

表 8.5.6　厨房排油烟方式

排油烟方式	优点	缺点	备注
外排：通过外墙水平直排至室外	总路径短，排烟快速，节省面积，节约成本	排烟管长，部分窄面宽户型不能实现，可能污染外墙立面	近年油烟机产品的改进和生活习惯的改变，墙面污染问题得到改善
内排：接入用于排油烟的竖向排气道	排烟管短，不影响外墙立面	总路径长，排烟效果低于外排，存在倒灌、串味的可能，占用面积，增加建造成本	近年油烟机、烟道等产品的改进，串味问题得到改善

注：本表依据《住宅设计规范》DB11 1740—2020 第 10.5.3 条条文说明，结合项目经验编制。

3. 严寒、寒冷、夏热冬冷地区的厨房除设置排油烟设施外，还应单独设置用于全面通风的自然通风设施，包括排气道或外墙通风口、通风器等其他换气设施。

4. 为确保有效排气，厨房、卫生间应设进（补）风通道，宜采用门缝、门百叶、窗式通风器等自然或机械换气设施。

5. 无外窗卫生间和严寒、寒冷、夏热冬冷地区有外窗的卫生间，应设置防止回流的机械通风设施或预留机械通风设置条件。

6. 无外窗的卫生间应设置竖向共用排气道，厨房宜设置竖向共用排气道，排气道应防止串味、串烟和串火。

7. 同一层的厨房应单独设置排气道。

8. 卫生间与厨房应分设排气道，套内毗邻卫生间可共用排气道。

9. 排气道应采用防层回流的定型产品，尺寸应根据建筑楼层总层数确定，楼板预留洞口应在排气道截面长短边尺寸基础上各边增加 50mm。

10. 排气道伸出屋面高度应符合现行国家标准《民用建筑设计统一标准》GB 50352 的规定。

【说明】第 3 款规定是确保冬天关闭外窗且排油烟机不运转情况下的通风效果。

窗式通风器分为自然通风器和动力通风器，在引入新风的同时还可净化空气、隔绝噪声、降低室内热损失。动力通风器可实现可控通风。

第 4 款通过门缝或开门从其他房间对厨房补风，易导致卫生间地漏反味，不利于卫生防疫，宜设置窗式通风器等进行通风、补风。

第 9 款排气道选型见国标图集 16J916-1《住宅排气道（一）》、华北标 BJ 系列图集 19BJ8-2《住宅排气道系统》。图纸上应标注排气道进气口位置及标高。

8.5.7 公共建筑内的送风道、排风道等宜采用管道送风。

【说明】由于密闭性和光滑度难以得到保证，不宜采用土建风道。

8.6 避难层（间）

8.6.1 建筑高度大于 100m 的公共建筑和住宅建筑应设置避难层。3 层及 3 层以上且总建筑面积大于 3000m² 的老年人照料设施和高层病房楼，考虑到行动不便人群的疏散安全，应在相应部位设置避难间。避难层和避难间设置要求见表 8.6.1。

表 8.6.1 避难层和避难间设置要求

类型	避难层	避难间
竖向位置	第一个避难层距离室外地面不大于 50m，避难层与避难层的间距不宜大于 50m	2 层及以上各层①
平面位置	避难区应与消防扑救场地相对应，对应扑救场地应设置可开启的乙级防火窗。 所有疏散楼梯均应在避难层分隔、错位或断开，应保证疏散人员在进入避难层时顺利进入避难区	病房楼避难间应靠近疏散楼梯。 老年人照料设施应在每个疏散楼梯相邻部位设置避难间。 可利用疏散楼梯或消防电梯前室合并设置

类型	避难层	避难间
面积	避难人数应按该避难层与上一避难层之间所有楼层的全部使用人数计算。 避难区面积宜按 4 人/m² 计算。 250m 以上的超高层建筑避难区面积应按 4 人/m² 计算	高层病房楼避难间服务的护理单元不应超过 2 个，每个护理单元净面积不应小于 25m²。老年人照料设施每个避难间净面积不应小于 12m²

注：1. 本表部分内容依据《建筑设计防火规范》GB 50016—2014（2018 年版）编制。其中避难层面积计算的人员密度由规范的 5 人/m² 提高至 4 人/m²。

2. ①超高层建筑内使用人数较少时，可用避难间代替避难层，避难间设置要求同避难层。

3. 避难人员均需经避难层上、下。

8.6.2 建筑最高使用层楼地面距最近避难层楼地面的高度不宜大于 50m。当屋面为具有公共使用功能的上人屋面时，屋面完成面距最近避难层楼地面间距不宜大于 50m。

8.6.3 避难层宜集中设置，当分开设置时应连通，楼梯转换路径上的走道面积不应计入避难面积。

8.6.4 当避难层兼作设备层时，层高不宜小于 4.5m，当其下一层为办公、酒店等功能楼层时，下一层的层高宜适当增加。

【说明】考虑到设备荷载和机电管线对下一层净高的影响，下一层层高宜增加 0.1～0.2m，可根据项目具体情况确定。

8.6.5 当避难层设有电梯机房时，层高应兼顾电梯冲顶高度和机房高度。

8.6.6 当避难层兼结构加强层时，应充分考虑结构构件对平面布置和净高的影响。

8.6.7 避难层楼板宜采用现浇钢筋混凝土楼板，楼板上部宜设置隔热层。

8.6.8 避难层的防烟系统不宜采用自然通风系统，当确需采用时，应在至少两个方向上设置外窗，外窗应采用乙级防火窗。北京地区超高层建筑避难区的防烟系统不应采用自然通风系统。

【说明】高空气流方向难以控制，超高层建筑避难层宜采用机械加压送风的防烟方式。北京地区地方标准《自然排烟系统设计、施工及验收规范》DB11 1025—2013 中，明确规定高度超过 100m 的高层建筑不应采用自然排烟系统。

8.7　屋顶停机坪

8.7.1 本节所述屋顶停机坪指在建筑物屋顶上供直升机起飞、降落和停留的设施，可用于消防救灾、医疗救护等功能，也为空中指挥、巡逻、搜捕、运输、航拍、游览等提供服务，应符合现行国家标准《建筑设计防火规范》GB 50016、现行行业标准《民用直升机场飞行场地技术标准》MH 5013 的规定。

8.7.2 屋顶停机坪按形态可分为以下三种类型：

1. 与楼梯间、机房等屋面凸出物同层布置，见图 8.7.2-1。

2. 设于楼梯间、机房等屋面凸出物之上，为常用类型，见图 8.7.2-2。

3. 悬挑于建筑之外，见图 8.7.2-3。

图 8.7.2-1 屋面停机坪

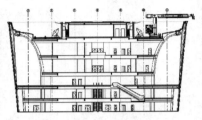

图 8.7.2-2 架空停机坪

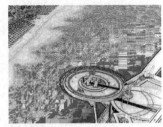

图 8.7.2-3 悬挑停机坪

8.7.3 屋顶停机坪为高架直升机场，含起降区、安全区、目视助航设施、疏散救援设施、避雷系统等，平面尺寸见图 8.7.3-1 及图 8.7.3-2。

1. 起降区通常为方形或圆形，其平面尺寸与备降直升机型号相关。圆形起降区直径应不小于直升机全尺寸，起降区坡度不得小于 0.5% 且不得大于 2%。

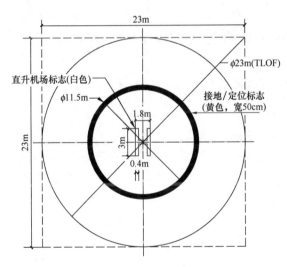

图 8.7.3-1 AC313 直升机停机坪尺寸

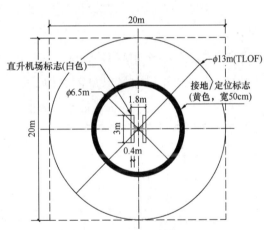

图 8.7.3-2 AC311 直升机停机坪尺寸

2. 在起降区外应有外延 3m 的安全区，其边长或直径应不小于直升机全尺寸的 2 倍。安全区与屋顶设备机房、电梯机房、水箱间、天线等固定突出物之间的距离不应小于 5m，其范围内不得有高于起降区的固定物体。

3. 目视助航设施指停机坪识别标志，为白色字母"H"，医院建筑停机坪识别标志应采用白色符号"+"及其中央的红色字母"H"表示。应设置最大允许质量标志，其数字和字母颜色应与背景有明显差别，颜色应具有耐久性，见图 8.7.3-3。

4. 当起降区平台高于周边 0.75m 以上，应在其外侧安装宽度不小于 1.5m、承载力不小于 1.22kN/m² 的安全网，其标高不得超过安全区标高及起降区障碍物限制要求，应确

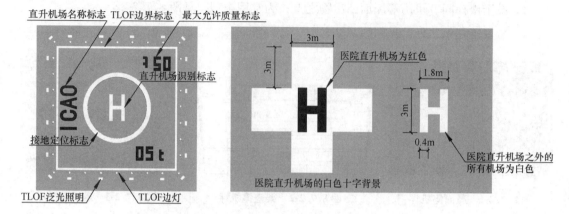

图 8.7.3-3 屋顶停机坪标识示意

注：本图摘自《民用直升机场飞行场地技术标准》MH 5013—2014。

保落入的人或物体不被弹出安全网区域。

5. 通向停机坪的出口不应少于 2 个，每个出口的宽度不宜小于 0.9m。在停机坪的适当位置应设置消火栓。

6. 应设置导航灯、着陆灯、泛光灯及导航监控机房，四周应设置航空障碍灯和应急照明。

7. 应设避雷带和接闪器，突出停机坪的金属构件应与避雷带连接。

8.7.4 常用大型民用直升机全尺寸见表 8.7.4。

表 8.7.4 常用大型民用直升机全尺寸（m）

	AC313 直升机	AC311 直升机
直升机全长 D	23.045	13.083
旋翼直径 RD	18.9	10.69
起落架横距 UCW	5.058	2.2
接地/离地区 TLOF0.83D	19.13	10.86
接地定位圆内径 0.5D	11.5	6.5

9 专项与专题

9.1 无 障 碍

9.1.1 新建、改建、扩建建筑均应进行无障碍设计，既有建筑改造应结合现有条件进行无障碍改造，无障碍相关设计依据见表 9.1.1。

表 9.1.1 无障碍相关设计依据汇总表

类别		标准名称	标准编号
国家标准		《无障碍设计规范》	GB 50763—2012
		《无障碍设施施工验收及维护规范》	GB 50642—2011
		《标志用公共信息图形符号 第9部分：无障碍设施符号》	GB/T 10001.9—2021
		《信息无障碍 第2部分：通信终端设备无障碍设计原则》	GB/T 32632.2—2016
		《中国盲文》	GB/T 15720—2008
		《肢体残疾人驾驶汽车的操纵辅助装置》	GB/T 21055—2007
		《城市公共交通设施无障碍设计指南》	GB/T 33660—2017
		《建筑与市政工程无障碍通用规范》	GB 55019—2021
		《〈建筑与市政工程无障碍通用规范〉图示》	在编
行业标准		《民用机场旅客航站区无障碍设施设备配置》	MH/T 5107—2009
		《信息无障碍 公众场所内听力障碍人群辅助系统技术要求》	YD/T 2099—2010
		《特殊教育学校建筑设计标准》	JGJ 76—2019
		《老年人照料设施建筑设计标准》	JGJ 450—2018
地方标准	北京市	《公园无障碍设施设置规范》	DB11/T 746—2010
		《居住区无障碍设计规程》	DB11/1222—2015
		《公共建筑无障碍设计标准》	DB11/1950—2021
		《北京市无障碍系统化设计导则》	—
	上海市	《无障碍设施设计标准》	DGJ08—103—2003
		《上海银行业银行建筑无障碍设施建设实施导则》	
	天津市	《天津市无障碍设计标准》	DB/T 29—196—2017
	重庆市	《无障碍设计标准》	DBJ50/T—346—2020
	深圳市	《无障碍设计标准》	SJG 103—2021
	山东省	《公共场所无障碍标志标识设置原则与要求 第2部分：民用机场》	DB37/T1682.2—2010
	杭州市	《残障人员旅游服务规范》	DB3301T 0216—2017
团体标准		《民用机场无障碍服务指南》	T/CCAATB—0002—2019
		《旅游无障碍环境建设规范》	T/CAPPD 1—2018
		《民用建筑无障碍设施评价标准》	T/CNAEC 1304—2022

9.1.2 无障碍设计应遵循系统性原则，包括无障碍通行、无障碍服务、信息交流和智慧服务三部分。无障碍通行设计应包含通行流线设计和通行设施设计。无障碍服务设计应包含服务系统设计和服务设施设计。

9.1.3 无障碍通行流线设计应确保在无障碍设施之间建立连贯的无障碍通行通道，主要涵盖建筑场地、停车场、无障碍出入口、建筑内部空间等，设计要点见表9.1.3，示意见图9.1.3-1及图9.1.3-2。

表 9.1.3 无障碍通行流线设计要点

区域	设计要点
建筑场地	1. 场地主要人行出入口及周边人行道、人行道及车行道、道路及场地高差的衔接。 2. 活动场地及人行道地面铺装及坡度控制。 3. 无障碍出入口、无障碍通道、游览流线、盲道路径的设置
停车场	1. 无障碍机动车停车位位置及数量的设置。 2. 停车位地面坡度、停车位一侧轮椅通道、无障碍标识的设置。 3. 轮椅通道与人行道的衔接
无障碍出入口	1. 无障碍出入口、入口前平台、无障碍通道的设置。 2. 上客及落客区的设置
建筑内部空间	1. 无障碍电梯的设置。 2. 满足一定无障碍通用需求的楼梯和台阶的设置。 3. 无障碍通道、轮椅坡道、防撞提示、扶手、护墙板或者防撞踢脚的设置

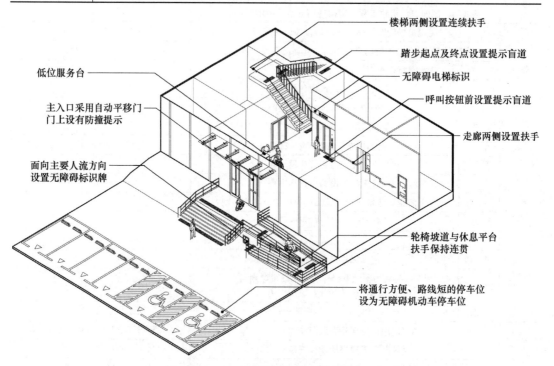

图 9.1.3-1 连续的无障碍通行路径

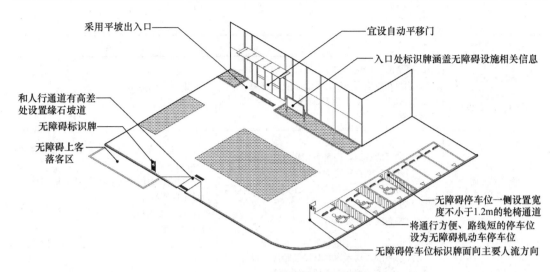

采用平坡出入口

宜设自动平移门

入口处标识牌涵盖无障碍设施相关信息

和人行通道有高差处设置缘石坡道

无障碍标识牌

无障碍上客落客区

无障碍停车位一侧设置宽度不小于1.2m的轮椅通道

将通行方便、路线短的停车位设为无障碍机动车停车位

无障碍停车位标识牌面向主要人流方向

图 9.1.3-2　无障碍停车位和落客区

9.1.4　无障碍通行设施包括无障碍出入口、无障碍通道、轮椅坡道、缘石坡道、无障碍电梯和升降平台、楼梯和平台、门、扶手、无障碍机动车停车位等设施，设计要点见表 9.1.4。

表 9.1.4　无障碍通行设施设计要点

设施分类	设计要点	技术措施
无障碍出入口	1. 出入口与室外地面高差的处理。 2. 门类型的选用及通行净宽要求。 3. 平台设计	1. 大型公共建筑宜采用平坡出入口或采用1：20缓坡连接入口。 2. 大型公共建筑宜采用自动平移门
无障碍通道	1. 通行净宽的要求。 2. 通道安全的要求（防跌倒、磕碰）	—
轮椅坡道	1. 坡度、长度、净宽的要求。 2. 扶手、安全阻挡措施的设置	1. 轮椅坡道的纵向坡度不宜大于1：14。 2. 扶手材质应具用较好的热惰性，转折处不应为尖角
缘石坡道	1. 形式、坡度及宽度的设置。 2. 缘石坡道下口处提示盲道及顶端处过渡空间、上下坡处阻车桩的设置	人行道宜与车行道路同标高
无障碍电梯和升降平台	1. 候梯厅：轮椅回转空间及候梯厅深度的设置，呼叫按钮、提示盲道、运行显示装置和抵达音响、无障碍标识的设置。 2. 轿厢：轿厢规格的选用；电梯门形式、通行净宽、开启时间的设置；盲文操作按钮、扶手、运行显示装置和报层音响、镜子或镜面效果材料的设置。 3. 升降平台尺寸、扶手、安全挡板、呼叫控制按钮、安全防护措施的设置	呼叫按钮前应设置提示盲道

设施分类	设计要点	技术措施
满足一定无障碍要求的楼梯/台阶	1. 楼梯形式的选用。 2. 踏面和踢面形式、材质及颜色的选用。 3. 提示盲道、安全阻挡措施、盲文标识、扶手的设置	1. 应采用直线形楼梯。 2. 楼梯两侧均应设置扶手
满足无障碍要求的门	1. 门类型的选用，门扇可识别性的设置。 2. 门开启后通行净宽的设置。 3. 门扇内外轮椅回转空间及门把手一侧墙面宽度的设置。 4. 门槛高度及其处理方式	1. 大量人流通行通道上的门宜采用自动平移门。 2. 不应设置门槛，除特殊功能房间外门口处不应有高差。 3. 当采用双扇门时，其中一扇门开启后通行净宽不应小于 0.9m
扶手	1. 扶手高度、扶手内侧与墙面距离的设置。 2. 扶手的连续性及首末端的处理。 3. 扶手形式及材料的选用	—
无障碍机动车停车位	1. 停车位位置的设置。 2. 停车位地面坡度、停车位一侧轮椅通道的设置	无障碍机动车停车位应临近无障碍出入口、通道或电梯等无障碍通行设施

9.1.5 无障碍服务系统设计要点见表 9.1.5。

表 9.1.5 无障碍服务系统设计要点

区域	设计要点
公共接待区域	低位服务设施、助听辅助系统、轮椅暂存和租借处的设置
公共休息区域	1. 无障碍休息区的设置及其间隔距离。 2. 无障碍休息区内轮椅停驻位、导盲犬所需空间和设施的设置
卫生设施	无障碍厕所、家庭卫生间、母婴室、满足无障碍要求的公共卫生间、公共浴室、更衣室的设置
住宿	无障碍客房和无障碍住房居室的数量及位置的设置
观演/会议	1. 轮椅及陪同席位位置、比例和技术要求。 2. 导盲犬所需空间和设施的设置
餐饮	1. 可移动的桌椅、餐桌净距离。 2. 导盲犬所需空间和设施的设置

9.1.6 无障碍服务设施设计要点见表 9.1.6，示意见图 9.1.6-1～图 9.1.6-4。

表 9.1.6 无障碍服务设施设计要点

设施分类	设计要点	技术措施
无障碍厕所	1. 内部空间尺寸。 2. 各类无障碍设施的设置和布局。 3. 直径不小于 1.50m 的轮椅回转空间的设置	1. 宜设置平移门或自动平移门。 2. 无障碍坐便器水平抓杆一侧宜设置距水平抓杆边缘向外净宽度不小于 0.7m 的轮椅转换空间

续表

设施分类	设计要点	技术措施
满足无障碍要求的公共卫生间	1. 各类无障碍设施的配置数量、种类及空间布局。 2. 入口和通道中轮椅回转空间的设置	当设置无障碍厕位时，尺寸宜不小于 2.0m×1.5m。有条件时尽量采用平移门
满足无障碍要求的公共浴室和更衣室	1. 各类无障碍设施的配置数量、种类及空间布局。 2. 入口和通道中轮椅回转空间的设置	—
无障碍客房和无障碍住房居室	1. 位置。 2. 入口、通道和内部轮椅回转空间的设置。 3. 床侧间距及高度，各项部品、家具电器、卫生间的设置	宜设置在首层方便到达的位置，设置在 2 层以上时应临近无障碍电梯
轮椅席位	1. 轮椅席位的位置及面积。 2. 通往轮椅席位通道的宽度。 3. 地面铺装、安全防护措施、无障碍标识的设置。 4. 陪同席位的设置	1. 应分散布置，可做成空位供轮椅停放，也可采用可移动座椅，需要时移开供轮椅停放。 2. 设置引导标识，并应在地面标识出轮椅席位区域
低位服务设施	1. 低位服务设施容膝、容脚空间的设置。 2. 低位服务设施前轮椅回转空间的设置	1. 低位服务设施应与一般服务设施相邻布置，且应避免设在边角处。 2. 低位服务设施宜采用圆角设计

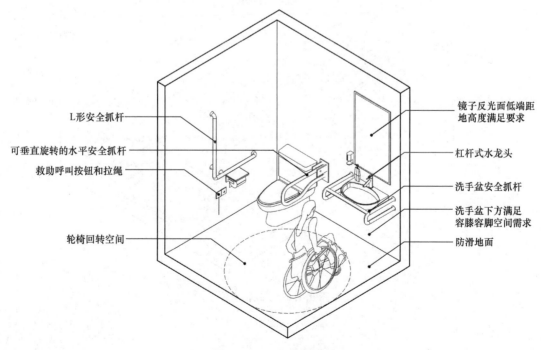

图 9.1.6-1 无障碍厕所

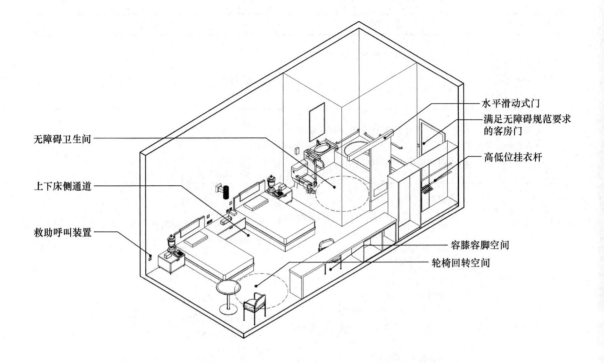

无障碍卫生间

上下床侧通道

救助呼叫装置

水平滑动式门

满足无障碍规范要求
的客房门

高低位挂衣杆

容膝容脚空间

轮椅回转空间

图 9.1.6-2 双人间无障碍客房

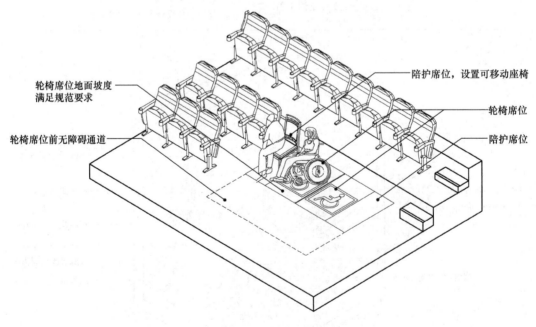

轮椅席位地面坡度
满足规范要求

轮椅席位前无障碍通道

陪护席位，设置可移动座椅

轮椅席位

陪护席位

图 9.1.6-3 轮椅席位

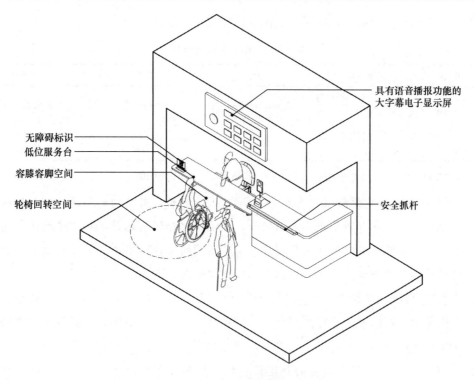

具有语音播报功能的
大字幕电子显示屏

无障碍标识

低位服务台

容膝容脚空间

轮椅回转空间

安全抓杆

图 9.1.6-4 低位服务设施

9.1.7 无障碍信息交流与智慧服务设计主要包括无障碍标识、信息、无障碍智慧服务三方面，设计要点见表 9.1.7。

表 9.1.7 无障碍信息交流与智慧服务设计要点

类型	设计要点
无障碍标识	指向性、颜色、文字及图形、高度及角度、位置及种类等，应符合现行国家标准《公共建筑标识系统技术规范》GB/T 51223 的规定
信息	1. 视觉、触觉、听觉信息的提示。 2. 提供视觉与听觉信息互转的辅助服务。 3. 公共场所中的网络通信设备应满足无障碍使用需求
无障碍智慧服务	1. 设置符合无障碍人士使用习惯的智慧门禁、智能家居等。 2. 智能化管理平台应包含无障碍服务

9.2 住宅适老化

9.2.1 住宅适老化设计目标是确保普通住宅可满足老年人居住和护理需求，包括空间设计、集成部品应用及相关技术措施等。

9.2.2 适老化设计按照老年人的身体状况分为 4 级，见表 9.2.2，第 1~3 级适用于普通住宅，第 4 级适用于介护服务机构中的居住部分。即使建设方没有提出要求，在普通住宅设计中仍应考虑适老化需求，按照 2 级标准设计或预留条件。

表9.2.2　适老化设计分级

类型	健康自理	介助	轻介护	介护
身体能力等级	与普通人有相同的健康水平或有衰老症状，行动不需要借助工具	能够独立生活，行动需要使用拐杖等工具	步行困难，能自行使用轮椅	卧床或处于长期卧床状态
分级	1级	2级	3级	4级

注：本表参照《老年人能力评估标准》MZ/T 039—2013 第5.2.1条表6编制。

【说明】我国住宅建设标准考虑的是"平均值"，即居住者平均的年龄段、身体状况和对空间的使用需求。本节借鉴国际成熟经验，以适老化分级为基础，将"平均值"细分为不同的层次，综合考虑住宅的适老化程度，制定不同的设计标准，可随着居住者自身状况和家庭结构的改变做出适应性调整，满足不断变化的居住需求。

9.2.3　适老化措施设计要点分为基本项与推荐项两大类。基本项是在设计中必须要满足的事项，推荐项是可以进一步提高安全性、便利性、舒适性的事项，非必要项，鼓励通过合理设计实现。

【说明】日本《应对长寿社会的住宅设计指南》分为基本标准和推荐标准两大类。基本标准是在一般设计中必须考虑的事项，推荐标准是可以进一步提高安全性、便利性、舒适性的事项。

9.2.4　公共空间适老化设计应满足安全性、易达性、易识别性要求，营造适宜老年人健身活动、社会交往的室内外空间。公共空间适老化措施分级设计要点见表9.2.4和图9.2.4-1及图9.2.4-2。

表9.2.4　公共空间适老化措施分级设计要点

	设计要点	1级	2级	3级	4级
室外公共空间	应保证救护车辆能停靠在建筑的主要出入口处	▲	▲	▲	▲
	步行道路净宽不应小于1.2m，局部供轮椅交错处宽度宜大于1.8m	★	★	▲	★
	室外设置环形健身步道	★	★	★	★
	老年人活动场地坡度不应大于2.5%	▲	▲	▲	▲
	老年人活动场地附近应设置无障碍卫生间	▲	▲	▲	▲
	坡道、道路转角及台阶处应设置照明设施，灯光宜选用柔和漫射的光源	▲	▲	▲	▲
	绿地出入口地面宜无高差，有高差时宜设轮椅坡道	★	★	★	★
	设置交往庭院和景观步道	★	★	★	★
	设置风雨连廊，连接建筑与建筑、建筑与室外活动场地	★	★	★	★
	设置半室外活动空间	★	★	★	★
单元出入口	单元出入口应设置清晰醒目的楼号标识，标识宜夜间亮化	▲	▲	▲	▲
	单元主要出入口应为无障碍出入口	▲	▲	▲	▲
	应在出入口处设置安全提示及灯光照明，灯光宜选用柔和漫射的光源	▲	▲	▲	▲

续表

	设计要点	1级	2级	3级	4级
公共走廊	应预留担架从户门至电梯厅及建筑出入口的通行路径及转弯所需空间	▲	▲	▲	▲
	公共走廊墙面2m以下不应有影响通行及疏散的突出物	▲	▲	▲	▲
	内部及相邻空间的地面应平整无高差，不应设置门槛	▲	▲	▲	▲
	公共通道墙（柱）面阳角应采用切角、圆弧或安装成品护角	★	★	★	★
	当户门外开时，不应影响轮椅通行	★	★	▲	▲
	宜设置连续扶手，且不应影响疏散宽度	★	★	★	★
楼梯	踏步面层的防滑、示警条不应突出踏面	▲	▲	▲	▲
	梯段两侧均应设置连续扶手	▲	▲	▲	▲
	楼梯踏步前缘不宜突出，楼梯踏步应采用防滑材料，下方不应透空	▲	▲	▲	▲
	踏步不得突入过道或占用过道，踏步和过道间宜留有缓冲空间	▲	▲	▲	▲
	应在楼梯间中设置楼层导视、安全提示等明显清晰的标识	▲	▲	▲	▲
	楼梯起、终点处宜采用不同颜色或材料区别楼梯踏步和走廊地面	★	★	★	★
	踏步临空一侧应设置安全阻挡措施，以免手杖外滑	▲	▲	▲	▲
电梯	电梯厅宜有自然通风和采光	★	★	★	★
	候梯厅宜设置扶手	★	★	★	★
	住宅入户楼层位于2层及以上时应配置电梯	▲	▲	▲	▲
	至少应有1台电梯通向地下机动车库	▲	▲	▲	▲
	应选用无障碍适老化电梯	★	▲	▲	▲

注：▲为基本项，★为推荐项。

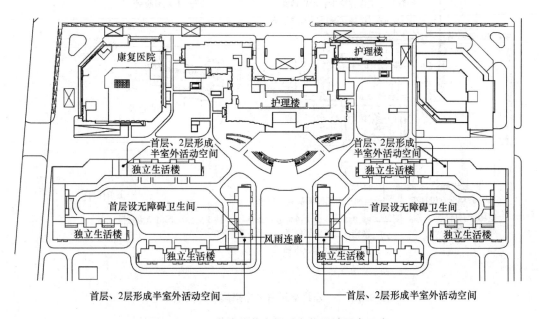

图 9.2.4-1 室外公共空间适老化设计要点示意

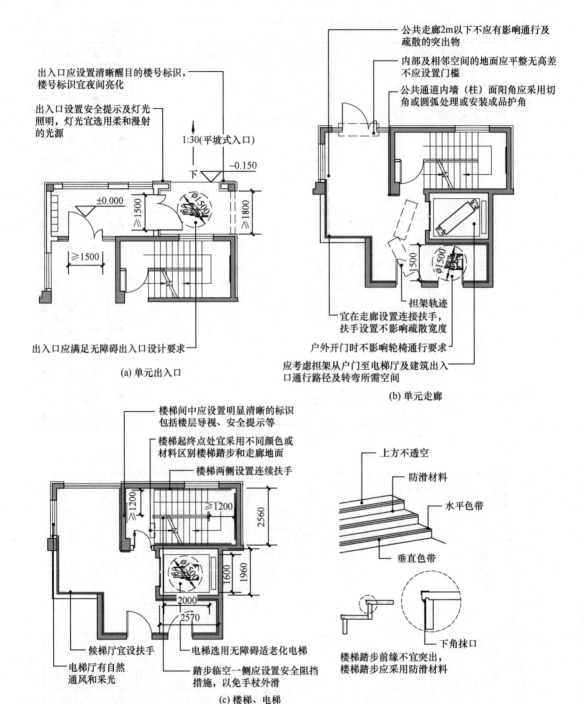

图 9.2.4-2　公共空间适老化措施设计要点示意

9.2.5 套内空间适老化措施分级设计要点见表 9.2.5，图 9.2.5。

表 9.2.5 套内空间适老化措施分级设计要点

	设计要点	1级	2级	3级	4级
玄关	直接入户，无垂直型高差	★	▲	▲	▲
	入户通行净宽不宜小于 0.8m，新建不宜小于 1.1m	★	★	▲	▲
	入户轮椅转换空间不应小于 1.2m×1.6m，可利用家具下部凹入空间	★	★	▲	▲
	门把手一侧墙面宜设宽度不小于 0.4m 的墙面	★	★	▲	▲
	宜设置高低位双观察孔，高位观察孔距地高度宜为 1.5m，低位观察孔距地高度宜为 1.2m	★	★	▲	▲
	入户门外侧设置物空间，或设置醒目明晰的图形或色彩标志	★	★	★	★
	设更衣、换鞋和存放助老辅具的空间	★	▲	▲	▲
	结合墙面、户门、坐凳、储物柜等设置扶手或可撑扶的家具。站姿老年人使用的扶手中心或家具台面的距地高度宜为 0.85～0.9m，坐姿老年人使用的扶手中心或家具台面距地高度宜为 0.65～0.7m	★	▲	▲	▲
	开门侧设置或预留照明总开关或全屋智能开关	★	★	★	★
起居厅	面积不宜小于 10m²	★	▲	▲	▲
	茶几和电视柜之间应预留 0.8m 以上的轮椅通行空间	▲	▲	▲	▲
	直径 1.5m 的轮椅回转空间	★	▲	▲	▲
	可与餐厅、厨房结合布置	★	▲	▲	▲
	沙发座面高度不宜低于 0.42m，深度宜为 0.48～0.6m，扶手高度宜离座面 0.2m，宜加强沙发硬度	★	▲	▲	▲
厨房	通行净宽应不小于 0.9m	★	▲	▲	★
	预留直径 1.5m 的轮椅转向空间，可借用入口空间或操作台下方的空间	★	▲	▲	▲
	开敞形式	★	★	★	★
	半开敞形式，设传菜与交流窗口	★	★	★	★
餐厅	餐桌边缘距墙不小于 0.9m	★	▲	▲	▲
	轮椅专座应有直径不小于 1.5m 的回转空间	★	★	▲	▲
	与起居厅、厨房结合布置	★	★	★	★
	选用桌面下方可进入轮椅的餐桌和两侧含助力扶手的餐椅	★	★	▲	▲
卧室	应远离电梯井等有噪声的设备管井	▲	▲	▲	▲
	邻近卫生间	▲	▲	▲	▲
	应有良好的采光、通风，使光线照射到床上	▲	▲	▲	▲
	床周边预留净宽不小于 0.8m 的通行空间	★	★	★	★
	床一侧预留净宽不小于 0.9m 的护理空间	★	★	▲	▲
	卧室内预留直径不小于 1.5m 的轮椅回转空间	★	★	▲	▲
	分床设计	▲	▲	▲	▲
	结合相邻家具设置可撑扶平面或在确保安全的基础上设置扶手	★	▲	▲	▲
	集中收纳空间	▲	▲	▲	▲

续表

设计要点		1级	2级	3级	4级
厨房	连续操作台面	★	★	▲	★
	无障碍橱柜	▲	▲	▲	▲
	厨房分类收纳空间	★	★	★	★
卫生间	地面无高差，防滑	▲	▲	▲	▲
	干湿分离	★	★	★	★
	设无障碍扶手	★	▲	▲	▲
	可进入式洗面台	★	▲	▲	▲
	卫生间分类收纳空间	★	★	★	★
过道、储藏间	套内入口过道净宽不宜小于1.2m，其余过道净宽不应小于1m	★	▲	▲	▲
	宜预留设置连续单层扶手的空间或考虑使用家具台面作为支撑，扶手的安装高度宜为0.85m	▲	▲	▲	▲
	保证过道亮度，避免形成昏暗死角，可利用门和透光隔断	★	★	★	★
	套内应设置壁柜或储藏空间，柜门宜采用推拉门	★	★	★	★
阳台	阳台与室内地面无高差	▲	▲	▲	▲
	阳台地面应考虑防水、防滑	▲	▲	▲	▲
	满足轮椅回转需求	★	▲	▲	▲
	预留上下水	★	★	★	★
	设置便于老年人操作的低位晾衣装置	▲	▲	▲	▲

注：▲为基本项，★为推荐项。

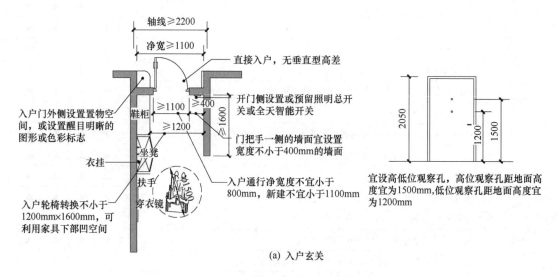

(a) 入户玄关

图 9.2.5 套内空间适老化措施设计要点示意 （一）

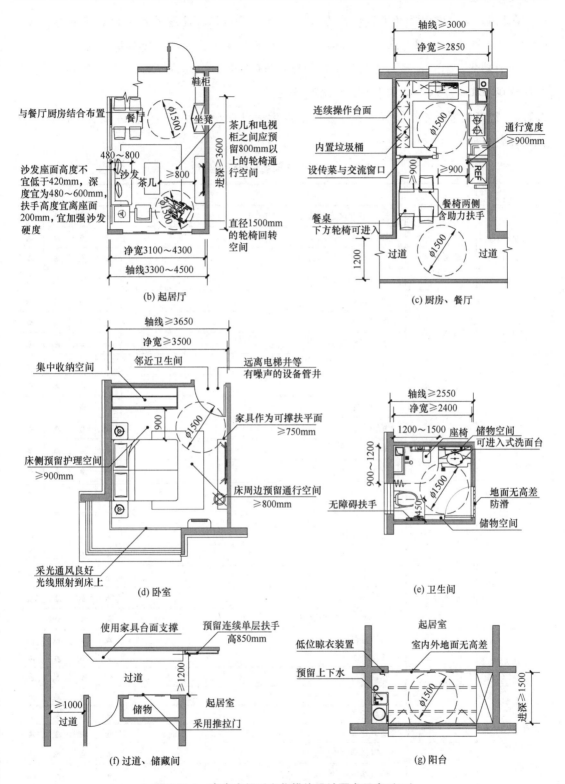

图 9.2.5 套内空间适老化措施设计要点示意（二）

【说明】套内空间适老化设计应遵循安全性、实用性、健康性和灵活性的基本原则，针对老年人生理和心理特点，减少环境障碍，避免不安全因素，合理组织空间关系，优化日常行为动线，创造日照、通风和景观良好的居住环境。空间应预留一定灵活度，便于在不同阶段根据老年人身心需求的变化进行改造。

9.2.6 适老化部品是指能满足老年人生活需求的可在现场组装的单一或复合产品，其分级设计要点见表 9.2.6。

表 9.2.6 适老化部品分级设计要点

空间		设计要点	1级	2级	3级	4级
室外公共空间	集成部品	连续室外坡道和扶手	★	▲	▲	▲
	集成技术	住区定点监控系统	▲	▲	▲	▲
		公共空间标识系统	★	▲	▲	▲
		住区一键紧急呼叫	★	★	▲	▲
室内公共空间	集成部品	无障碍电梯	▲	▲	▲	▲
		楼梯连续扶手	▲	▲	▲	▲
		走廊连续扶手	★	★	▲	▲
		感应式单元门	★	★	★	★
	集成技术	可视化门禁	★	▲	▲	▲
入户过厅	集成部品	安全扶手	★	★	▲	▲
		置物台	★	▲	▲	▲
		坐凳	▲	▲	▲	▲
		按压式大手柄门把手	▲	▲	▲	▲
		大门锁眼	★	★	▲	▲
		超低位大猫眼	★	★	▲	▲
		自动明暗感应灯	★	★	▲	▲
		卡式数码锁	★	★	▲	▲
	集成技术	一键紧急呼叫系统	▲	▲	▲	▲
		人体不活动感应系统	★	▲	▲	▲
		一卡通插卡取电系统	★	★	★	★
卧室、起居室、餐厅	集成部品	大按键开关	▲	▲	▲	▲
		低位开关	▲	▲	▲	▲
		起夜地灯	★	▲	▲	▲
		推拉门	★	★	▲	▲
		成品护角	★	★	▲	▲
		适老化家具	★	★	▲	▲
	集成技术	一键紧急呼叫系统	▲	▲	▲	▲
		新风换气系统	★	★	★	▲
		绿色建材系统	▲	▲	▲	▲
		常态健康监控系统	★	★	★	▲

续表

空间		设计要点	1级	2级	3级	4级
厨房	集成部品	带开关安全插座	★	▲	▲	▲
		柜门圆角把手	★	▲	▲	▲
		下拉式储物篮	★	★	▲	▲
		超大洗菜池	★	★	★	★
		直饮水	★	★	▲	▲
		可抽拉水龙头	★	★	★	★
		嵌入式电磁炉	★	★	★	★
	集成技术	一键紧急呼叫系统	★	▲	▲	▲
		煤气泄漏报警系统	▲	▲	▲	▲
		LED照明系统	▲	▲	▲	▲
卫生间	集成部品	整体卫浴	★	★	★	★
		浴室安全扶手	▲	▲	▲	▲
		洗面台安全扶手	★	★	▲	▲
		带扶手厕纸架	★	▲	▲	▲
		可外开拆卸折叠门	★	★	▲	▲
		三面镜洗面台	★	★	★	★
		单手柄水龙头	▲	▲	▲	▲
		洗浴坐凳	▲	▲	▲	▲
		双排水带	★	★	★	★
		可调温暖气片	★	▲	▲	▲
		智能盖马桶	★	★	▲	▲
		风暖一体机	★	★	▲	▲
	集成技术	一键紧急呼叫系统	▲	▲	▲	▲
		人体不活动感应系统	★	★	▲	▲
		LED照明系统	★	★	▲	▲
		同层排水系统	★	★	▲	▲
阳台	集成部品	滑行式晒杆	★	★	▲	▲
		排水带	★	★	▲	▲
	集成技术	一键紧急呼叫系统	▲	▲	▲	▲

注：▲为基本项，★为推荐项。

9.3 节 能 低 碳

9.3.1 新建、扩建、改建项目、既有建筑节能改造应进行节能低碳设计，实现建筑的低能耗和低碳排放，节能低碳相关设计依据见表9.3.1。

表 9.3.1　节能低碳相关设计依据汇总表

类型		标准名称	标准编号	备注
建筑节能设计标准	国家标准	建筑节能与可再生能源利用通用规范	GB 55015—2021	严寒和寒冷地区居住建筑平均节能率达到75%，其他气候区65%；公共建筑平均节能率达到72%
		公共建筑节能设计标准	GB 50189—2015	节能率达到65%，修编中
		农村居住建筑节能设计标准	GB/T 50824—2013	—
	行业标准	严寒和寒冷地区居住建筑节能设计标准	JGJ 26—2018	节能率达到75%
		既有居住建筑节能改造技术规程	JGJ/T 129—2012	—
		公共建筑节能改造技术规范	JGJ 176—2009	—
	北京市标准	居住建筑节能设计标准	DB11/891—2020	节能率达到80%以上，接近超低能耗建筑的节能水平
		公共建筑节能设计标准	DB11/687—2015	节能率达到65%，修编中
		既有居住建筑节能改造技术规程	DB11/T 381—2016	节能率达到65%，修编中
		既有公共建筑节能绿色化改造技术规程	DB11/T 1998—2022	—
超低能耗、低碳相关标准	国家标准	近零能耗建筑技术标准	GB/T 51350—2019	—
		零碳建筑技术标准	在编	—
	团体标准	超低能耗农宅技术规程	T/CECS 739—2020	—
		碳中和建筑评价导则	—	中国城市科学研究会、中国房地产业协会 2022 年发布
	北京市标准	超低能耗居住建筑设计标准	DB11/T 1665—2019	—
		超低能耗公共建筑设计标准	在编	—

【标准摘录】《建筑节能与可再生能源利用通用规范》GB 55015— 2021 第 1.0.3 条：建筑节能应以保证生活和生产所必需的室内环境参数和使用功能为前提，遵循被动节能措施优先的原则。应充分利用天然采光、自然通风，改善围护结构保温隔热性能，提高建筑设备及系统的能源利用效率，降低建筑的用能需求。应充分利用可再生能源，降低建筑化石能源消耗量。

9.3.2　建筑节能设计方法

1. 规定性指标设计。建筑物的体形系数（外表系数）、窗墙面积比、传热系数等均应满足现行国家、行业或地方节能设计标准规定性指标限值要求，按标准要求直接判定合规。当部分参数不满足限值规定时，部分标准允许通过权衡判断优化调整。

2. 性能化设计。以建筑能耗指标、室内环境参数等为目标，通过软件计算并根据计算结果优化设计，最终达到性能化设计目标。强调基于性能化目标导向的定量分析与优化。超低能耗建筑应采用性能化设计方法。

3. 规定性指标和性能化指标双级控制。《居住建筑节能设计标准》DB11/891—2020要求规定性指标与性能化指标（建筑物累计耗热量指标）同时满足标准要求，才能判定合乎标准规定。

9.3.3 建筑节能计算

1. 建筑热工性能参数

现行节能设计标准中限定的建筑热工性能参数主要包括非透明围护结构传热系数（热阻）与热惰性指标、透明围护结构传热系数和太阳得热系数（遮阳系数）、体形系数（外表系数）以及窗墙面积比等。非透明围护结构包括外墙、屋面、架空或外挑楼板等，透明围护结构包括透明幕墙、门、窗等。

2. 建筑能耗指标计算

建筑能耗指标是围护结构热工性能权衡判断的依据和性能化设计的目标。围护结构热工性能权衡判断模拟和性能化设计计算流程见图 9.3.3。

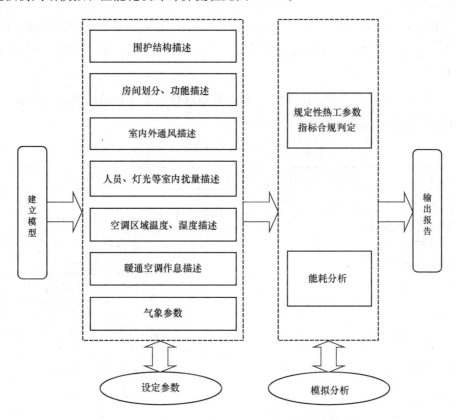

图 9.3.3　围护结构热工性能权衡判断模拟计算流程图

【说明】部分节能标准给出了典型构造做法简化计算的方法，例如《公共建筑节能设计标准》DB11/687—2015 附录 A.2。非透明围护结构传热系数指标包括主断面传热系数和平均传热系数，应注意两者为不同的概念。外墙和屋面平均传热系数考虑了结构性热桥的影响，应按照现行国家标准《民用建筑热工设计规范》GB 50176 采用专用的软件计算线传热系数附加。透光部位太阳得热系数 $SHGC$ 及固定外遮阳的遮阳系数 SD 可按照现行国家标准《民用建筑热工设计规范》GB 50176 的规定计算，也可根据产品性能指标确定。

9.3.4 外墙主要热工性能参数见表 9.3.4-1。

表 9.3.4-1 外墙主要热工性能参数

热工参数	节能影响
传热系数 K	K 值越低，保温性能越好
热惰性指标 D	D 值越大，墙体蓄热性能越好，内表面温度波动越小，有利于提高室内舒适度
内表面温度	用于内表面结露验算

1. 外墙保温

1) 严寒和寒冷地区宜采用外墙外保温，夏热冬冷和夏热冬暖地区可采用外墙内保温。当采用夹心保温、内保温、自保温或其他复合墙体保温时，应在热桥部位采取保温措施，避免内表面结露。

2) 当采用外墙外保温时，应减少出挑构件及附墙部分。出挑构件及附墙部分应采取隔断热桥或保温包覆措施，且应确保外保温工程的密封与防水性能。外墙外保温常用保温材料见表 9.3.4-2。

3) 外墙（含地下室外墙）保温层应深入室外地坪以下，并超过当地冻土层的深度。地下室外墙保温层不包括土壤和其他构造层。

表 9.3.4-2 外墙外保温常用保温材料

保温材料	类型	导热系数 [W/(m·K)]	燃烧性能	特点
岩棉板、岩棉条	无机类	0.040～0.045	A1 级	体积吸水率不大于 5%
玻璃棉板		0.032～0.035		体积吸水率不大于 5%
石墨聚苯板	有机类	0.032～0.033	B1 级	保温效果好，强度稍差
膨胀聚苯板（EPS板）		0.037～0.039		保温效果好，强度稍差
热固改性聚苯板		0.037～0.039		保温效果好，强度稍差，防火性能较普通 EPS 板有提高（部分产品可达到 A2 级）
挤塑聚苯板（XPS板）		0.028～0.030		保温效果好，强度高，耐潮湿，易变形施工时表面需处理
硬泡聚氨酯板		0.023～0.024		保温效果好，强度高
酚醛树脂保温板		0.032～0.040		保温效果好，强度高，耐潮湿，施工时表面需处理

2. 常用外墙隔热做法见表 9.3.4-3。

表 9.3.4-3 常用外墙隔热做法表

做法	构造要求	特点	适用范围
反射隔热涂料外墙	在围护结构外表面增加反射底涂、面涂，不改变墙体原有构造，不增加新的构造层次	工艺简单，施工方便；成本较低；可与相变材料外墙组合使用	适用于夏热冬冷和夏热冬暖地区，不适用于贴瓷砖的外围护结构及玻璃幕墙

续表

做法	构造要求	特点	适用范围
干挂式背通风外墙	需在外墙外侧设置竖向龙骨支撑	增加一层干挂式幕墙，增加成本；竖向龙骨易形成围护结构热桥	砖混或混凝土外墙
双层玻璃幕墙	需要增加一层玻璃幕墙并设置进气口、排气口及遮阳装置	工厂化程度高；增加围护结构材料用量，成本较高；容易积灰积污，维护不便	严寒、寒冷地区适用内循环系统；夏热冬暖地区适用外循环系统
垂直绿化	需铺设供植物向上爬升的铁丝，模块化垂直绿化需竖向龙骨支撑及设置浇灌、排水装置	传统形式垂直绿化简单经济，但容易损坏墙面；模块化垂直绿化初期投入和后期维护成本较高	既可用于外墙遮阳，也可用于室内景观，不适用于玻璃幕墙等立面造型要求较高的外围护结构
淋水玻璃幕墙	在玻璃幕墙外增加水循环装置	景观性较强；需设电力系统维持运行；初期成本投入较少，维护成本较高	可用于室外景观设计
相变材料外墙	需将相变材料装入定型构件或渗入其他建筑材料中，在外墙中单独设置相变层	主动蓄能式相变围护结构可与暖通空调末端集成；需注意相变材料在围护结构中的密封方式，防止泄露	适用于昼夜温差较大或建筑供能需求时间和强度差异较大的建筑

9.3.5 屋面主要热工性能参数见表 9.3.5-1，常用保温材料见表 9.3.5-2。具有隔热功能的屋面包括绿化屋面、架空屋面、蓄水屋面、相变屋面、高反射隔热屋面等，见表 9.3.5-3。

表 9.3.5-1 屋面主要热工性能参数

热工参数	节能影响
传热系数 K	K 值变化对建筑尤其是高层建筑总能耗的影响较小，对顶层房间热环境影响较大
热惰性指标 D	对顶层房间热环境影响较大
太阳辐射吸收系数 ρ	ρ 越小，屋面隔热性能越好，有利于空调节能

表 9.3.5-2 屋面常用保温材料

保温材料	类型	导热系数 [W/(m·K)]	燃烧性能	特点
岩棉板	无机类	0.040~0.048	A1 级	体积吸水率不大于 5%，适用于金属屋面
挤塑聚苯板（XPS板）	有机类	0.028~0.030	B1 级	保温效果好，强度高，耐潮湿，施工时表面需处理，适用于钢筋混凝土屋面
硬泡聚氨酯板		0.023~0.024		保温效果好，强度高，适用于钢筋混凝土屋面

表 9.3.5-3　常用屋面隔热做法表

做法	构造要求	特点	适用范围
绿化屋面	由植被层、营养土层、阻根穿刺层、排水层和防水层组成	构造较复杂，增加屋面荷载，需进行阻根和防水处理	景观要求较高的屋面
架空屋面	需预留构造高度	构造简单，增加屋面荷载	气候炎热地区
蓄水屋面	由排水管、溢水管、泄水管及防水层组成	增加屋面荷载，浅蓄水易滋生蚊虫，耗水量大，防水难度大，可与屋面绿化技术配合使用	现浇混凝土屋面
相变屋面	在屋面构造中增加相变材料层，一般是将相变材料装入定型构件或渗入其他建筑材料中	确保相变材料的密封，防止泄露，可与热反射冷屋面配合使用	昼夜温差较大或建筑供能需求时间和强度差异较大的建筑
热反射冷屋面	在屋面表面增加反射底涂、面涂，不改变原屋面构造	实施方便、工艺简单、施工周期较短，成本较低，白色冷屋面易造成光污染	夏热冬冷和夏热冬暖地区

【标准摘录】《倒置式屋面工程技术规程》JGJ 230—2010 第 5.2.5 条：倒置式屋面保温层的设计厚度应按计算厚度增加 25％取值，且最小厚度不得小于 25mm。

9.3.6 透明围护结构主要热工性能参数见表 9.3.6。严寒地区、寒冷地区、夏热冬冷地区、温和 A 区的透光幕墙应采用有断热构造的幕墙系统。东西向空调房间、北向供暖房间应控制窗墙面积比不宜过大。严寒地区居住建筑除南向外不应设置凸窗。寒冷地区居住建筑北向不应设置凸窗，其他朝向不宜设置凸窗。

表 9.3.6　透明围护结构主要热工性能参数

热工参数	节能影响
传热系数 K（整窗）	K 值越低，门窗、透明幕墙的保温性能越好
太阳得热系数 SHGC（综合遮阳系数 SC）	SHGC 值越大，越有利于冬季得热，但不利于减少夏季空调能耗
气密性等级	提高气密性，可减少冷风渗透导致的能耗
可见光透射比	可改善室内自然采光条件

9.3.7 当寒冷地区地下车库不采暖时，应严格控制顶板传热系数。严寒和寒冷地区分隔供暖空间与非供暖空间的楼板、隔墙等应满足传热系数限值要求。

9.3.8　太阳能建筑一体化

1. 太阳能建筑一体化应用系统主要包括太阳能热利用系统与太阳能光伏发电系统，见表 9.3.8-1。

2. 当太阳能建筑一体化系统设置于屋面、立面、阳台或其他部位时，不得降低该部位的安全性能，且应采取防止构件或设施坠落的安全防护措施。

3. 太阳能集热器、光伏组件设置要求见表 9.3.8-2。

表 9.3.8-1 太阳能建筑一体化应用系统

		太阳能热利用系统	太阳能光伏发电系统
类别		真空管集热器、平板集热器、U 形管集热器、热管集热器、陶瓷太阳能集热器	单晶硅太阳能电池、多晶硅太阳能电池、薄膜太阳能电池等
位置	屋面	太阳能集热屋面	光伏透光采光顶、光伏瓦屋面、光伏金属屋面
	立面	太阳能集热阳台板	光伏窗、光伏幕墙、光伏遮阳

表 9.3.8-2 太阳能建筑一体化组件设置要求

安装位置	安装要求
坡屋面	可在南向、南偏东、南偏西或东向、西向坡屋面顺坡嵌入或架空设置,倾角不宜大于当地纬度 ±10°
阳台栏板	可设在南向、南偏东、南偏西或东向、西向的阳台栏板上;北纬 30°以南地区,当设置在阳台栏板上时应有适当倾角
平屋面	南向、南偏东或南偏西不大于 30°的建筑,可朝南或与建筑同向设置;南偏东或南偏西大于 30°的建筑,可南偏东、南偏西或东向、西向设置;水平安装时可不受建筑朝向限制

【说明】太阳能系统与建筑主体应同步设计、同步施工。在保证热利用或发电效率的前提下,系统类型、颜色、矩阵排列方式等应与建筑功能、外观等协调一致。

当太阳能建筑一体化构件作为建筑围护结构时,其传热系数、气密性、太阳得热系数等热工性能应满足相关标准对围护结构的要求。当太阳能系统构件安装在建筑透光部位时,应满足室内采光要求。太阳能系统构件的安装不应影响建筑通风。

应避免太阳能集热器或光伏组件被建筑自身、周围设施或树木遮挡,应确保不少于4h 的日照时数,有效吸收太阳辐射,降低二次辐射对周边环境的影响。

9.3.9 超低能耗建筑

1. 超低能耗建筑是适应气候特征和场地条件,通过被动式设计降低建筑供暖、空调、照明需求,通过主动技术措施提高能源设备与系统运行效率,充分利用可再生能源,以最少的能源消耗提供舒适室内环境的建筑。

2.《近零能耗建筑技术标准》GB/T 51350—2019 规定了近零能耗、超低能耗和零能耗三种超低能耗建筑的类别和性能要求,见表 9.3.9-1。

表 9.3.9-1 近零能耗建筑、超低能耗建筑和零能耗建筑的分类及性能要求

类别	性能要求	
近零能耗建筑	建筑能耗水平应较国家标准《公共建筑节能设计标准》GB 50189—2015 和行业标准《严寒和寒冷地区居住建筑节能设计标准》JGJ 26—2010、《夏热冬冷地区居住建筑节能设计标准》JGJ 134—2010、《夏热冬暖地区居住建筑节能设计标准》JGJ 75—2012	降低 60%~75% 以上
超低能耗建筑		降低 50% 以上
零能耗建筑	可再生能源年产能大于或等于建筑全年全部用能	

注:上述性能要求摘自《近零能耗建筑技术标准》GB/T 51350—2019 第 2 章术语。

3. 超低能耗建筑应采用性能化设计方法，强调基于性能目标的定量化设计分析与优化。应重点关注场地和建筑的节能、基于性能化的围护结构热工、消除或削弱热桥和气密性等专项设计内容。

4. 围护结构消除或削弱热桥的设计原则

1）避让原则：尽可能不破坏或穿透外围护结构。

2）击穿原则：当管线需要穿过外围护结构时，应保证穿透处保温连续、密实无空洞。

3）连接规则：在建筑部件连接处，保温层应连续无间隙。

4）几何规则：避免几何结构的变化，减少散热面积。

5. 居住建筑围护结构热桥设计要点见表 9.3.9-2。

表 9.3.9-2 居住建筑围护结构热桥设计要点

部位	热桥设计要点
外墙	结构性悬挑、延伸等宜采用与主体结构部分断开的方式。 单层外保温锁扣连接，双层保温错缝粘结。 墙角处采用成型保温构件。 保温层锚栓采用断热桥锚栓。 当外墙上固定可能导致热桥的构件时，应预埋断热桥的锚固件，并采取措施降低热损失。 当穿墙管预留孔洞直径超过 0.1m 时，墙体结构或套管与管道间应填充保温材料
屋面	屋面保温层应与外墙保温层连续，女儿墙等突出屋面的结构构件保温层与屋面、墙面保温层连续，不应出现结构性热桥。 女儿墙、土建风道等处宜设置金属盖板，金属盖板与结构连接部位应采取避免热桥的措施。 宜在保温层上方设置防水层，保温层下方设置隔汽层。 穿屋面套管直径宜大于管道外径 0.1m 以上，套管与管道间应填充保温材料
地下室和地面	地下室外墙外保温层与地上保温层应连续，并应采用吸水率低的保温材料。 地下室外墙外保温层应延伸至冻土层以下，或完全包裹地下结构部分。 地下室外墙外保温层内、外部宜各设置一道防水层，并应延伸到地面以上。 无地下室时，地面保温应与外墙保温连续无热桥

注：本表依据《超低能耗居住建筑设计标准》DB11/T 1665—2019 编制。

6. 围护结构气密性

1）外围护结构的气密层应连续，各类围护结构交界处及其与设备交界处应采取密封措施。

2）应选用适宜的气密层材料，包括一定厚度的抹灰层、高密度板等硬质板材、气密薄膜等。

3）外门窗气密性不应低于现行国家标准《建筑幕墙、门窗通用技术条件》GB/T 31433 规定的 8 级。外门窗与洞口间的缝隙、围护结构洞口、管线贯穿处等部位应采取密封措施，管线穿气密层处宜采用预埋套管。

【说明】第 2 款中超低能耗建筑是近零能耗建筑的初级表现形式，零能耗建筑是近零能耗建筑的高级表现形式。

9.3.10 建筑碳排放计算

1. 设计阶段对建筑碳排放量计算可衡量建筑节能、减排设计水平，可依据现行国家标准《建筑碳排放计算标准》GB/T 51366 的规定进行运行、建造、拆除、建材生产及运输阶段的碳排放计算。建筑碳排放计算内容见表 9.3.10-1。

表 9.3.10-1　建筑碳排放计算

计算阶段		计算内容
建筑全生命期碳排放	建筑运行阶段 — 暖通空调	含冷源能耗、热源能耗、输配系统及末端空气处理设备能耗
	生活热水	根据建筑物的实际运行情况
	照明及电梯	照明系统能耗计入自然采光、控制方式和使用习惯等因素影响。电梯系统能耗涉及电梯速度、额定载重量、特定能量消耗等
	可再生能源	建筑能源系统中有效使用的可再生能源量，主要包含太阳能、地热能、风能等
	建筑碳汇系统（减碳量）	建筑碳汇为在划定的建筑工程范围内，绿化、植被从空气中吸收并存储的二氧化碳量
	建造及拆除阶段 — 建筑建造	含各分部、分项工程施工产生的碳排放和各项措施项目实施过程产生的碳排放
	建筑拆除	含人工拆除和使用小型机具、机械拆除消耗的各种能源动力产生的碳排放
	建材生产及运输阶段 — 建材生产	含建筑主体结构材料、围护结构材料、构件和部品等。主要建筑材料的总重量不应低于建筑中所耗建材总重量的 95%，重量比小于 0.1% 的建筑材料可不计算
	建材运输	

注：本表依据《建筑碳排放计算标准》GB/T 51366—2019 编制。

2. 可行性研究报告、方案和初步设计文件应包含建筑能耗、可再生能源利用以及建筑碳排放分析报告。施工图设计文件应明确建筑节能措施及可再生能源利用系统运营管理的技术要求。不同设计文件中碳排放计算报告的要求见表 9.3.10-2。

表 9.3.10-2　碳排放计算报告要求

所属文件类型	碳排放计算报告中应计算的碳排放阶段			标准依据
	建筑运行阶段	建造与拆除阶段	建材生产与运输阶段	
可行性研究报告	●	○	○	《建筑节能与可再生能源利用通用规范》GB 55015—2021
方案设计文件	●	○	○	
初步设计文件	●	○	○	

所属文件类型	碳排放计算报告中应计算的碳排放阶段			标准依据
	建筑运行阶段	建造与拆除阶段	建材生产与运输阶段	
施工图设计审查文件	●	○	●	《绿色建筑评价标准》GB/T 50378—2019 和《绿色建筑评价标准》DB11/T 825—2021（京津冀区域协同工程建设标准）
绿色建筑预评价文件（施工图阶段）	●	○	●	
绿色建筑评价文件（竣工验收后及运行满一年）	●	○	●	

注：●应包含；○宜包含。

【说明】建筑碳排放模拟计算常用软件包括 PKPM、斯维尔、CEEB 等。

3. 建筑碳减排措施见表 9.3.10-3。

表 9.3.10-3　建筑碳减排措施

阶段	减碳措施	方式类别
建筑运行阶段	降低建筑能耗需求	减量
	提高建筑用能效率	
	提高用能电气化率	替代
	提高可再生能源率	
	引入外部绿电支撑	
	提升绿化增加碳汇	增汇
建造及拆除阶段	采用低碳建造方式	减量
建材生产及运输阶段	减少建材总体用量	
	利用低碳循环建材	替代
	提高本地建材使用	减量

9.4　绿　色　建　筑

9.4.1　绿色建筑是指在全生命周期内，节约资源、保护环境、减少污染，为人们提供健康、适用、高效的使用空间，最大限度地实现人与自然和谐共生的高质量建筑。绿色建筑设计应执行现行国家、行业和地方绿色建筑设计标准。绿色建筑星级水平应满足国家和地方对绿色建筑的要求，并依据现行国家和地方绿色建筑评价标准进行评定。国家和北京地区绿色建筑相关设计依据见表 9.4.1。

表 9.4.1　绿色建筑相关设计依据汇总表

类型	标准名称	标准编号	备注
国家标准	绿色建筑评价标准	GB/T 50378—2019	局部修订中
	绿色工业建筑评价标准	GB/T 50878—2013	修编中
	既有建筑绿色改造评价标准	GB/T 51141—2015	修编中
行业标准	民用建筑绿色设计规范	JGJ/T 229—2010	局部修订中
北京市标准	绿色建筑评价标准	DB11/T 825—2021	京津冀区域协同工程建设标准
	绿色建筑设计标准	DB11/938—2022	京津冀区域协同工程建设标准

【说明】应在设计全过程遵循绿色建筑理念，以因地制宜、被动措施优先为原则，结合建筑所在地域的气候、环境、资源、经济和文化等特点，以及相关政策和上位规划要求，制定适宜的绿色目标、技术策略与实现路径，并将绿色技术与建筑设计有机融合，避免单纯的技术堆砌和盲目的资金投入。在节约资源、保护环境和落实绿色、低碳目标的同时，应兼顾人们对健康、舒适、功能、美感等需求，并引导使用者采取绿色行为方式。北京地区绿色建筑设计应符合《北京市绿色建筑施工图设计要点》（2021 年版）和《北京市房屋建筑工程施工图事后审查要点》（试行）京规自发〔2022〕236 号中关于绿色建筑专项检查的要求。

绿色建筑星级由低至高分为一星级、二星级和三星级。工程项目可依据自身需要进行绿色建筑标识申报。《绿色建筑标识管理办法》建标规〔2021〕1 号中明确绿色建筑三星级标识认定统一采用国家标准，二星级、一星级标识认定可采用国家标准或与国家标准相对应的地方标准。

9.4.2　绿色建筑评价指标体系包含安全耐久、健康舒适、生活便利、资源节约、环境宜居 5 类指标，评价指标内容充分体现以人为本、生态环保、低碳减排三大理念，其相互关系见图 9.4.2。

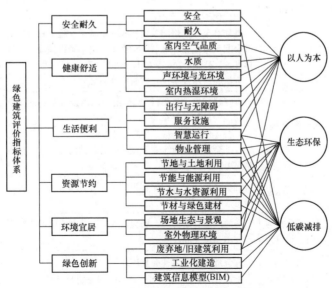

图 9.4.2　绿色建筑评价指标体系与三大理念关系示意

9.4.3 场地规划绿色设计要点见表9.4.3。

表9.4.3 场地规划绿色设计要点

类别	设计目标	设计要点	技术文件
选址及安全	优先选择已开发用地或废弃场地	当利用废弃地时，应采取改造或改良措施，并对土壤中是否含有有毒物质进行检测与再利用评估，确保场地利用不存在安全隐患，符合国家相关标准的要求	—
	确保场地安全	无自然灾害的威胁，无危险源危害。主要灾害和危险源包括洪涝、滑坡、泥石流等灾害，危险化学品、易燃易爆（如加油站、加气站等）等危险物，电磁辐射（如广播发射塔、雷达站、变电站、高压电线等），含氡土壤（氡浓度大于20000Bq/m³的土壤）等	—
集约用地	合理控制土地开发强度	应控制人均居住用地指标、容积率和建筑密度	—
	合理开发利用地下空间	应提高地下空间利用效率。 地下一层建筑面积占总用地面积的比例不宜大于60%	—
	充分利用场地空间设置绿化用地	宜适度提高绿地率。 住宅建筑应合理布置集中绿地。 公共建筑绿地宜向公众开放	—
交通组织	出入口与公共交通站点联系便捷	场地人行出入口500m内应有公共交通站点或接驳车。 距离轨道交通站点的步行距离不宜大于800m	—
	采取人车分流措施	—	—
	采用集约化、共享化的停车方式	宜采用机械式停车设施、地下停车库或地面停车楼等停车方式。 住宅建筑地面停车位数量与住宅总套数的比例不宜大于10%；公共建筑地面停车占地面积与总建设用地面积的比例不宜大于8%。 电动汽车停车位配建指标及充电基础设施工程做法应符合北京市地方标准《电动汽车充电基础设施规划设计标准》DB11/T 1455—2017的相关规定。 宜设置共享停车位，错时向社会开放	充电停车设施比例计算书
	自行车停车场位置合理、方便出入	宜在建筑出入口步行150m的范围内设置具备遮阳避雨功能的自行车停车场。 自行车停车场不应设置在地下一层以下。 宜配套设置自行车服务设施，有条件的办公、学校等建筑可配套设置淋浴、更衣设施	—
公共服务	提供便利的公共配套服务	宜集约化建设公共配套服务，并可与周边共享，提升利用效率	—
	城市绿地、广场及公共运动场地等开敞空间步行可达	场地周边有条件时，场地出入口至开敞空间的步行距离宜不超过300m	—
	合理设置健身场地和空间	宜合理设置室内外健身场地。 场地宜设置宽度不小于1.25m的专用健身慢行道。 室内楼梯间宜具有天然采光和良好视野	—

类别	设计目标	设计要点	技术文件
室外环境	符合日照标准要求	建筑布局应符合日照标准要求。 不应降低周边建筑的日照标准	建筑日照模拟分析报告
	优化场地热环境	居住区室外热环境应符合行业标准《城市居住区热环境设计标准》JGJ 286—2013 的规定。 宜为建筑阴影区外的室外活动场地提供遮阳。 场地路面和建筑表面宜采用太阳辐射反射系数不小于 0.4 的材料	—
	优化场地声环境	场地环境噪声宜优于现行国家标准。 对超过标准的噪声源，应采取隔声和降噪措施。 建筑布局宜远离噪声源。 对交通干道的噪声，应采取设置声屏障或降噪路面等措施	场地声环境检测或模拟预测分析报告
	优化场地风环境	场地内风环境应有利于室外行走、活动和建筑自然通风。 室外活动空间宜通过设置防风墙、板、防风林带、微地形等措施阻隔冬季冷风	室外风环境模拟分析报告
	室外吸烟区布置合理	室外吸烟区应设置在距离人员密集区、有遮阴的人员聚集区、所有建筑出入口、新风进气口、可开启外窗、雨篷等半开敞空间，以及儿童和老人的活动场地不小于 8m（直线距离）的位置	—

9.4.4 建筑空间绿色设计要点见表 9.4.4。

表 9.4.4　建筑空间绿色设计要点

类别	设计目标	设计要点	技术文件
安全	确保建筑空间安全	通行空间满足紧急疏散、应急救护等要求。 建筑物周边宜设有不小于 3m 宽的景观绿化带，或利用平台错层、叠落等缓冲设计，降低坠物风险	—
适变性	提升建筑适变性	商业、办公用途的地上及地下空间宜采用可拆卸的灵活隔断，如可分段拆除的轻钢龙骨水泥板或石膏板隔断（墙）和木隔断（墙）等，或采用大进深、大开间房间布置。 结构与设备管线宜分离设计	—
室内环境	满足节能设计要求	宜采用最佳朝向或适宜朝向。 宜控制建筑体形系数。 宜优化建筑形体和内部空间布局，充分利用天然光和自然通风	—

续表

类别	设计目标	设计要点	技术文件
室内环境	充分利用天然光和自然通风	宜合理控制建筑进深。 大进深空间的建筑可设置中庭、天窗、采光天井等。 地下空间可设置采光井、下沉式庭院等	窗地面积比计算书。 室内天然采光模拟分析报告。 动态采光计算报告。 自然通风模拟分析报告
	避免室内空气污染	应合理布置建筑内部的垃圾收集空间，便于临时存放和清运。 存放垃圾的房间宜单独设置。 有集中餐饮的建筑宜设置厨余垃圾收集场所，宜预留厨余垃圾降解设施的安装条件。 有气力垃圾输送系统的区域，应预留气力垃圾系统接入条件	—
	优化室内声环境	宜进行建筑声环境设计。 室内噪声级应达到低限标准限值的要求。 宜达到低限标准限值和高要求标准限值的平均值或高要求标准限值的要求	—
	提高室内空间利用效率	宜避免不必要的高大空间和无功能空间。 宜避免过大的过渡性和辅助性空间。 宜向社会公众提供全时或错时开放的公共步行通道、公共活动空间、公共开放空间、运动健身场所、停车场地等。 建筑中的会议、展览、健身、餐饮、交往、休息等设施和空间宜共享，供人员停留、交流、聚集等，宜配有休憩座位、家属室、母婴室、活动室等	—

9.4.5 围护结构绿色设计要点见表 9.4.5。

表 9.4.5 围护结构绿色设计要点

类别	设计目标	设计要点	技术文件
围护安全	提高围护结构安全性	应合理设置安全玻璃。 宜采用限制窗扇开启角度、适度提高防护栏杆高度、减少防护栏杆垂直杆件水平净距、安装隐形防盗网等措施防止坠物伤人。 防护栏杆高度、杆件间距应符合相应规范要求。 人流量大、门窗开启频繁的公共区域应采用具有防夹功能的门，包括大堂入口、展厅、电梯、走廊、大空间办公区等位置的门。 建筑外门窗牢固，抗风压性能和水密性能应符合国家规定。 外部设施应与建筑主体结构统一设计、施工	—

类别	设计目标	设计要点	技术文件
围护安全	地面或路面防滑	建筑出入口及平台、公共走廊、电梯门厅、厨房、浴室、卫生间等设置防滑措施，防滑等级不宜低于现行行业标准《建筑地面工程防滑技术规程》JGJ/T 331—2014 规定的 Bd、Bw 级。 建筑室内外活动场所采用防滑地面，防滑等级宜达到现行行业标准《建筑地面工程防滑技术规程》JGJ/T331—2014 规定的 Ad、Aw 级。 建筑坡道、楼梯踏步防滑等级宜达到现行行业标准《建筑地面工程防滑技术规程》JGJ/T331—2014 规定的 Ad、Aw 级或按水平地面等级提高一级，并采用防滑条等防滑构造措施	—
	提高围护结构防潮性能	卫生间、浴室的墙、地面应设置防水层，墙面、顶棚均做防潮层	—
室内环境	优化建筑围护结构热工性能	窗墙面积比、热工性能、气密性指标应满足国家及地方建筑节能设计标准的相关要求。 宜适当提高外墙、屋顶、外窗、幕墙等围护结构主要部位的传热系数 K 和太阳得热系数 $SHGC$。 优先选用自身保温性能好的墙体材料，鼓励选用保温材料与墙体或外装饰一体化的构造	建筑节能计算书。窗墙面积比计算书
	控制可见光反射比	宜避免采用高反射的镜面或金属饰面。 玻璃幕墙应采用可见光反射比不大于 0.3 的玻璃。 在城市快速路、主干道、立交桥、高架桥两侧的建筑物20m以下及一般路段 10m 以下的玻璃幕墙，可见光反射比应不大于 0.16	
	设置可调节遮阳设施	包括活动外遮阳设施（含电致变色玻璃）、中置可调遮阳设施（中空玻璃夹层可调内遮阳）、固定外遮阳（含建筑自遮阳）加内部高反射率（全波段太阳辐射反射率大于 0.50）可调节遮阳设施可调内遮阳设施等	可调节遮阳面积比例计算书
	提高构件、楼板隔声性能	主要功能房间的外墙、隔墙、门窗和楼板的隔声性能应达到低限标准限值的要求。 宜适当提高构件的空气隔声性能、楼板撞击声隔声性能至低限标准限值和高要求标准限值的平均值，或高要求标准限值	主要功能空间的构件隔声性能计算分析报告

9.4.6 建筑材料选用绿色设计要点见表 9.4.6。

表 9.4.6 建筑材料选用绿色设计要点

类别	设计目标	设计要点	技术文件
节约材料	造型简约，无大量装饰性构件	避免夸张造型造成建筑空间和材料的浪费。 不宜采用纯装饰性构件，立面及屋顶的构件宜具备遮阳、采光、导风、载物、辅助绿化等作用。 女儿墙高度不宜超出安全防护高度的 2 倍	装饰性构件造价比例计算书

续表

类别	设计目标	设计要点	技术文件
节约材料	采用耐久性好、易维护的装饰装修建筑材料	采用符合《建筑用水性氟涂料》HG/T 4104—2009 中优等品要求的水性氟涂料或耐候性相当的外墙涂料。 采用满足《绿色产品评价防水与密封材料》GB/T 35609—2017 中对耐久性要求的防水材料及密封材料。 采用耐洗刷性≥5000 次的内墙涂料。 采用耐磨性好的陶瓷地砖 采用室内免装饰面层（如清水混凝土）	—
	土建和装修一体化设计，全装修	在交付前，住宅建筑内部墙面、顶面、地面应全部铺贴、粉刷完成，门窗、固定家具、设备管线、开关插座及厨房、卫生间固定设施应安装到位。 公共建筑公共区域的固定面应全部铺贴、粉刷完成，水、暖、电、通风等基本设备应全部安装到位	—
	选用工业化内装部品	包括集成卫生间、集成厨房、集成吊顶、干式工法地面、装配式内墙、管线集成与设备设施等	
绿色材料	选用环保建材	应控制室内污染物浓度，装饰装修材料应满足相关标准对有害物质限量的要求	污染物浓度预估分析报告
	选用本地建材	宜选用施工现场 500km 以内生产的建筑材料	
	选用可循环材料	需要通过改变物质形态可实现循环利用的土建及装饰装修材料，包括钢筋、铜、铝合金型材、玻璃、石膏、木地板等	可再循环材料比例计算书
	选用可再利用材料	在不改变材料的物质形态情况下直接进行再利用，或经过简单组合，修复后可直接再利用的土建及装饰装修材料，如旧的制品、部品或型材形式的门、窗、砌块等	—
	选用利废建材	利用建筑废弃混凝土生产再生骨料，制作成混凝土砌块、水泥制品或配制再生混凝土；用工业废渣、农作物秸秆、建筑垃圾、淤泥为原料制作成水泥、混凝土、墙体材料、保温材料等；用工业副产品石膏制成石膏制品	
	采用绿色建材	宜选用具有绿色建材标识的建筑材料。 预拌砂浆、预拌混凝土宜全部采用通过绿色建材认证的产品。 主体结构材料、围护墙体、装修材料等采用绿色建材的比例不宜低于 30%	绿色建材应用比例计算书

9.4.7 其他绿色设计要点见表 9.4.7。

表 9.4.7 其他绿色设计要点

类别	设计目标	设计要点	技术文件
生态环境	充分保护或修复场地生态环境	保护场地原有水体、植被等。 保护胸径 15～40cm 的中龄期以上乔木。 宜回收利用表层土（肥力较好区域约 10～30cm 深的土壤）	—

类别	设计目标	设计要点	技术文件
生态环境	设置绿色雨水基础设施	宜提高下凹式绿地、透水铺装比例。 宜引导屋顶和道路雨水进入场地地面生态设施	—
	合理选择绿化方式	种植的植物应适应当地气候，无危害。 应采用复层绿化。 合理搭配乔木、灌木和草坪，种植区域覆土深度和排水能力应满足植物生长需求	—
	提高绿容率	绿容率不宜低于3.0	—
标识	设置标识系统	应设置安全防护的警示和引导标识系统	
无障碍	完善无障碍设施系统	应设置连贯、便捷的无障碍设施系统，与场地外的人行通道实现无障碍衔接。 应设置无障碍车位	—
	公共区域满足全龄化使用要求	建筑室内公共区域的墙、柱等处的阳角宜为圆角，并设有安全抓杆或扶手。 宜设有可容纳担架的无障碍电梯	—
防污染	设置生活垃圾收集设施	设于场地的垃圾收集点应位于下风向，便于运输，并与周边景观协调	—
创新	保持地区特色的建筑风貌	—	—
	BIM技术辅助设计	—	BIM应用报告
	碳排放计算分析	应进行碳排放计算分析	碳排放计算书
	采取节约能源资源、保护生态环境、保障安全健康的其他创新	在超低能耗、健康、智慧等方面进行专项设计和实施。 按百年建筑设计和实施。 采用性能良好的建筑保温与结构一体化技术等	—

9.4.8 绿色建筑设计宜在设计理念、方法、技术应用等方面进行创新。应考虑建筑全生命周期的绿色发展，并对施工和运行阶段的绿色实施提出要求。

9.5 建 筑 防 火

9.5.1 设计原则

1. 防火设计的目标是保障建筑内人员和重要设施、财产的安全，包括保障火灾初期的人员疏散、避难和后期消防救援的条件，保障重要公共活动安全和重要设施运行的连续性。

2. 防火设计的原则是以防为主，防消结合，应结合建筑特性，采用相应的防火技术、设备和措施，确保建筑消防安全。

3. 国家工程建设消防技术标准未做规定的、项目拟采用的新技术、新工艺、新材料不符合国家工程建设消防技术标准规定的，或因保护利用历史建筑、历史文化街区需要，确实无法满足国家工程建设消防技术标准要求的特殊建设工程，应按照相关规定，进行特殊消防设计，并通过消防审查主管部门组织的专家评审。

【说明】根据《建设工程消防设计审查验收管理暂行规定》（2023 年 8 月 21 日住房和城乡建设部令第 58 号修正）的规定，本款涉及的相关建设工程可向消防设计审查验收主管部门申请组织专家评审。

9.5.2 设计依据

1. 防火设计标准主要包括防火设计通用标准、防火设计专用标准、专项建筑设计标准、消防设施技术标准、消防安全管理标准和规定、地方性消防设计标准和管理规定等。

2. 当各地区对改造工程防火设计有明确规定时，应执行当地规定，北京地区应执行《北京市既有建筑改造工程消防设计指南》（2023 年版）。

【说明】常用现行国家防火设计通用标准有《建筑防火通用规范》GB 55037、《建筑设计防火规范》GB 50016、《建筑内部装修设计防火规范》GB 50222 等。

常用现行国家防火设计专用标准有《汽车库、修车库、停车场设计防火规范》GB 50067、《人民防空工程设计防火规范》GB 50098 等。

专项建筑设计标准中的防火设计章节是防火设计依据。

常用现行国家消防设施技术标准有《消防设施通用规范》GB 55036、《建筑防烟排烟系统技术标准》GB 51251、《气体灭火系统设计规范》GB 50370、《建筑钢结构防火技术规范》GB 51249 等。

防烟、排烟系统设计应符合现行国家标准《消防设施通用规范》GB 55036、《建筑防烟排烟系统技术标准》GB 51251 的规定。

汽车库内部的消防设计应符合现行国家标准《汽车库、修车库、停车场设计防火规范》GB 50067、《建筑设计防火规范》GB 50016 中涉及汽车库的条款规定及对主体建筑与附设汽车库的防火分隔要求。

9.5.3 防火设计体系

1. 应根据建筑功能、规模、高度和重要程度等确定建筑的防火分类和耐火等级。

2. 总平面防火设计包括建筑防火间距、消防车道和消防救援场地。

3. 建筑单体防火设计包括以下涉及建筑专业的内容：

1）各功能场所可以设置的楼层和位置；

2）防火分区的划分；

3）安全疏散和避难的措施；

4）消防电梯的设置；

5）防火构造措施。

9.5.4 防火分类和耐火等级

1. 建筑高度大于 24m 的医疗建筑、重要公共建筑、独立建造的老年人照料设施均为一类高层建筑，耐火等级不应低于一级；

2. 单、多层重要公共建筑的耐火等级不应低于二级。

【说明】对于重要公共建筑，不同地区的规定不完全相同。北京地区可参考《汽车加油加气加氢站技术标准》GB 50156—2021 附录第 B.0.1 条的规定。

9.5.5 防火间距

1. 建筑物之间的防火间距应按相邻建筑外墙的最近水平距离计算，当外墙有凸出的可燃或难燃构件时，应从凸出部分外缘算起；凸出外墙的不燃体屋檐、装饰柱等构件，不计入防火间距。

2. 同一座 U 形或山字形建筑中相邻两翼之间的防火间距，不宜小于现行国家标准《建筑设计防火规范》GB 50016 中对民用建筑之间的防火间距的规定。

3. 建筑屋顶天窗与邻近建筑或设施之间，应采取防止火灾蔓延的措施，宜将天窗布置在距离建筑较高部分较远的位置，一般不宜小于 6m；当防火间距不满足要求时，应采取防火措施，如采用乙级防火天窗、邻近天窗的建筑外墙采用防火墙等。

9.5.6 防火分区

1. 同一建筑内设置多种使用功能场所时，使用功能相同或相近的场所宜集中布置；因各使用功能场所的火灾风险等级不同，在不同使用功能场所（如办公、商业、住宅等）之间应设置防火分隔措施，并宜划分为不同防火分区。

2. 附建在商业建筑中的饮食建筑，其防火分区划分应符合现行国家标准《建筑设计防火规范》GB 50016 中商业建筑的规定；商店营业厅和餐饮场所的防火分区限值不同，应分别划分防火分区。

3. 结构层高小于 2.2m 的设备夹层可不划分防火分区。

4. 集中的地下、半地下库房的防火分区面积限值应符合表 9.5.6 的规定。

表 9.5.6 地下、半地下库房的防火分区面积限值

使用功能	防火分区面积（m²）		备注
	无自动灭火设施	有自动灭火设施	
丁、戊类库房	500	1000	—
丙 2 项库房	500	1000	住宅、博物馆的藏品库
	300	600	商店、展览、人防等
图书馆的书库、档案馆的档案库	300	600	—

5. 不计入防火分区面积的场所或部位

1) 消防水池。

2) 室外开敞阳台。

3）人防工程内采用 A 级装修材料的溜冰馆冰场、游泳馆游泳池、射击馆靶道区、保龄球馆球道区等，非人防工程可以参照执行。

4）人防工程内的水泵房、污水泵房、水池、厕所、盥洗间等无可燃物的房间。

6. 汽车库设置电动车位的区域，需按照现行国家标准《电动汽车分散充电设施工程技术标准》GB/T 51313 的规定划分防火单元。即使全部设置自动灭火系统和火灾自动报警系统时，防火单元的建筑面积也不能增加。用于防火单元分隔的防火卷帘宽度，可不受《建筑设计防火规范》GB 50016—2014（2018 年版）第 6.5.3 条第 1 款的限制。

7. 北京地区电动自行车库防火分区设计应执行现行地方标准《电动自行车停放场所防火设计标准》DB11/1624，即使全部设置自动灭火系统和火灾自动报警系统时，防火分区的建筑面积也不能增加。

8. 防火墙应直接设置在建筑的基础上或具有相应耐火性能的框架、梁等承重结构上。当防火墙下承重结构的耐火性能不满足要求时，应采取加厚钢筋保护层厚度、包覆防火板、增涂防火涂料等措施，使结构构件的耐火性能满足标准的要求。

【说明】第 2 款咖啡、饮品等轻餐饮店铺可划入商店营业厅的防火分区。

第 4 款住宅楼地下部分的储藏间属于民用建筑的附属库房。设计应符合《建筑设计防火规范》GB 50016—2014（2018 年版）对于民用建筑内附属库房的要求，采用耐火极限不低于 2h 的防火隔墙与其他部位分隔，分隔墙上的门、窗应采用乙级防火门、窗，确有困难时，可采用防火卷帘。

对于单层或多层建筑首层的博物馆戊类藏品库，防火分区限值是 4000m²，当全部设置自动灭火系统和火灾自动报警系统时，可增加 1.0 倍。

博物馆藏品库区的面积限值比一般仓库有所扩大，是因为防火分区面积过小，出入口过多不利于安全防范，反而降低了藏品库区整体的安全性。

住宅、博物馆以外的其他建筑类型，比如商业建筑、展览建筑、图书馆、档案馆等，当库房面积较大时，应按照工业建筑中仓库的要求进行防火分区设计，并标出储存物品的火灾危险性类别。

第 6 款汽车库的防火分区和防火单元，在车位之间宜采用防火墙作为防火分隔措施，在车道上采用防火卷帘作为防火分隔措施时，卷帘的宽度不限。

9.5.7 平面布置

1. 人员密集、火灾风险性高或行动不便人员使用等疏散要求高的场所宜设置于地上建筑的下部楼层，不宜设置在地下或半地下室，如必须设置时应符合表 9.5.7 的规定。

2. 独立安全出口和疏散楼梯的设置

1）与商业服务网点或其他功能合建时，住宅应设置独立的安全出口和疏散楼梯。

2）与其他功能合建时，老年人照料设施应设置独立的安全出口和疏散楼梯。

表 9.5.7 常见地下、半地下使用场所设置要求

场所类型	所在地下楼层
托儿所、幼儿园的儿童用房和儿童游乐厅等儿童活动场所	不允许
老年人照料设施的老年人居室和老年人休息室	
医院和疗养院的住院部分	
中小学宿舍的居室	
中小学以外的其他宿舍的居室	仅可以设在半地下室
住宅的卧室、起居室和厨房	
老年人照料设施的老年人公共活动用房、康复与医疗用房	不应设在地下 2 层及以下，且埋深不应大于 10m
歌舞、娱乐、放映、游艺场所	
人防工程内的旅店	
营业厅、展览厅	不应设在地下 3 层及以下，且埋深不应大于 10m
剧场、电影院、礼堂	
会议厅、多功能厅	

注：1. 地下营业厅、展览厅不应经营、储存和展示甲、乙类火灾危险性物品。

2. 当老年人照料设施中的老年人公共活动用房、康复与医疗用房设置在地下时，每间用房的建筑面积不应大于 200m² 且使用人数不应大于 30 人。

3. 有使用功能的地下夹层均应计入地下使用层数，仅作为设备管线层使用的夹层可不计入。

4. 地下室埋深指地下室最底层的室内建筑地面与室外出入口地坪的高差，其中出入口地坪应为消防车能够到达的出入口地坪。

3）与居住、养老、教育、办公建筑合建时，托儿所、幼儿园应设置独立的安全出口和疏散楼梯。

4）与观众厅、教学楼等人员密集的公共场所合建时，宿舍应设置独立的安全出口和疏散楼梯；与其他非宿舍功能合建时，宿舍宜设置独立的安全出口和疏散楼梯。

5）位于高层建筑内的儿童活动场所应设置独立的安全出口和疏散楼梯；位于多层建筑内的儿童活动场所宜设置独立的安全出口和疏散楼梯。

6）设在超大城市综合体内的电影院应设置独立的安全出口和疏散楼梯；设置在其他民用建筑内的电影院至少应设置 1 个独立的安全出口和疏散楼梯。

7）设置在其他民用建筑内的剧场和礼堂至少应设置 1 个独立的安全出口和疏散楼梯。

8）设置在托儿所、幼儿园、老年人照料设施、中小学校教学楼、病房楼等地下部分的汽车库应设置独立的安全出口和疏散楼梯。

9.5.8 安全疏散

1. 应满足安全出口数量、安全疏散距离、最小疏散净宽度的要求。

2. 当一、二级耐火等级公共建筑（除汽车库）的安全出口全部直通室外确有困难时，可借用通向相邻防火分区的甲级防火门作为安全出口，包括借用安全出口的数量、借用安全疏散的距离和宽度。

3. 营业厅内任何一点至最近疏散门或安全出口的直线距离不应大于 30m，且行走距离不应大于 45m。

4. 汽车库安全疏散

1）仅可借用相邻住宅防火分区的疏散楼梯和消防电梯，不应利用通向相邻其他功能防火分区的甲级防火门作为安全出口。

2）汽车库内的疏散距离应考虑墙体和立体停车车架的影响，不需考虑停车位的影响。

3）当设置电动汽车的汽车库划分防火单元时，每个单元内应保证有 2 个疏散方向且至少 1 个方向满足疏散距离的要求。

【说明】除汽车库外，地下室的安全疏散距离要求一般同地上主体建筑的要求。地上单、多层建筑，当地下室埋深超过 10m 或层数为地下 3 层及以上时，其安全疏散距离应按照相同使用功能的高层建筑防火设计标准计算。

疏散距离应考虑墙体遮挡的影响。直线距离通常不考虑轻质隔断、家具、柜台、货架、车辆等的影响。行走距离是考虑了家具、柜台、货架等对人员疏散的影响后的实际通行距离。

9.5.9 疏散楼梯间

1. 地上、地下的楼梯间均应在首层直通室外，确有困难时、可在首层采用扩大的防烟楼梯间前室或扩大的封闭楼梯间。

2. 当地上楼梯间和地下楼梯间竖向平面位置相同，且在首层均不能直通室外时，地下楼梯间在首层应采用耐火极限不低于 2h 的防火隔墙和乙级防火门与地上楼梯间完全分隔，并通过共用的扩大封闭楼梯间或扩大前室直通室外。

3. 当大型建筑受条件限制，地下楼梯间在首层疏散到室外的行走距离较长时，可经避难走道通向室外。

4. 首层扩大封闭楼梯间或扩大防烟楼梯间前室应采用不低于 2h 的防火隔墙与周围空间进行分隔，需要连通时应设置防火门窗，不允许采用防火卷帘。

5. 当商业等人员密集场所的地下和地上楼梯间竖向平面位置相同时，首层疏散走道和外门的净宽均不应小于地下楼梯间与地上楼梯间疏散净宽之和。

6. 除了首层疏散外门，其他疏散出口门的净宽度不应小于 0.80m；首层疏散外门的净宽度不应小于 1.10m。

7. 不同使用功能的疏散楼梯间最小净宽应符合表 9.5.9 的规定。

表 9.5.9　疏散楼梯净宽限值

使用功能	疏散楼梯最小净宽（m）			
住宅	1.1 (1.0[①])			
公共建筑	商店建筑营业区公共楼梯	高层医疗	其他公共建筑	
	1.4	1.3	高层 1.2	多层 1.1

续表

使用功能		疏散楼梯最小净宽（m）
汽车库		1.1
人防工程	商场、公共娱乐场所、健身体育场所	1.4
	医院	1.3
	旅馆、餐厅	1.1
	其他民用工程	1.1

注：①为建筑高度不大于18m的住宅中，仅一侧设置栏杆的疏散楼梯净宽。

【说明】北京地区项目首层采用扩大的防烟楼梯间前室或扩大的封闭楼梯间时，疏散楼梯间的门或楼梯起始踏步距离直通室外的安全出口一般不应大于30m。

住宅和公共建筑的地下储藏间或设备机房属于上部建筑的附属功能，地下疏散楼梯的最小净宽与上表中住宅或公共建筑中的其他公共建筑的要求相同。

用于人员密集场所疏散的室外楼梯最小净宽同上表要求；仅辅助用于人员的应急逃生和消防员进行灭火救援的室外楼梯最小净宽为0.8m。

9.5.10　消防电梯

1. 高层建筑的裙房部分可不设消防电梯。

2. 埋深大于10m且总建筑面积大于3000㎡的地下车库应设置消防电梯。

3. 当建筑的地上部分设置消防电梯且设有地下室时，该消防电梯应通至地下各层。当建筑的地上部分不需设消防电梯时，其地下部分的消防电梯可仅通至首层。

4. 当超高层建筑的消防电梯不能通至地下室的底部楼层时，应设置从首层到最底层的独立消防电梯。

5. 消防电梯间前室或合用前室应在首层直通室外或经过长度不大于30m的通道通向室外，通道应采用耐火极限不低于2h的防火隔墙和乙级防火门与相邻区域分隔。

【说明】当建筑的地上、地下部分均需设置消防电梯时，因地上、地下防火分区的限值不同，往往地下所需消防电梯数量会高于地上所需消防电梯数量。此时地下消防电梯不必全部向上通至地上各楼层，仅需确保地上各层所有防火分区均有消防电梯到达，且地上消防电梯可到达地上各楼层。

当建筑的地下部分设置了汽车库、设备机房和其他功能时，各功能的防火分区面积限值相差较大，往往地上所需消防电梯的数量会高于地下所需消防电梯的数量。此时地上消防电梯不必全部向下通至地下各楼层，仅需确保地下各层所有防火分区均有消防电梯到达，且每个防火分区的消防电梯可到达地下各楼层。

9.5.11　防烟

1. 应设置防烟设施的部位详见国家标准《建筑防火通用规范》GB 55037—2022 第8.2.1条。避难走道前室、总长度大于等于30m的一端设置安全出口的避难走道、总长度大于等于 60m 的两端设置安全出口的避难走道应设置防烟设施。

2. 地上封闭楼梯间临外墙时，可设置符合国家标准《建筑防烟排烟系统技术标准》GB 51251—2017 规定的可开启外窗或开口作为自然通风的防烟措施，不满足时应设置机械加压送风系统。

3. 当地下封闭楼梯间满足表 9.5.11 的要求时，可以利用首层可开启外窗或开口作为自然通风的防烟措施，不满足时应设置机械加压送风系统。

表 9.5.11　地下封闭楼梯间自然通风要求

地下室埋深	地下室层数	自然通风措施	地下楼梯间高度	具体要求
不大于 10m	地下 1~2 层	首层可开启外窗或开口	不大于 10m	可以仅在最高部位设置不小于 1m² 的可开启外窗或开口
			大于 10m	可开启外窗或开口的总面积 ≥2m²（包含设置在最高部位的 1m² 可开启外窗或开口）

注：本表依据《建筑防烟排烟系统技术标准》GB 51251—2017 第 3.2.1 条编制。

4. 地上防烟楼梯间及前室的防烟措施应符合国家标准《建筑防烟排烟系统技术标准》GB 51251—2017 的规定。除紧邻烟气可以迅速扩散的下沉式广场和对边净距不小于 6m×6m 的无顶盖窗井外，地下防烟楼梯间及前室均应采用机械加压送风的防烟方式。

【说明】敞开楼梯间应靠外墙设置，且应有天然采光和自然通风。不满足时应设为封闭楼梯间，并采取防烟措施。

地下楼梯间的高度指地下楼梯间内最底层建筑标高到首层顶板上皮建筑标高的间距。

当地下的封闭楼梯间仅为一层时，可不设置机械加压送风系统，但首层应设置有效面积不小于 1.2m² 的可开启外窗（不要求设置在最高部位）或直通室外的疏散门。

9.5.12　排烟

1. 应设置排烟设施的部位详见国家标准《建筑防火通用规范》GB 55037—2022 第 8.2.2 条~第 8.2.5 条。大于 50m² 的地下消防控制室等有人值守的设备用房应设排烟设施。设置气体灭火的房间不应设置排烟设施。

2. 设置排烟系统的场所或部位应采用挡烟垂壁、垂帘、结构梁及隔墙等划分防烟分区。隔墙等形成的独立空间，应作为一个防烟分区设置排烟口，不能与其他相邻区域或房间作为一个防烟分区。

3. 走道宽度大于 2.5m 且不大于 4m 时，防烟分区的长边长度应按走道面积不大于 150m² 确定。当走道包括局部加宽的无可燃物的电梯厅、过厅等区域，其加宽后的走道总面积不大于 180m² 时，仍可按照主走道面积不超过 150m² 确定走道的长度。

4. 地下的走道或房间可利用下沉式广场、不宜利用窗井自然排烟。地下人员密集的场所、地下室埋深大于 10m 或地下 3 层及以上时，不应利用窗井自然排烟。

5. 地上建筑面积≥500m² 的房间，采用自然排烟时应设置自然补风系统，可通过疏散外门、可开启外窗等自然进风方式直接从室外补风。防火门、窗不得用作补风设施。

【说明】第 2 款汽车库直接利用突出结构板下不小于 0.5m 的梁来划分防烟分区时，每个梁格自然形成一个防烟分区，使防烟分区过多、面积过小。宜在梁下设置挡烟垂壁，适当加大防烟分区面积。

第 4 款利用窗井进行自然排烟时，窗井的最小横截面积和在首层开口的面积均应满足地下各层中最大一层的排烟要求，当首层开口处设百叶时应按百叶的通风率进行折减。

9.5.13　无窗房间

国家标准《建筑防烟排烟系统技术标准》GB 51251—2017 中的无窗房间指未设置外窗或外窗均为固定扇的功能房间。国家标准《建筑内部装修设计防火规范》GB 50222—2017 中的无窗房间为由隔墙和门完全封闭，未设置外窗或内窗的功能房间。当房间内安装了能够被击破的窗户且外部人员可通过该窗户观察到房间内部情况，可不认定为无窗房间。

【说明】北京地区规定大空间内采用距吊顶高度不小于 500mm 的轻质隔断分隔的小房间，不算无窗房间。

9.5.14　下沉式广场

1. 下沉式广场作为大于 20000m² 的地下商店不同区域之间连通的防火分隔措施时，应符合《建筑设计防火规范》GB 50016—2014（2018 年版）第 6.4.12 条的规定。

2. 下沉式广场不作为地下商店等不同区域之间的防火分隔措施，仅用于周围多个防火分区的人员疏散时，最小净尺寸为 6m×6m，最小净面积应根据疏散和避难人数经计算确定，计算方法参见《站城一体化工程消防安全技术标准》DB11/1889—2021 条文说明第 5.0.23 条。

3. 下沉式广场兼具人员疏散和灭火救援场地时，开口总净尺寸宜大于 20m×20m。

【说明】下沉式广场应具有消防车进出的道路和停靠、展开、回转的空间及场地，其地面及下部承重结构应能承受消防车满载时的轮压荷载。

9.5.15　坡地建筑

1. 坡地建筑的类别确定和防火设计内容，应符合当地消防设计标准和管理规定。

2. 当坡地顶层和底层之间的楼层同时满足以下条件时，可按照地上建筑进行防火设计，否则应满足地下室防火设计要求。

1) 防火分区应有不小于 1/3 周长或 1 个长边的外墙可布置外窗和消防救援窗。

2) 防火分区面积大于 1000m² 时，应至少有 2 个直通室外地面的安全出口；不大于 1000m² 时，应至少有 1 个直通室外地面的安全出口。

3) 所有安全出口或疏散楼梯应能从上向下经坡地底层疏散至室外地面。

4) 坡地底层的室外地面应与消防车道连通，且应满足消防车停靠和展开救援作业的要求。

【说明】本条依据《〈建筑设计防火规范〉GB 50016—2014（2018 年版）实施指南》编写。

9.5.16 人防工程防火设计

1. 人防工程具有平时和战时两种用途，防火设计是为了保证平时使用时的消防安全，设计时不需考虑战时消防安全。

2. 当人防工程的平时使用功能是汽车库时，防火设计应符合现行国家标准《汽车库、修车库、停车场设计防火规范》GB 50067 的规定；当为其他功能时，应符合现行国家标准《人民防空工程设计防火规范》GB 50098 的规定。人防工程的内部装修防火设计应执行现行国家标准《建筑内部装修设计防火规范》GB 50222 的规定。

3. 人防内防火门的设置要求见表 9.5.16。

表 9.5.16　人防内防火门的设置要求

级别	耐火极限	使用部位	备注
甲级	1.5h	通风和空调机房、排烟机房、变配电室、消防控制室、消防水泵房、灭火剂储瓶室、通信机房、附属库房、柴油发电机房的储油间、与中庭连通的房间和走道	附属库房指可燃物存放量平均值超过 30kg/m² 火灾荷载密度的房间
乙级	1.0h	厨房、歌舞、娱乐、放映、游艺场所	一个厅、室的建筑面积不大于 200m²
丙级	0.5h	电缆井、管道井等竖向井道	埋深>10m 时为甲级

【说明】人防工程执行的《人民防空工程设计防火规范》GB 50098—2009 与非人防工程执行的《建筑设计防火规范》GB 50016—2014（2018 年版）有很多不同之处，包括防火分区安全出口的设置、房间最远点至该房间疏散门的距离和房间疏散门至最近安全出口的距离、安全出口和疏散楼梯、疏散走道的最小净宽、商店的疏散人数折算系数、防火门的等级等。设计时应特别注意。

9.6　建筑声学

9.6.1　各类民用建筑设计均应包含声学专项，声学设计包括以下内容：

1. 室外环境声景；

2. 建筑空间及平面布局；

3. 外围护结构空气声隔声；

4. 房间围护结构空气声隔声；

5. 楼板撞击声隔声；

6. 空调系统噪声控制（配合设备专业）；

7. 机电设备隔振降噪（配合设备、电气专业）；

8. 室内音质专项。

9.6.2　公共建筑声学专项设计要求

1. 公共建筑声学专项设计主要包括建筑隔声、噪声与振动控制、室内音质三部分。应在方案阶段按照建筑类型和使用功能评估潜在的声学问题，制定声学专项设计目标和内容。

2. 公共建筑中应进行室内音质专项设计的空间可分为语言类厅堂和音乐演出类厅堂，其空间类型、声学设计要求见表 9.6.2，室内音质专项设计流程见图 9.6.2。

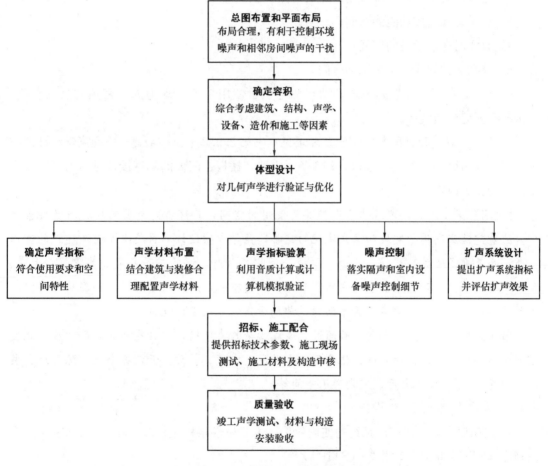

图 9.6.2　室内音质专项设计流程

表 9.6.2　有音质要求的空间及设计要求

类型	功能	声学设计要求
语言类厅堂	会堂、会议厅、报告厅、审判厅、教室、宴会厅、多功能厅、电影厅、综合体育馆等	1. 确保语言清晰度。 2. 确保电声系统运行

续表

类型	功能	声学设计要求
音乐演出类厅堂	音乐厅、剧院、演播室、录音棚等	1. 为听众提供音乐明晰、音色纯真和音节清晰的听闻环境。 2. 满足演出时的音响和录播要求

3. 除具有音质专项设计要求的空间外，当公共建筑中存在以下空间时，应在设计初期对声学功能进行分析并制订声学专项设计方案。

1）对声环境质量要求较高的房间；

2）运行后安装电声系统或扬声器的房间；

3）有录音和播放功能的房间；

4）有实时通信设备的房间；

5）存在非常规或复杂声源的房间。

4. 大堂、餐厅、开放办公区等没有特定声学使用功能要求但人员密集的公共空间，宜进行声环境专项设计。

5. 室外声环境设计的基本规定及要求见本书第2.9.5条。一般建筑空间声学设计的技术要点见本书第3.9.10条～第3.9.16条，内墙、楼板、门窗的隔声设计见本书第6.3章室内工程相关内容。

【说明】第1款公共建筑作为人们共同使用的空间，声环境是重要的环境质量要素之一。随着建筑业高质量发展和噪声法规的完善，声学专项设计不再局限于观演建筑的室内音质，而是更多地关注旅馆、办公、学校、医院、商业、博物馆等各类公共建筑。大堂、餐厅中的嘈杂声，开放办公空间中的背景噪声和语言私密度，教室的隔声和混响时间以及室外设备对相邻建筑的噪声排放等问题，都属于声学专项设计范畴。

第4款规定可避免由于混响时间过长造成嘈杂的声环境，提升空间声学舒适度。此类空间包括入口大厅、接待大厅、休息厅、咖啡厅、中庭、餐厅、开放办公区、陈列厅、展厅、阅览室、候车/机大厅、室内游乐空间等。

9.6.3 室内大型空间声学设计

1. 应确保广播（扩声）系统的使用效果，主要声学指标包括允许噪声级（dB）、语言清晰度（STI）、语音传输指数（STIPA）等。

2. 体形设计应避免声学缺陷，避免声学缺陷的方法如下：

1）任意两个平面的夹角宜>4°；

2）在平行平面上布置大面积吸声材料；

3）在平行平面上结合装饰构件设置凸凹不平的声反射物；

4）为避免声聚焦，不宜采用穹顶或圆形、椭圆形平面，正多边形平面应避免反射面法线集中于一点。

3. 吸声材料布置

1）宜在墙面、顶棚布置吸声材料。

2）宜在计算机模拟并计算中频（500～1000Hz）混响时间的基础上确定吸声材料布置方案。

3）吸声材料布置原则见表9.6.3。当吸声材料布置不能满足表9.6.3的要求时，应采用空间吸声体进行补充。

表 9.6.3 吸声材料布置原则

位置	面积	平均降噪系数
仅顶棚	顶棚吸声≥顶棚总面积的 75%	$NRC \geqslant 0.6$
顶棚、墙面结合	顶棚吸声≥顶棚总面积的 50% 墙面吸声≥墙面总面积的 50%	顶棚吸声材料 $NRC \geqslant 0.6$ 墙面吸声材料 $NRC \geqslant 0.4$
	总吸声≥顶棚＋墙面总面积之和的 50%	顶棚吸声材料 $NRC \geqslant 0.6$ 墙面吸声材料 $NRC \geqslant 0.4$

注：本表优先程度从上至下排列。

【说明】第3款顶棚吸声可与屋盖结构的保温、隔热、遮光等结合考虑。屋面如有采光天窗，可结合遮阳设施等构件做吸声处理。

9.6.4 语言类厅堂声学设计

1. 影响语言清晰度的因素主要包括响度、混响时间、反射声、背景噪声、早期反射声等。

1）以语言功能为主的会堂、报告厅和多功能厅的混响时间应参照现行国家标准《剧场、电影院和多用途厅堂建筑声学设计规范》GB/T 50356执行。

2）电影厅的混响时间应参照现行行业标准《电影院建筑设计规范》JGJ 58及电影院线企业标准综合确定。

3）体育馆、游泳馆、冰上运动馆等空间的混响时间应参照现行国家标准《体育场建筑声学技术规范》GB/T 50948、现行行业标准《体育场馆声学设计及测量规程》JGJ/T 131及其他体育类建筑设计标准、体育委员会标准综合确定。

2. 空间布局与厅堂隔声

1）以厅堂为核心功能的建筑，总图设计和平面布局应避免外界噪声和附属房间对主要功能房间的噪声干扰。

2）应根据厅堂的具体使用要求和相邻房间的声学特性，合理确定厅堂的围护结构隔声性能。

3）宜利用采取吸声降噪措施的休息厅、前厅等隔绝外界噪声。

3. 厅堂容积与体型设计

1）不使用扩声系统的语言类厅堂最大容积不宜大于 $3000m^3$。

2）语言类厅堂每座容积宜为 3.5～5.0m³。

3）设有楼座的观众厅，挑台的出挑深度与楼座下开口净高度的比值不宜大于 1.5。电影院观众厅不宜设置楼座。

4. 为控制语言类厅堂的混响时间，宜按照以下方法布置室内吸声材料：

1）侧墙特别是两个平行的侧墙面宜均匀或交错布置吸声材料；当侧墙上有外窗、玻璃幕墙时，宜采用吸声窗帘，窗帘褶皱率不宜小于 3。

2）后墙宜均匀布置宽频带强吸声材料。

3）宜在无反射功能的顶棚区域（如：顶棚边缘或后区）安装吸声材料。

4）厅堂内的活动隔断表面宜采用吸声材料。

5. 以扩声为主的会堂、报告厅和多用途礼堂，应在讲台附近和主扬声器正对的墙面布置吸声材料，平均吸声系数在 125～4000Hz 频率范围内不宜小于 0.6，125Hz 的吸声系数不宜小于 0.4，500Hz、1000Hz 的吸声系数不宜小于 0.7。

6. 室内运动空间应尽量利用室内表面布置吸声材料，当墙面、顶棚的吸声材料布置面积有限时，宜采用空间吸声体补充吸声量。

【说明】第 3 款在声源为自然声时，厅堂内早期反射声声场应均匀分布。到达观众席的早期反射声相对于直达声的延迟时间宜小于或等于 50ms，相当于声程差 17m。

9.6.5 音乐演出类厅堂声学设计

1. 声学设计指标

1）根据厅堂的使用功能确定观众厅适宜的混响时间（T_{60}，s）及其频率特性，且应符合现行国家和行业标准《剧场、电影院和多用途厅堂建筑声学设计规范》GB/T 50356、《剧场建筑设计规范》JGJ 57 的规定。

2）语言清晰度（STI）、声场不均匀度（ΔL，dB）、早期反射声（C_{80}）等室内音质评价指标，应由声学专业根据厅堂的规模、使用功能综合考虑确定。

3）剧场的舞台空间应做吸声设计。大幕下落及常用舞台设置条件下舞台空间的中频（500～1000Hz）混响时间不宜超过观众厅空场混响时间。

4）辅助用房混响时间可参照现行国家和行业标准《剧场、电影院和多用途厅堂建筑声学设计规范》GB/T 50356、《剧场建筑设计规范》JGJ 57 执行。

2. 空间布局与厅堂隔声

1）应在观众出入口与休息大厅之间设置声闸；

2）侧台直接通向室外的门应采用隔声门；

3）其余同第 9.6.4 条第 2 款。

3. 厅堂容积与体型设计

1）以自然声为主的剧场观众厅容量，话剧场、戏曲剧场不宜超过 1000 座，歌舞剧场不宜超过 1400 座。以扩声为主的剧场座位数不受此限制。

2) 适宜的每座容积见表 9.6.5。

表 9.6.5 音乐演出类厅堂每座容积

厅堂类别	容积指标（m³/座）
音乐	6.0～8.0
歌剧、舞剧	5.0～8.0
话剧、戏曲	4.0～6.0
多功能（可参考语言类厅堂）	4.5～5.5

注：1. 容积计算以大幕线为界。当舞台设有声反射罩时，应另外计算包含声反射罩内空间的观众厅容积。

2. 伸出式和岛式舞台不受此规定的限制。

3) 以自然声源为主时，不宜采用圆形、椭圆形平面和圆拱形顶棚。舞台面向观众厅的两侧墙面不应呈钝角。观众厅长、宽、高比值中不应有整数比。

4) 应避免回声、长延时反射声、颤动回声、声聚焦、声影、共振（声染色）及耦合等声缺陷。

5) 地面升起坡度按视线超高值（C 值）要求应不小于 0.12m。

6) 以自然声为主的剧场，当观众厅内设有楼座时，挑台的挑出深度宜小于楼座下开口净高的 1.2 倍。楼座下吊顶形式应有利于该区域观众席获得早期反射声。

7) 以扩声为主的剧场，挑台的挑出深度宜小于楼座下开口净高的 1.5 倍。

8) 楼座、池座后排净高及吊顶下沿至观众席地面的净高宜大于 2.8m。

4. 声学材料布置

1) 以自然声为主的剧场，舞台上宜设置活动声反射罩或声反射板。观众席中前区宜布置坚硬、密实的反射性材料提供早期反射声。

2) 以扩声为主的剧场，舞台空间应做吸声处理，其混响时间宜与观众厅空场混响时间一致。乐池内宜做吸声及扩散处理；侧墙后部、观众席后区应均匀或交错布置吸声材料；后墙宜均匀布置宽频带强吸声材料；宜在无反射功能的顶棚区域（如：顶棚边缘或后区）安装吸声材料。

3) 纯音乐演出类厅堂（如：音乐厅）应避免在空间内表面布置吸声材料，宜采用扩散体使声场分布更加均匀，常用扩散体包括壁柱、浮雕、藻井、吊灯、悬挂几何体装饰物、MLS 或 QRD 扩散体等。

4) 当演播室、录音室等混响时间短且需要布置较多吸声材料时，吸声材料应均匀布置。

5) 应选择符合声学指标要求的家具，如剧场中的座椅。

6) 当厅堂具有多种用途时，可利用可变混响构造调节不同使用功能、满场率时的厅堂混响时间。

【说明】第1款设置舞台声反射罩的剧场，观众厅应在有声反射罩和无声反射罩两种工况下分别计算混响时间。

第3款体型设计包括根据使用要求选用合适的平、剖面形式、房间的尺寸与比例以及室内反射面（如顶棚、墙面）的形式与做法等。观众席应尽量靠近声源并布置在一定的角度范围内。靠近舞台的座席易听到来自后墙、挑台栏杆、高天花板或宽侧墙的反射声，应采用吸声、扩散、改变反射面角度等方法避免回声。两个平行表面（如顶棚与地面、两平行墙之间）常产生颤动回声，多见于矩形的会议大厅或演播室内。声聚焦多出现于具有凹曲形、多边形平、剖面的厅堂中。应通过改变弧面曲率，使弧面曲率半径不小于房间高度或长度的2倍，或在曲面内做吸声和扩散处理。声影常出现在观众席挑台下方，避免声影的方法，参照观众席挑台的声学设计要求。造成声染色（共振）及耦合声缺陷的原因较为复杂，应结合体型分析综合判断。

第4款应根据厅堂的混响时间指标和声源特性综合考虑厅堂内的总吸声量和声场分布，确定吸声材料的面积、位置、尺寸、吸声系数等。声桥与观众厅吊顶内部空间之间应做隔声处理或设置扬声器的隔离小室，并应做吸声处理。其他安装扬声器位置的内部空间宜做吸声处理。

9.6.6 室内噪声控制

1. 产生噪声的设备及其机房布置位置应避免与噪声敏感房间相邻。

2. 噪声敏感房间的设备噪声控制指标应满足室内噪声级限值要求。

3. 应预留设备降噪处理装置（如隔振器、消声器等）的安装空间和安装条件。

4. 管道穿墙处应采取隔声封堵措施。

5. 室外冷却塔、风机等有噪声的设备，不应影响噪声敏感建筑或房间，应预留隔声、隔振措施的安装空间及安装条件。

6. 设备机房的噪声控制措施如下：

1）围护墙不应采用轻质隔墙，墙体的空气声隔声性能 $R_w + C_{tr}$ 应 $\geqslant$ 50dB。当与噪声敏感房间相邻时，应评估机房噪声对噪声敏感房间的影响，经计算确定墙体隔声性能指标。

2）应采用隔声门，当机房门开向公共区域时，门的隔声性能 $R_w + C_{tr}$ 应 $\geqslant$ 42dB。

3）泵房、空调机房、柴油发电机房等安装有振动设备的机房宜采取减振降噪措施，当其与噪声敏感房间相邻时，应设置浮筑楼板或在振动设备下方设置浮筑基础，浮筑构造中应包含不小于30mm厚的橡胶隔振垫层。

4）管道穿墙、板处应进行严密封堵。

5）墙面、顶棚应采用吸声构造，且应满足防火、防水、防潮等要求。常见机房吸声构造见表9.6.6。

表 9.6.6 常见机房吸声构造

机房名称	设备类型	吸声构造
空调机房、新风机房、送风机房、排风机房	空调机组、新风机组、送风机组、排风机组、热回收机组、热泵机组等	全频带强吸声，宜采用穿孔吸声墙面及吊顶；空间局促时可吸顶安装。与室外的通风口应安装消声百叶或消声器
水泵房	各类水泵	全频带强吸声，宜采用穿孔吸声墙面及吊顶；空间局促时可采用无机纤维喷涂或浆料
变配电室、控制室	变压器、配电柜	低频吸声，宜采用穿孔吸声墙面及吊顶

9.6.7 声学材料（构造）的吸声性能用吸声系数 a 表示，常用吸声材料及构造性能见表 9.6.7。吸声材料（构造）的做法和性能可参考国标图集 08J931《建筑隔声与吸声构造》和各地方图集。在选用吸声材料时，应提供吸声系数实验室检测数据作为设计依据。

表 9.6.7 常用吸声材料及构造

分类	名称	厚度（mm）		吸声性能	安装部位	适用范围
		空腔	材料			
多孔吸声材料	软包装饰吸声板	≥50	≥25	中、高频吸声	墙面	A 级防火，适用于对装饰效果有较高要求的空间
	玻璃纤维吸声板	≥100	≥15	全频带吸声（设置空腔）	墙面、顶棚（吊顶或悬挂）	A 级防火，颜色多样，装饰效果好，质量轻，适用于各类空间
	矿棉吸声板	≥50	12、18、25	全频带吸声（设置空腔）	顶棚	A 级防火，质量轻，价格低，施工便捷，适用于各类空间
	空间吸声体	平挂时≥100 悬挂	≥80（片状）	中、高频吸声	顶棚（悬挂或平挂）	A 级防火，规格多样，有装饰效果，适用于空间容积较大的运动场馆等公共空间
共振吸声材料	薄板共振吸声	≥50	3、5	低频吸声	墙面	总体吸声量不高，适用于录音棚等对频率特性有特殊要求的空间
复合吸声材料	穿孔铝板吸声构造	≥50	玻璃棉50，铝板≥1.5	全频带吸声	墙面、顶棚	A 级防火，适用于所有空间，应满足穿孔率要求
	穿孔纤维水泥板/硅酸钙板/石膏板吸声构造	≥50	玻璃棉50，面板6、9、12	全频带吸声	墙面、顶棚	A 级防火，适用于所有空间
	穿孔木质板吸声构造	≥50	玻璃棉50，木质板9（单层）	全频带吸声	墙面	B1 级防火，适用于有木质感视觉要求的空间，分微穿孔、穿孔两种

续表

分类	名称	厚度（mm）		吸声性能	安装部位	适用范围
		空腔	材料			
其他	可调吸声构造	根据具体构造		根据功能订制	墙面、顶棚悬挂	适用于有可变混响要求的多用途厅、堂类空间
	厚重窗帘/吸声帘幕	褶皱率≥3，或采用专门吸声材料帘幕		中、高频吸声	室内悬挂	适用于各类需控制混响时间的空间
	微晶砂/微粒/沙粒吸声板	—		全频带吸声	墙面、顶棚	A级防火，质感丰富，为无缝、无穿孔吸声材料，适用于对材料外观和洁净有特殊要求的空间

9.7 建 筑 标 识

9.7.1 建筑标识包括名称形象、公共信息导向、工作人员（后勤）辅助、消防安全、无障碍、警示提示、公共宣传等类型。本章内容以公共信息导向系统为主。

【说明】标识系统是建筑的重要组成部分，是提高运行质量和使用者满意度的关键设施。建筑师应在空间和流线设计的前提下，对标识系统的分类、造型、材质、颜色、点位及内容等提出要求，确保其设计成果与整体设计相协调。

9.7.2 建筑标识分类

1. 按重要程度可分为优先级、次要级。

2. 按信息类型可分为持久信息、动态信息和临时信息。

3. 按安装方式可分为落地式、悬挂式、悬挑式、背装式和结合式。

4. 按材料、构造特征可分为涂刷、贴膜、灯箱、立体造型和动态显示屏。

【说明】第1款优先级指为公众提供建筑核心功能空间、设施的位置、路径和方向等信息的标识，如交通建筑中的交通流程标识、医院中的医疗流程标识、美术馆中的参观流程标识、建筑群体的楼栋名称及分布标识等。次要级指为公众提供建筑辅助功能空间、设施的位置和方向等信息的标识，如公共建筑中的咨询台、卫生间、配套商业服务设施等。

9.7.3 设计原则

1. 可视性：标识的位置、尺寸、色彩应适当并具备适宜的照明，易于辨识。

2. 一致性：一个或一组场地或建筑空间中的标识布置原则、色彩、风格、语言和符号应一致。

3. 易读性：应采用公认的、标准的文字、色彩、图标、符号等视觉要素，应避免模糊的、有歧义的或与文化传统有冲突的视觉要素。

4. 连续性：应对所有使用者的流程进行连续引导，避免引导缺漏、断裂。

5. 系统性：应采用系统化的设计方法，指定标识目标和原则，确定引导策略，落实标识点位，应与场地、建筑整体设计相协调，与相关建筑系统设计相协调。

9.7.4 应对建筑空间中的全部使用者进行分类，并分析其各自的使用需求。应特别关注残障者、盲人及视觉障碍者、听障者、老人及各种行动不便者、母婴和儿童等有特殊需求的使用者。

9.7.5 涉及功能、空间和活动的文字与讯息应当简单、明确且前后一致，应避免使用缩写，名称应在所采用的语言中有明确、清晰的含义。

【说明】当同类设施有多处时，可采用附加编号予以区分，编号宜采用英文字母、阿拉伯数字或两者的结合，命名应简单、清晰。设施编号设置应考虑空间结构逻辑、使用者行进方向和阅读顺序、运行和服务组织结构内在逻辑等。编号的设置应便于使用者和运行者理解、记忆，应避免英文字母"I""O"与数字"1""0"的混淆。

9.7.6 应在路线衔接、交叉等重要位置上或之前设置导向标识，当距离很长或路线复杂时，应以适当间隔重复设置。位置标识应设在目标之上或附近，且与导向标识采用一致的文字和符号。

9.7.7 标识的设置角度与使用者视线夹角宜不大于10°，当不满足要求时，应适当加大标识尺寸。墙面附着固定的标识上边缘距离地面不应小于1.6m，悬挂标识底边缘距离地面不应小于2.2m。

9.7.8 标识的最小尺寸应根据最大观察距离确定。图形尺寸不应小于最大观察距离的2.5%，在重要节点或光线条件不足时应适当放大。

9.7.9 公共建筑引导标识应采用本国官方语种、英语、附加语种（根据该语种使用者数量确定），文字字体宜采用非衬线字体。

9.7.10 公共建筑引导标识应优先选用国家标准中规定的图形符号，宜采用配有文字的图形符号。当采用具有方向性的图形符号时，符号方向应与实际场景中的方向一致（采用符号或符号的镜像）。

【说明】当使用未配有文字说明的图形符号时，应被国际认可并广泛使用，如洗手间、电话、残障人专用设施等。

9.7.11 标识版面设计中，箭头、图形符号、文字应保持一定的距离并按规律排列，不同信息条目之间应保持一定的距离或加分割线。

9.7.12 引导标识的图色与底色的色彩、明度对比度应满足使用要求。色彩方案不应与当地传统、习惯或敏感事务相抵触，且应避免采用以下国际通用的公共安全色彩方案：

1. 公共消防设备色彩方案（红色和白色）；

2. 安全疏散标识色彩（绿色和白色）；

3. 警告与安全标识色彩（黄色和黑色）。

9.8 安全防范

9.8.1 建筑安全防范包括实体安防实体防范系统、技术安防电子防范系统和运营安防人力防范措施，安全防范设计应符合现行国家标准《安全防范工程通用规范》GB 55029 的规定。开放社区、居住区可在安防分区的基础上，通过安全防范措施的设置，达到安全性与开放性兼顾的目的。

9.8.2 安防分区可分为公共区、半公共/半私人区、私人区、限制区和特别限制区。应通过技术安防措施对安防分区边界和出入口进行隔离和监控。办公建筑安防分区类型见表9.8.2-1，居住建筑安防分区类型见表9.8.2-2。

表 9.8.2-1　办公建筑安防分区类型

分区类型		定义	示例	边界及人员出入控制
I	公共区（室外）	任何人员无需满足任何条件均可进入的室外公共区域	建筑室外区域	开放边界
II	公共区（室内）	任何人员无需满足任何条件均可进入的室内公共区域	访客接待之前的室内大厅/附建停车库	直接通往室外的出入口
III	半公共/半私人区	通常仅限于工作人员、用户或被邀请的访客进入的区域	办公区域外的一般区域	速通门 电梯梯禁
IV	私人区	仅限于工作人员、用户和被邀请的访客进入的区域	办公区域和后勤区域	门禁
V	限制区	仅限于指定工作人员进入的区域，一般情况不允许访客进入	设备机房	门禁
VI	特别限制区	仅限特定人员于受控情况下进入的区域	安防控制室等重要房间	特别门禁

表 9.8.2-2　居住建筑安防分区类型

分区类型		定义	示例	边界及人员出入控制
I	公共区（室外）	任何人员无需满足任何条件均可进入的室外公共区域	建筑室外区域	开放边界
II	公共区（室内）	任何人员无需满足任何条件均可进入的室内公共区域	底层商业	直接通往室外的出入口
III	半公共/半私人区	通常仅限于用户或被邀请的访客进入的区域	住宅门厅及各楼层	门禁 电梯梯禁
IV	私人区	仅限于用户和被邀请的访客进入的区域	住宅户内	门锁
V	限制区	仅限于指定工作人员进入的区域，一般情况不允许访客进入	设备机房	门锁或门禁
VI	特别限制区	仅限特定人员于受控情况下进入的区域	安防控制室等重要房间	特别门禁

9.8.3 实体安防包括安防边界设置、人员出入控制、车辆出入控制和安防空间配置。

1. 安防分区应设置连续封闭的边界，可通过场地围墙、室内分隔墙、建筑外围护墙等形成安防边界。

2. 通过技术安防的门禁系统对人员的出入进行授权和控制，见表9.8.3。

表 9.8.3　不同空间类型的控制方法

空间类型	控制方法
人员流动大的开放空间	采用速通门
房间和区域	采用门禁系统
电梯	采用电梯梯禁

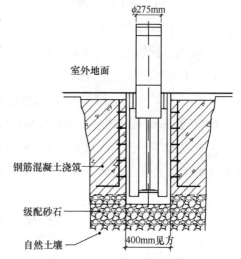

3. 通过技术安防的车辆管理系统对机动车出入进行授权和控制，机动车出入口阻车升降柱（地面暗埋式）安装示意见图9.8.3，柱间距应不大于1.5m。

4. 技术安防和运营安防空间包括安防控制室、各层的安防设备间和其他安防运营工作区域。

图 9.8.3　升降柱安装示意

9.8.4 技术安防是通过电子安防技术的手段进行安防控制，具有内容多、技术含量高、更新快的特点，系统组成示意见图9.8.4。

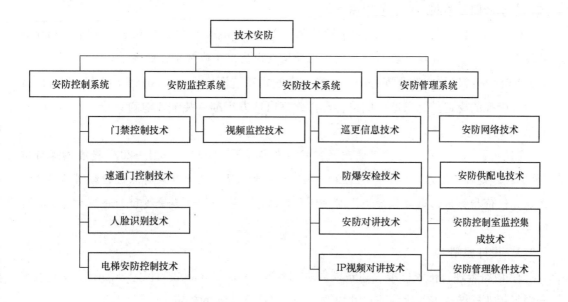

图 9.8.4　技术安防系统组成

9.8.5 开放社区、居住区

1. 是采用社区内空间对城市开放的规划布局模式，取消社区的围墙和栅栏，常形成"小街区，密路网"的规划格局。

2. 宜结合边界绿篱加密设置监控摄像头，确保监控无死角，具备移动侦测的监控摄像头可在静态时段自动识别闯入者并报警至安全监控部门。

3. 可结合绿篱设置振动光纤。

4. 向城市开放的地下机动车库，出入口宜靠近场地机动车出入口，车库电梯应通至首层，经大堂转换后上至目的楼层。

5. 应在首层大堂电梯厅入口处设置速通门。

【说明】振动光纤是以光纤作为传感探测单元，属无源探测器，可有效避免雷电干扰，适合大范围周界防护。振动光纤可直接暗敷于绿篱中，施工便捷，缺点是造价较高，当防区较大时无法显示侵入的具体位置，易受雨、雪浸透腐蚀，后期误报率高。

9.9 装配式建筑

9.9.1 装配式建筑是由预制部品、部件在工地装配而成的建筑，具有设计标准化、生产工厂化、施工装配化、结构装修一体化等特点。按照结构类型可分为装配式混凝土结构、装配式钢结构、装配式木结构等。装配式建筑的结构、围护墙和内隔墙、设备与管线、内部装修系统的主要部分采用预制部件、部品进行集成，室内空间具有 SI 分离技术特点，满足全生命周期不同用户的使用需求。

【说明】SI 分离技术是建筑的承重结构骨架（Skeleton）与内部构造（Infill）相分离的技术，利于设备管线更换，满足建筑生命周期内使用功能可变性的要求。

9.9.2 装配式建筑应符合现行国家标准《装配式建筑评价标准》GB/T 51129，和各地区的地方标准的规定。北京地区应符合现行北京市地方标准《装配式建筑评价标准》DB11/T 1831 的规定。

【说明】北京市地方标准《装配式建筑评价标准》DB11/T 1831—2021 是在国家标准《装配式建筑评价标准》GB/T 51129—2017 基础上，结合地方发展特点进行编制的。装配式建筑评价指标体系由主体结构、围护墙和内隔墙、装修与设备管线和加分项共 4 类指标组成。

9.9.3 设计原则

1. 应符合现行国家标准《建筑模数协调标准》GB/T 50002 的规定，装配式住宅宜符合现行行业标准《工业化住宅尺寸协调标准》JGJ/T 445 的规定。

2. 应通过模数控制实现结构和室内、外装修的整体协调，应采用基本模数或扩大模数，确保部品、部件的设计、生产和安装满足尺寸协调的要求。

3. 在模数协调的基础上，应遵循少规格、多组合的原则，采用模数化、模块化和系列化的方法，使建筑平面、立面、部品、部件及接口等满足标准化要求。

4. 应采用全系统思维、全专业协同、全过程控制的方法，通过系统性思维统筹各专业协同设计，实现设计、生产、运输、安装和运营维护的全过程体系集成。

5. 保持空间灵活性和系统可替代性，实现建筑空间自由可变和设备、设施可维修替换的目标。

9.9.4 各设计阶段重点关注内容见表9.9.4。

表9.9.4 装配式建筑各设计阶段重点关注内容

阶段名称	重点关注内容
技术策划	项目定位、建设规模、装配化目标、成本限额等
方案设计	模数化、标准化设计，结构、外围护、设备管线与室内装修系统集成设计
初步设计	结构系统优化与构件排布，围护墙和内隔墙、室内装修、设备管线系统集成设计
施工图	节点细化，专业接口设计，立面划分与外墙连接件，室内装修、设备管线一体化设计
构件图	部品、部件的加工工艺、生产流程和运输安装等环节

9.9.5 平面设计

1. 宜采用标准化平面模块进行多样化组合，示例见图9.9.5。

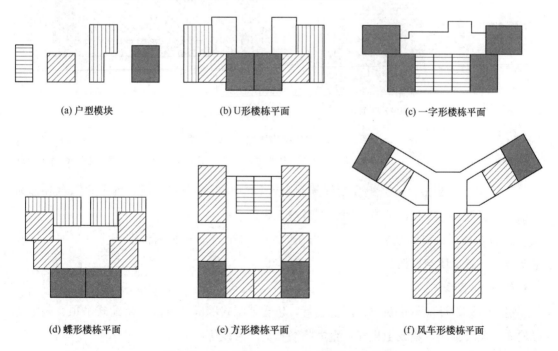

(a) 户型模块   (b) U形楼栋平面   (c) 一字形楼栋平面

(d) 蝶形楼栋平面   (e) 方形楼栋平面   (f) 风车形楼栋平面

图9.9.5 标准化单元模块的多样化组合示意

2. 宜采用大开间、大进深，提高空间灵活性与可变性，满足多样化需求。

3. 选择符合模数的工业化部品部件，部品应具有一致的几何接口和输入、输出接口。

9.9.6 立面与外围护系统

1. 应通过模数控制、现浇与预制的组合实现结构构件的标准化，并通过标准化立面模块的多样化组合，实现建筑形体的变化。

2. 宜采用墙体、保温、装饰一体化的竖向构件，常见的一体化技术有瓷砖瓷板、石材、装饰混凝土等。

3. 宜采用标准化预制混凝土构件（如：楼梯、阳台板、空调板等）和模块化装饰构件，实现少规格、多组合。

4. 宜选择可在工厂预制的装饰构件并采用干式工法的施工技术。

5. 现浇与预制区域的连接部位应采用可靠的构造做法达到自然过渡的效果，可采用外挂装饰部品等方式转换。

6. 预制部品平整度高，宜采用免抹灰工艺涂刷外墙涂料，装配节点见图 9.9.6。

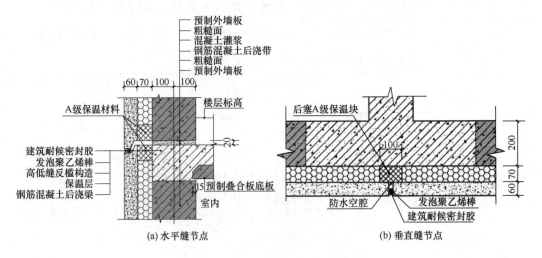

图 9.9.6 主体结构层装配节点示意

注：本图摘自国标图集 15J939-1《装配式混凝土结构住宅建筑设计示例（剪力墙结构）》4-19 页，节点 A、节点 B。

7. 宜采用预制阳台。当组合设置预制阳台和空调板时，应合理布置采暖阳台和非采暖阳台的保温和外叶板，节省空间的同时避免热桥。

8. 宜在楼层处设置预制空调板。当在同一位置上、下安装两台空调室外机时，宜在空调板上设置金属空调架。

9.9.7 室内装修

室内装修设计应与建筑设计同步进行，包含装配式墙面和隔墙、装配式吊顶、装配式楼地面、集成厨房、集成卫生间、整体收纳和套内管线等。

1. 宜采用轻质条板墙、钢（或轻钢）龙骨轻质隔墙等非砌筑式墙体。

2. 宜采用龙骨体系模块化吊顶，合理设置检修口，管线密集区域宜采用集成吊顶。

3. 宜采用干式工法地面系统（如：支脚可调节的架空支撑体系配合木地板、硅酸钙板），可结合干式地暖，利用架空层设置管线。

4. 宜采用集成厨房、集成卫生间或整体卫浴系统，墙、顶、地均采用干式工法。

【说明】集成厨房应合理设置洗涤池、烟机、灶具和整体式橱柜，预留燃气热水器和排风道等设施位置。集成卫生间的墙、顶、地和洁具设备等均为工厂加工并采用干式工法安装。集成卫生间可满足装配率中对整体卫生间的要求。整体卫浴系统是由工厂生产并一次性安装到位的一体化卫浴系统，需预留安装条件。

9.9.8 机电系统

1. 宜采用装配式集成产品。

2. 机电管线布置应与主体结构分离，便于后期维修、更换。

【说明】装配式机电集成产品应在工厂生产，干法安装，避免现场裁切。机电管线与主体结构分离常见做法为明装管线或敷设在地面架空层、龙骨类墙体或吊顶内。

9.10 既有建筑改造

9.10.1 既有建筑改造指对已建成并投入使用的建筑物的改造，相关设计依据见表9.10.1。不同地区对于既有建筑改造的城市管理要求不同，本节以北京地区为例。

表 9.10.1 既有建筑改造相关设计依据汇总表

类别	标准名称	标准编号/颁布文号
国家标准	民用建筑可靠性鉴定标准	GB 50292—2015
	工业建筑可靠性鉴定标准	GB 50144—2019
	既有建筑维护与改造通用规范	GB 55022—2021
	既有建筑鉴定与加固通用规范	GB 55021—2021
	既有建筑绿色改造评价标准	GB/T 51141—2015
行业标准	既有居住建筑节能改造技术规程	JGJ/T 129—2012
	既有住宅建筑功能改造技术规范	JGJ/T 390—2016
	公共建筑节能改造技术规范	JGJ 176—2009
	既有社区绿色化改造技术标准	JGJ/T 425—2017
	公共建筑节能检测标准	JGJ/T 177—2009
地方标准、导则（北京）	北京市老旧小区综合整治标准与技术导则	京建发〔2021〕274 号
	既有居住建筑节能改造技术规程	DB11/381—2016
	既有公共建筑节能绿色化改造技术规程	DB11/T 1998—2022
	既有工业建筑民用化绿色改造评价标准	DB11/T 1844—2021
	北京市既有居住区无障碍设施改造导则	—

类别	标准名称	标准编号/颁布文号
团体标准	既有居住建筑低能耗改造技术规程	T/CECS 803—2021
	既有建筑外墙饰面砖工程质量评估与改造技术规程	T/CECS 834—2021
	城市旧居住区综合改造技术标准	T/CSUS 04—2019

【说明】已建成投入使用是指建筑工程已经按原施工图纸施工完成并交付，且已完成相关政府部门的验收、备案等手续，相关资料和证件完整有效。

9.10.2 北京地区既有建筑改造项目按建设管理程序可分为内部改造、现状改建、新建扩建三类，详见表 9.10.2。改造设计应在明确判定改造类别及设计范围的基础上，执行相关设计标准与技术规程。

表 9.10.2　既有建筑改造项目分类

类别	判定标准	管理要求
内部改造项目	符合正面清单①。 不增加现状建筑面积。 不改变建筑外轮廓线	直接办理施工许可证
现状改建项目	符合正面清单。 不增加现状建筑面积。 改变建筑外轮廓或用地内建筑布局。 包括：位于重要大街、历史文化街区、市人民政府规定的特殊地区的外装修工程	直接办理建设工程规划许可证
新建扩建项目	不属于内部改造和现状改建的其他项目，包括建筑规模增加和不符合正面清单	需办理园林绿化许可、建设工程规划许可证、施工许可证

注：1. 本表依据《关于进一步优化营商环境深化建设项目行政审批流程改革的意见》（市规划国土发〔2018〕69号）、《北京市规划和国土资源管理委员会关于社会投资建设项目分类标准的通知》（市规划国土发〔2018〕85号）等文件编制。

2. ① 参见《建设项目规划使用性质正面和负面清单》市规划国土发〔2018〕88号。

9.10.3 内部改造项目可分为不改变原有建筑功能、改变原有建筑功能、消防设备更新改造三种类型，见表 9.10.3。

表 9.10.3　内部改造项目分类

分类			基本特征	规范执行要求
分类Ⅰ 不改变原有建筑功能	Ⅰ-1	整体装修改造	改造范围：整栋建筑物，包括内部装修、外立面。 防火分区不变。 结构不变（可局部开洞穿管）	整栋建筑应符合现行标准规定
	Ⅰ-2	整体内部装修改造	改造范围：整栋建筑物，但仅限于内部装修。 防火分区不变。 不涉及外立面。 结构不变（可局部开洞穿管）	

续表

分类			基本特征	规范执行要求
分类Ⅰ 不改变原有 建筑功能	Ⅰ-3	局部装修改造	改造范围：局部楼层或楼层的一部分，但仅限于室内（不改变平面分隔）。 不涉及外立面。 防火分区不变。 结构不变（可局部开洞穿管）	改造区域应符合现行标准规定
	Ⅰ-4	局部装修改造并调整防火分区	改造范围：局部楼层或楼层的一部分。 结构不变（可局部开洞穿管）	
分类Ⅱ 改变原有 建筑功能	Ⅱ-1	整体装修改造	改造范围：整栋建筑物，包括内部装修、外立面。 结构体系不变（可局部开洞穿管）	整栋建筑应符合现行标准规定
	Ⅱ-2	局部装修改造	改造范围：仅为局部楼层或楼层的一部分，但仅限于内部装修（不改变平面分隔）。 不涉及外立面。 结构体系不变（可局部开洞穿管）	改造区域应符合现行标准规定（应注意根据建筑功能变化相应调整执行标准）
分类Ⅲ 消防设备 更新改造	Ⅲ	原有消防设施整体或局部更新	不改变原建筑功能（包括平面布置、装饰装修、防火分区、消防系统等）。 仅对原有消防设备、设施进行升级性更换	设备、设施等应满足现行产品标准要求

注：1. 本表依据《关于进一步规范我市内部改造项目施工图审查工作的通知》（市规自委发〔2018〕329号）附件1等文件编制。
2. 与既有建筑消防设计有关内容可参见《北京既有建筑改造消防设计指南》（2023年版）。
3. 受既有建筑条件限制确无法达到现行标准要求的，改造区域及其相关区域（或系统）标准不应低于原建筑物建造标准。
4. 当表中所列分类同时出现结构改变的情况，应与结构专业配合完成设计。

9.10.4 应遵循充分利旧的原则，设计图纸应体现"拆除—改造—新建"的施工时序特点，且明确提出"拆除—改造"阶段的技术要求。

9.10.5 现行国家标准《既有建筑维护与改造通用规范》GB 55022中规定了既有建筑改造前应进行检查评定或检测鉴定（按GB 55022），评定主要包含价值评定、技术评定、合规性评定。

1. 价值评定包括文化价值、使用价值等，价值特殊或复杂的项目应组织专家论证。

2. 技术评定应基于现状调研和检测鉴定，充分论证为实现改造目标可能采取的技术路线与措施，对其合规性、技术与经济的可行性、实施难度等因素做出综合分析并提出评定结论。建筑专业技术评定要点见表9.10.5，可根据项目特征进行必要的调整。涉及火灾、地震、防空、水灾（防汛安全）、建筑安全防范等内容详见本书相关部分，并应与其他相关专业技术评定相协调。

3. 合规性评定应在充分了解现状建筑的前提下，评定改造技术路线与技术措施的可行性及其与现行设计标准、相关政府管理规定之间的差异，避免责任风险。对于潜在风险，应在设计初期判明并采取相应措施。

表 9.10.5 既有建筑改造技术评定表（建筑专业）

分类	项目	评定要点
场地环境	建筑高度	建筑高度及合规性（含航空限高、城市设计控高、文物保护限高等）。 突出屋面的机房及设施
	建筑间距	校核日照、消防、卫生间距等
	退线距离	主体建筑退线（红线、绿线、蓝线、紫线、黄线）。 围墙等构筑物退线
	场地出入口	位置、数量。 减速、缓冲和避免视线遮挡的措施
	交通流线	机动车流线、道路宽度及转弯半径、道路坡度坡向等。 后勤物流。 人行流线与建筑出入口关系、人车分流、人行道宽度与坡度等
	机动车/非机动车停车	停车位的位置、数量。 地下车库坡道的宽度、位置。 充电设施
	场地与建筑防汛	场地竖向。 建筑出入口高差与防倒灌措施。 构筑物（坡道、窗井、风井等）高差与防倒灌措施
建筑功能	建筑出入口	位置合理性，数量、宽度等是否满足消防、无障碍等要求
	功能分区	① 合理性评定； ② 内部空间的热工，隔声、通风、日照、采光等物理性能； ③ 舒适度； ④ 与人身安全相关的性能
	内部交通流线	合理性评定
	层高与室内净高	
	楼梯	楼梯的位置、数量、形式。 净宽、净高。 栏杆、踏步、楼梯井等构造
	电梯/自动扶梯/自动人行道	主要技术参数、使用年限。 细部构造。 电梯的位置与数量、候梯厅尺寸是否满足消防、无障碍等技术要求
	卫生间	位置、平面布局的合理性。 卫生器具的类型、数量、间距。 通风与排水
	消防安全	① 执行原消防设计标准和消防设施现状的情况，目前使用状态下的结构、消防安全性能； ② 建筑分类和耐火等级、防火分区和平面布置、安全疏散和避难、建筑构造、灭火救援设施； ③ 与消防给水、防排烟、消防电气相关内容应与相关专业协同进行

分类	项目	评定要点
外围护	外墙	材料、构造、使用年限、损坏状况，外观效果。 热工、防火、隔声等性能
	幕墙/外门窗	热工、隔声、气密性、水密性、抗风压等性能。 门窗构造及其与主体结构的连接。 采光、通风、排烟
	屋面	材料、构造、使用年限、损坏状况，外观效果。 热工、排水、防水、防火等性能指标
室内装修	地面	材料、构造、使用年限，综合判定利旧的可能性与可行性。 外观效果，材料的隔声、降噪、防水、防潮、防撞、防裂、防火、安全、环保等性能
	墙面	
	天花/吊顶	

9.10.6 现状建筑评定所依据的资料包括但不限于图纸及技术资料、检测鉴定报告、现场踏勘成果等。当受条件限制不能完全取得上述资料时，应进行充分的技术分析和风险论证，采取相应的措施并向建设单位说明。

1. 图纸及技术资料主要包括工程图纸、工程资料、其他资料等。

2. 检测鉴定报告主要包括但不限于岩土勘察报告、结构检测报告等。

3. 通过现场踏勘可全面了解现状建筑物的状况，重点核对与已取得工程图纸资料的一致性，如偏差较大，应委托专业人员进行校核或补充测绘，确保资料准确性。

【说明】工程图纸是指原建筑的全套施工图纸和竣工图纸，以及投入使用后历次改造的图纸及技术资料。工程资料是指原建筑与建设流程相关的重要文件，主要包括立项批复文件、方案批复文件、工程建设规划许可证、竣工验收文件、房产证等。其他资料是指既有建筑投入使用后历次检查及评定、维护相关的图纸和文字资料。应重点掌握原建筑物的规划用地条件、建筑性质、建筑规模与建筑高度等关键性信息，作为判断改造性质分类的依据。

9.10.7 既有建筑改造设计，应对照执行现行标准。当条件不具备、执行现行规范确有困难时，应不低于建造时的标准，并应通过合理确定改造范围与改造内容、技术分析论证、咨询相关政府部门与图纸审查单位等方式，综合论证确定技术措施。

9.10.8 既有建筑改造工程包括"拆除—改造—新建（扩建）"中的一个或多个环节，具有复杂、不确定性强的特点。设计文件的编制应充分体现既有建筑改造设计的内在逻辑，并进行相应的表述。

【说明】设计说明应明确改造范围、分类、分工等关键信息，明确设计责任。当同一栋建筑内的不同区域或者不同专项存在多种改造分类性质时，应逐项说明。应编制拆除图纸，明确表达需保留、拆除和新建部分，其中与结构专业相关的内容应与结构专业图纸保持一致。

9.10.9 场地

1. 当改造建筑与相邻既有建筑之间的间距不符合现行标准时，宜通过改造达到现行标准。

2. 当改造建筑与相邻既有建筑之间的防火间距不满足现行消防技术标准要求时，宜通过改造达到现行标准，确因条件所限无法满足时，改造建筑与相邻建筑外墙的耐火极限之和不应低于 3.00h，外墙上开设的门、窗洞口应设置不可开启或火灾时能自动关闭的甲级防火门、窗。

3. 当改造建筑受周边条件限制，建筑退线、日照时间、人防工程等无法达到现行标准，应在保障公共安全的前提下，按照改造后不低于现状水平的标准进行设计。同时，既有建筑的改造设计应响应公示征询意见等当地政府的行政管理流程。

4. 应收集地下管线资料，当资料缺失或与现场情况不符时，应提示建设方安排管线调查和物探工作。当不改变使用功能和机电总用量，且经现场勘察明确管线的可使用年限大于 10 年时，可仅进行局部管线改造和修缮，除此之外，应对地下管线进行整体改造。

5. 当建筑场地下方存在市政管线时，改造工程不得影响市政管线安全，宜局部增设 200mm 厚 C25 混凝土保护层（配构造钢筋）。

6. 新增地下管线与既有管线的间距应符合现行标准要求。

7. 应清理、整治建筑场地内的违法建筑物及构筑物。

【说明】第 2 款依据《北京市既有建筑改造工程消防设计指南》（2023 年版）编制。既有建筑物的防火间距较为复杂，应符合当地既有建筑改造的相关规定，并征求消防设计审查、验收部门的意见。

9.10.10 外墙

1. 常见外墙改造构造措施见表 9.10.10-1。

表 9.10.10-1 外墙改造构造措施

原饰面材料	改造措施/基层处理措施	常用改造饰面材料			备注
		涂料	饰面砖	挂板	
涂料	1. 铲除原有涂料面层。 2. 剔凿抹平局部空鼓部位，宜进行拉拔试验。 3. 涂料饰面的基层内宜增设玻纤网格布，水泥砂浆基层内宜增设不锈钢丝网片	●	○	●	结合建筑保温改造同步设计
饰面砖	1. 全部剔除外立面瓷砖。 2. 水泥砂浆抹灰找平	○	●	●	—
清水砖墙	1. 打磨/清洗原墙面。 2. 涂料面层宜选用与原清水砖相近的颜色	●	○	○	对有保留价值的清水砖墙宜采用雾化水淋、高温蒸汽、喷砂等技术进行清洗，并进行保护性修复改造
水刷石干粘石	1. 采用钢刷或机械设备进行打磨处理。 2. 剔凿抹平局部空鼓部位	○	●	●	对有保留价值的水刷石或干粘石墙宜采用"清洗—修补—局部加固—专项平色"的技术进行保护性修复改造

注：● 宜选用；○ 可选用。

2. 当外墙饰面为面砖时，应先进行安全性等级判定。当判定结果为一般缺陷且粘结强度不小于 0.4MPa 时，宜采用局部修复；当判定结果为一般缺陷且粘结强度不小于 0.3MPa 时，宜采用表层加固法进行整体修复；当局部出现松动、空鼓、剥落等缺陷时，应采用置换法或注浆法局部加固。除上述情况外，宜进行整体改造。

3. 外墙保温可分为外保温、内保温、夹心保温三种，设计要点见表 9.10.10-2，外墙内保温构造示意见图 9.10.10。

4. 保温层延伸至散水以下不应小于 0.8m。

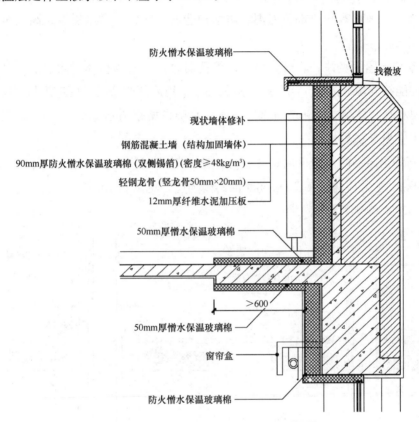

防火憎水保温玻璃棉
找微坡
现状墙体修补
钢筋混凝土墙（结构加固墙体）
90mm厚防火憎水保温玻璃棉（双侧锡箔）(密度≥48kg/m³)
轻钢龙骨（竖龙骨50mm×20mm）
12mm厚纤维水泥加压板
50mm厚憎水保温玻璃棉
>600
50mm厚憎水保温玻璃棉
窗帘盒
防火憎水保温玻璃棉

图 9.10.10   外墙内保温构造示意

5. 当外墙有雨水渗漏时，其外侧应增设 1.2mm 厚 JS 防水涂料防水层后再进行保温层施工。

6. 应根据外墙构造要求对主体结构进行必要的加固或改造。

表 9.10.10-2   外墙保温改造设计要点

保温分类	材料与构造要点	燃烧性能	适用范围
外墙外保温（粘贴聚苯板）	按现行标准执行	B1 级	多层建筑。外墙装饰材料为涂料
外墙外保温（岩棉）	宜采用复合岩棉板	A 级	—
外墙外保温（硬泡聚氨酯板）	窗上口应设滴水。应通过六面裹覆达到防火性能要求，锚栓（钉）应≥5 个/m²，首层散水部位及其上每 3 层应设置间距为 0.6m 的托架	复合 A 级	北京地区老旧小区改造
外墙内保温	可选用挤塑聚苯板、复合岩棉板等	A/B1 级	适用于外立面不做改造或仅做修缮的工程
外墙内保温（夹心做法）	可选用挤塑聚苯板	B1 级	一般结合砌体结构的加固墙体设置

9.10.11 屋面

1. 应在原有屋面防水、保温构造的基础上，结合现场检测、评估及建筑使用年限等因素综合确定改造方案。当建筑物投入使用大于 10 年时，应拆除屋面构造层至结构楼板，进行整体改造。当建筑物投入使用年限小于 10 年时，宜进行整体改造。

2. 应校核屋面原有开口部位保温、防水构造的可靠性，防水层卷起高度至完成面不应小于 0.25m。

3. 当新增出屋面竖井、管道、检修口等孔洞时，宜采取整体拆除改造，确保屋面防水、保温性能符合现行标准。当受条件限制必须采用局部改造时，应选用与原屋面一致的防水、保温材料，孔洞周边新增防水层与原防水层搭接距离不应小于 0.6m，附加防水层搭接距离不应小于 0.25m。

4. 当新增出屋面防水套管时，套管外侧防水做法同屋面防水做法，套管根部排水坡度不应小于 2%，并应增设 1.2mm 防水涂料附加层，见图 9.10.11。

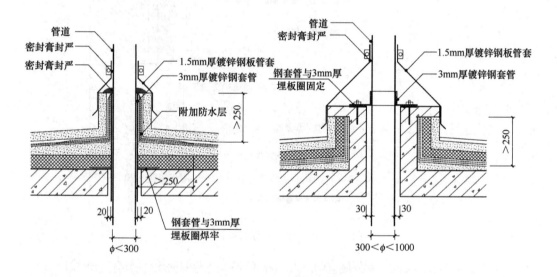

图 9.10.11　屋面防水构造示意

9.10.12 地下工程防水

1. 当存在小面积渗漏时，可采取局部防渗漏措施。当存在大面积渗漏时，应根据现场调查、技术经济条件和实施可行性等因素综合确定整体改造方案，且应符合现行标准的规定。

2. 改造工程选用的防水材料应与原防水材料相容，且应与现场环境及实施条件相适应。

3. 常用现浇钢筋混凝土结构渗漏治理的材料及技术措施见表 9.10.12-1。

1）注浆止水可选用钻孔注浆、埋管注浆或贴嘴注浆法，宜根据具体部位和施工条件由施工单位结合施工工艺确定。

2）渗漏治理应与结构加固同步进行，结构加固处宜选用水泥基灌浆或环氧树脂灌浆等具有结构加强作用的材料。

3）刚性防水层宜采用防水涂料与防水砂浆（聚合物防水砂浆）复合的做法，施工缝或裂缝两侧防水涂料宽度不宜小于0.2m。快速封堵做法示意见图9.10.12-1。

表9.10.12-1　钢筋混凝土结构渗漏治理常用材料及技术措施

类型	选用材料	使用部位				备注
		裂缝或施工缝	变形缝	孔洞	管道根部	
注浆止水（钻孔注浆）	聚氨酯灌浆材料；丙烯酸灌浆材料；环氧树脂灌浆材料；水泥基灌浆材料	●	●	×	●	变形缝处宜增设内贴式止水带
快速封堵	速凝型无机防水堵漏材料	○	×	●	●	—
刚性防水层	水泥基渗透结晶防水涂料；缓凝型无机防水堵漏材料；环氧树脂类防水涂料；聚合物水泥防水浆料	●	×	●	○	—

注：1. 本表依据《地下工程渗漏治理技术规程》JGJ/T 212—2010 编制。

　　2. ● 宜选用；○ 可选用；× 不可选用。

4. 当地下室底板、侧墙、顶板需新增结构构件、洞口时，应增设宽度不小于0.6m的附加防水层，新、旧防水层搭接长度不应小于0.6m，见图9.10.12-2。

5. 当变形缝处采用钻孔注浆时，钻孔间距宜为0.5m，深度不宜小于原止水带深度。普通工程可采用内置式密封止水带，当埋深较大且水压力较高时，宜选用螺栓固定内置式密封止水带，构造示意见图9.10.12-3。

6. 实心砌体结构地下工程渗漏治理的常用材料及技术措施见表9.10.12-2。

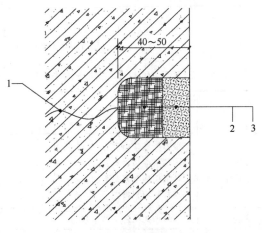

1—裂缝；2—速凝型无机防水堵漏材料；
3—聚合物水泥防水砂浆。

图9.10.12-1　快速封堵构造示意

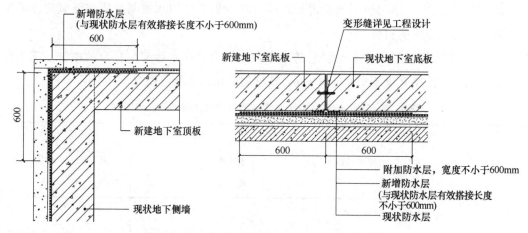

图 9.10.12-2　地下室顶板、底板防水构造示意

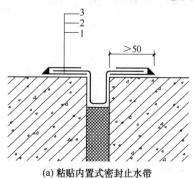 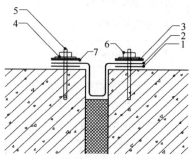

(a) 粘贴内置式密封止水带

1—胶粘剂层；2—内置式密封止水带；
3—胶粘剂固化形成的锚固点。

(b) 螺栓固定内置式密封止水带

1—丁基橡胶防水密封胶粘带；2—内置
式密封止水带；3—金属压板；4—垫片；
5—预埋螺栓；6—螺母；7—丁基橡胶防
水密封胶粘带。

图 9.10.12-3　止水带防水构造示意图

表 9.10.12-2　实心砌体结构地下工程渗漏治理的常用材料及技术措施

类型	选用材料	使用部位			
		裂缝砌块灰缝	孔洞	大面积渗漏	管道根部
注浆止水 （钻孔注浆）	聚氨酯灌浆材料； 丙烯酸灌浆材料； 环氧树脂灌浆材料； 水泥基灌浆材料	○	×	×	●
快速封堵	速凝型无机防水堵漏材料	●	●	●	●
刚性防水层	水泥基渗透结晶防水涂料； 缓凝型无机防水堵漏材料； 环氧树脂类防水涂料； 聚合物水泥防水浆料	●	●	●	○

注：1. 本表依据《地下工程渗漏治理技术规程》JGJ/T 212—2010 编制。

2. ● 宜选用；○ 可选用；× 不可选用。

【说明】第 1 款防水工程的现场调查包括周边环境，结构工程概况、稳定程度及损害情况，地下工程防水概况与使用状况，渗漏发生的部位、现状及范围，使用条件、气候变化和自然灾害对工程的影响，现场作业条件等。

9.10.13 消防改造

1. 既有建筑改造范围内的消防设计应优先执行现行消防技术标准，改造范围外的区域可维持现状。由于改造项目情况复杂，管理难度大，各地区陆续发布了相关的管理规定和地方标准，北京地区改造项目应按照《北京市既有建筑改造工程消防设计指南》执行。

2. 既有建筑局部或整体改造实施前，建设单位应组织开展消防安全综合评估。评估应包括收集设计文件及相关资料、组织踏勘现场、开展检测鉴定、研判项目现状消防安全性、分析改造方案消防技术措施等内容，评估过程中的相关内容和结论应形成可行性评估报告，评估内容包括：

1）工程概况（建造年代、改造范围及内容、既有规划分类和消防分类认定等）。

2）既有建筑执行原消防技术标准和消防设施现状，目前使用状态下的结构、消防安全性能。

3）改造所涉及的新、旧消防技术标准的差异以及执行现行标准的难度。

4）拟采取的改造方案的消防技术措施可行性、合理性、经济性和安全性。

5）对后期使用阶段确保消防安全的管理要求建议。

【说明】《北京市既有建筑改造工程消防设计指南》（2023 年版）不适用于住宅建筑户内装修，文物建筑、历史建筑、临时性建筑、村民自建住宅、老城胡同四合院等的改造。

依据现行消防技术标准设计并建设完成的既有工程，改造时的防火设计仍应执行现行消防技术标准。

未依据现行消防技术标准设计的既有工程，改造时的防火设计宜执行现行消防技术标准；受条件限制确有困难的，可按《北京市既有建筑改造工程消防设计指南》（2023 年版）的规定执行。

对于受条件限制，难以完全符合现行消防技术标准及本标准的其他消防技术问题，应积极采取针对性加强措施，设计方案应满足包括人员安全疏散、防止火灾蔓延、结构耐火和灭火救援在内的建筑防火安全性能要求，并应通过由消防设计审查主管部门组织的特殊消防设计专家论证。

除有特殊规划设计要求外，扩建、翻建工程应按现行消防技术标准进行设计。

建设单位可委托设计单位、消防技术服务机构等开展消防安全评估并出具评估报告。消防安全评估报告的结论性内容经设计责任主体认定后纳入设计文件。

当改造工程的消防设计能够执行现行消防技术标准时，其结论应在设计文件中说明，可不再另行提供消防安全评估报告。

9.10.14 无障碍改造

1. 既有建筑改造应结合现有条件进行无障碍改造。

2. 既有建筑的无障碍改造设计，宜结合设计标准、现状条件、建筑效果、投资等因素综合确定改造方案。对于不改变使用功能的项目，当条件确不具备时，应不低于原建筑物建造时的标准。

3. 改造后电梯门开启时通行净宽不应小于 0.8m。

9.10.15 节能绿色化改造

1. 应符合现行国家和地方有关建筑节能改造标准的规定，在条件允许的情况下，宜符合国家和地方现行有关建筑节能设计标准。

2. 当涉及抗震、结构、防火、电气等安全时，改造前应进行安全性能评估，当有安全隐患时，应采取相应措施，在确保安全的前提下进行节能绿色化改造。

3. 应依据国家和地方的节能改造和绿色化改造标准，对既有建筑进行性能评估，并依据评估诊断结果确定改造目标和技术方案。

4. 在提升建筑节能水平的基础上，可适当提高建筑的安全、耐久、防水、防潮、隔声、采光、通风等性能，改善场地交通组织、海绵设施及室外环境等。

5. 应充分利用既有构筑物、构件和设施，避免不必要的拆除或更换。改造后的室内功能空间宜实现灵活分隔。

6. 优先选用本地材料、绿色材料和可再循环材料等，尽可能采用工业化部品、部件。

【说明】第 3 款当图纸资料不充分时，应采取现场检测的方式确定节能和绿色化性能，如对外围护系统的传热系数、热工缺陷及热桥部位内表面温度等进行检测。

9.10.16 老旧小区改造

1. 应兼顾政策性和技术性因素，应在政策基础上，结合技术评估结果，协助建设方确定改造清单和改造措施。

2. 改造前应进行必要的鉴定和检测，包括结构安全性与抗震鉴定、节能检测和管线调查及物探等。

3. 节能改造

当存在下列情况之一，应建议建设方进行节能检测，如检测结果不满足现行标准，应进行节能改造。

1) 无原始资料，无法证明既有外墙保温措施满足节能要求。

2) 居民诉求强烈，冬季室温低，外围护结构保温效果差。

3) 原保温系统因年久失修、装修等原因受到一定程度破坏，明显存在热桥。

4. 北京地区老旧小区改造，应符合《北京市老旧小区综合整治标准与技术导则》的相关规定。

1) 应统一拆移空调室外机。空调机外部宜加装铝合金百叶，宜增设直径 50mm 的空调冷凝水集中排放立管。

2）原室外金属构件刷漆前，应清理金属表面，包括清除、打磨金属表面的灰尘、油渍、鳞皮、锈斑、氧化皮等。除锈、防锈做法应符合现行国家标准《钢结构工程施工质量验收标准》GB 50205 的相关规定。

3）当阳台栏板较薄时，宜在阳台窗窗台处设钢副框。

4）窗口处保温层应采用聚氨酯发泡材料填缝，做法参见华北标 BJ 系列图集 13BJ2—12《建筑外保温（节能 75％）》。当窗口与窗框缝隙过大时，应采取保温、防水加强措施。

5）悬挑阳台增设保温层和更换外窗时，应先进行结构安全检测，并根据检测结果确定加固措施。

6）外墙挑檐、挑板、窗眉、窗台板、阳台板、室外机板下等位置，宜结合外立面改造设滴水线和排水坡度，滴水线的深度、宽度均不应小于 10mm，室外机板应向外找 1％坡，阴角处抹半径 5mm 的圆角。

7）户内上、下水改造时，应充分结合现状制定防水措施，确保新增防水层和既有防水层的可靠搭接。

8）首层厨房、卫生间的排水系统宜单独设置。

9）采暖与非采暖空间之间应采取节能措施。

10）楼内公共区域外窗的开启不应影响消防疏散，必要时可调整为推拉窗。

【说明】老旧小区的调查与诊断评估主要包括基本情况、治理情况、基础和配套设施、居民需求、治理需求等。调查与诊断评估的具体内容和要求可参考《北京市老旧小区综合整治标准与技术导则》相关内容。本条内容根据北京地区政策要求和工程经验编制，其他地区可参照执行。

9.10.17 既有住宅加装电梯

多层住宅加装电梯，应结合房屋建筑及环境实际情况，遵循功能合理、结构安全、对环境影响最小的原则，并应符合下列规定：

1. 不应影响居住区道路通行（含消防救援）和安全疏散。

2. 不宜降低相邻幼儿园、托儿所、老年人服务点、中小学建筑的日照标准。

3. 应符合现行国家标准《建筑物防雷设计规范》GB 50057 的规定。

4. 拟加装电梯的既有多层住宅，应在正常使用条件下处于安全稳定状态，加装电梯不应降低原结构的安全性能。

5. 当原结构墙体需局部开洞时，开洞位置宜设置在原门、窗洞口处，并应对相关部位进行承载能力验算，必要时应进行整体验算，根据计算分析结果采取相应的补强或加固措施。

6. 电梯宜平层停靠，当条件不具备时，可结合楼梯休息平台在半层停靠。

7. 电梯轿厢应满足轮椅进入。

附录 A-1 主要标准列表

注：1. 本书引用的标准版本以 2022 年 12 月 31 日前正式实施的为准。另对《民用建筑通用规范》GB 55031—2022，《建筑防火通用规范》GB 55037—2022，《建筑与市政工程防水通用规范》GB 55030—2022，《北京市既有建筑改造工程消防设计指南》（2023 年版）等几本 2023 年实施的重要规范进行响应。

2. 本列表以正文和条文说明中出现的标准为主，第 9 章部分专项章节中单列的标准不再重复。

3. 除国家标准、行业标准、北京地方标准外，正文中提及的团体标准也在表内列出。

4. 施工标准、验收标准及产品标准仅摘录和设计相关的部分。

5. 标准名称带 ∗ 号的为京津冀协同工程建设标准。

分类	序号	标准名称	标准编号
强制性工程建设标准	1	燃气工程项目规范	GB 55009—2021
	2	园林绿化工程项目规范	GB 55014—2021
	3	建筑节能与可再生能源利用通用规范	GB 55015—2021
	4	建筑环境通用规范	GB 55016—2021
	5	建筑与市政工程无障碍通用规范	GB 55019—2021
	6	既有建筑维护与改造通用规范	GB 55022—2021
	7	宿舍、旅馆建筑项目规范	GB 55025—2022
	8	特殊设施工程项目规范	GB 55028—2022
	9	安全防范工程通用规范	GB 55029—2022
	10	建筑与市政工程防水通用规范	GB 55030—2022
	11	民用建筑通用规范	GB 55031—2022
	12	消防设施通用规范	GB 55036—2022
	13	建筑防火通用规范	GB 55037—2022
基础、通用标准	14	建筑设计防火规范	GB 50016—2014（2018 年版）
	15	建筑采光设计标准	GB 50033—2013
	16	人民防空地下室设计规范	GB 50038—2005
	17	地下工程防水技术规范	GB 50108—2008
	18	民用建筑热工设计规范	GB 50176—2016
	19	建筑气候区划标准	GB 50178—93
	20	城市居住区规划设计标准	GB 50180—2018
	21	建筑内部装修设计防火规范	GB 50222—2017
	22	建筑防烟排烟系统技术标准	GB 51251—2017
	23	屋面工程技术规范	GB 50345—2012
	24	民用建筑设计统一标准	GB 50352—2019
	25	墙体材料应用统一技术规范	GB 50574—2010

分类	序号	标准名称	标准编号
基础、通用标准	26	无障碍设计规范	GB 50763—2012
	27	消防给水及消火栓系统技术规范	GB 50974—2014
	28	房地产测量规范　第1单元：房产测量规定	GB/T 17986.1—2000
	29	建筑隔声评价标准	GB/T 50121—2005
	30	建筑工程建筑面积计算规范	GB/T 50353—2013
	31	绿色建筑评价标准	GB/T 50378—2019
	32	建筑碳排放计算标准	GB/T 51366—2019
	33	建筑玻璃应用技术规程	JGJ 113—2015
	34	民用建筑绿色设计规范	JGJ/T 229—2010
	35	建筑外墙防水工程技术规程	JGJ/T 235—2011
	36	建筑外墙涂料通用技术要求	JG/T 512—2017
	37	建筑涂饰工程施工及验收规程	JGJ/T 29—2015
	38	外墙饰面砖工程施工及验收规程	JGJ 126—2015
	39	绿色建筑设计标准*	DB11/938—2022
	40	房屋面积测算技术规程	DB11/T 661—2009
	41	绿色建筑评价标准*	DB11/T 825—2021
专用标准	42	汽车库、修车库、停车场设计防火规范	GB 50067—2014
	43	铁路车站及枢纽设计规范	GB 50091—2006
	44	住宅设计规范	GB 50096—2011
	45	人民防空工程设计防火规范	GB 50098—2009
	46	中小学校设计规范	GB 50099—2011
	47	地下工程防水技术规范	GB 50108—2008
	48	民用建筑隔声设计规范	GB 50118—2010
	49	工业建筑可靠性鉴定标准	GB 50144—2019
	50	工业企业总平面设计规范	GB 50187—2012
	51	公共建筑节能设计标准	GB 50189—2015
	52	砌体结构工程施工质量验收规范	GB 50203—2011
	53	屋面工程质量验收规范	GB 50207—2012
	54	地下防水工程质量验收规范	GB 50208—2011
	55	铁路旅客车站建筑设计规范	GB 50226—2007（2011 年版）
	56	建筑工程施工质量验收统一标准	GB 50300—2013
	57	电动汽车分散充电设施工程技术标准	GB/T 51313—2018
	58	钢结构工程施工质量验收规范	GB 50205—2020
	59	建筑装饰装修工程质量验收标准	GB 50210—2018
	60	民用建筑可靠性鉴定标准	GB 50292—2015
	61	墙体材料应用统一技术规范	GB 50574—2010

续表

分类	序号	标准名称	标准编号
专用标准	62	民用建筑工程室内环境污染控制标准	GB 50325—2020
	63	安全防范工程技术标准	GB 50348—2018
	64	剧场、电影院和多用途厅堂建筑声学设计规范	GB/T 50356—2005
	65	住宅建筑规范	GB 50368—2005
	66	建筑与小区雨水控制及利用工程技术规范	GB 50400—2016
	67	城市绿地设计规范	GB 50420—2007（2016 年版）
	68	导（防）静电地面设计规范	GB 50515—2010
	69	体育场建筑声学技术规范	GB/T 50948—2013
	70	环氧树脂自流平地面工程技术规范	GB/T 50589—2010
	71	坡屋面工程技术规范	GB 50693—2011
	72	建筑日照计算参数标准	GB/T 50947—2014
	73	综合医院建筑设计规范	GB 51039—2014
	74	锅炉房设计标准	GB 50041—2020
	75	装配式建筑评价标准	GB/T 51129—2017
	76	既有建筑绿色改造评价标准	GB/T 51141—2015
	77	防灾避难场所设计规范	GB 51143—2015（2021 年版）
	78	公园设计规范	GB 51192—2016
	79	近零能耗建筑技术标准	GB/T 51350—2019
	80	公共建筑标识系统技术规范	GB/T 51223—2017
	81	装配式混凝土建筑技术标准	GB/T 51231—2016
	82	装配式钢结构建筑技术标准	GB/T 51232—2016
	83	装配式木结构建筑技术标准	GB/T 51233—2016
	84	建筑防火封堵应用技术标准	GB/T 51410—2020
	85	住宅厨房及相关设备基本参数	GB/T 11228—2008
	86	住宅卫生间功能及尺寸系列	GB/T 11977—2008
	87	防火门	GB 12955—2008
	88	建筑用安全玻璃 第 4 部分：匀质钢化玻璃	GB 15763.4—2009
	89	建筑门窗洞口尺寸系列	GB/T 5824—2008
	90	建筑门窗洞口尺寸协调要求	GB/T 30591—2014
	91	建筑外窗采光性能分级及检测方法	GB/T 11976—2015
	92	玻璃幕墙和门窗抗爆炸冲击波性能分级及检测方法	GB/T 29908—2013
	93	声环境质量标准	GB 3096—2008
	94	电梯主参数及轿厢、井道、机房的型式与尺寸 第 1 部分：Ⅰ、Ⅱ、Ⅲ、Ⅵ类电梯	GB/T 7025.1—2023
	95	电梯主参数及轿厢、井道、机房的型式与尺寸 第 2 部分：Ⅳ类电梯	GB/T 7025.2—2023
	96	电梯主参数及轿厢、井道、机房的型式与尺寸 第 3 部分	GB/T 7025.3—1997
	97	电梯制造与安装安全规范 第 1 部分：乘客电梯和载货电梯	GB/T 7588.1—2020

分类	序号	标准名称	标准编号
专用标准	98	电梯制造与安装安全规范 第 2 部分：电梯部件的设计原则、计算和检验	GB/T 7588.2—2020
	99	建筑门窗空气声隔声性能分级及检测方法	GB/T 8485—2008
	100	中国颜色体系	GB/T 15608—2006
	101	颜色术语	GB/T 5698—2001
	102	建筑颜色的表示方法	GB/T 18922—2008
	103	玻璃幕墙光热性能	GB/T 18091—2015
	104	建筑幕墙	GB/T 21086—2007
	105	建筑幕墙、门窗通用技术条件	GB/T 31433—2015
	106	社会生活环境噪声排放标准	GB 22337—2008
	107	矿物棉装饰吸声板	GB/T 25998—2020
	108	人民防空医疗救护工程设计标准	RFJ005—2011
	109	蒸压加气混凝土制品应用技术标准	JGJ/T 17—2020
	110	档案馆建筑设计规范	JGJ 25—2010
	111	严寒和寒冷地区居住建筑节能设计标准	JGJ 26—2018
	112	体育建筑设计规范	JGJ 31—2003
	113	宿舍建筑设计规范	JGJ 36—2016
	114	图书馆建筑设计规范	JGJ 38—2015
	115	托儿所、幼儿园建筑设计规范	JGJ 39—2016（2019 年版）
	116	疗养院建筑设计标准	JGJ/T 40—2019
	117	文化馆建筑设计规范	JGJ/T 41—2014
	118	商店建筑设计规范	JGJ 48—2014
	119	剧场建筑设计规范	JGJ 57—2016
	120	电影院建筑设计规范	JGJ 58—2008
	121	交通客运站建筑设计规范	JGJ/T 60—2012
	122	旅馆建筑设计规范	JGJ 62—2014
	123	饮食建筑设计标准	JGJ 64—2017
	124	博物馆建筑设计规范	JGJ 66—2015
	125	办公建筑设计标准	JGJ/T 67—2019
	126	夏热冬暖地区居住建筑节能设计标准	JGJ 75—2012
	127	科研建筑设计标准	JGJ 91—2019
	128	车库建筑设计规范	JGJ 100—2015
	129	玻璃幕墙工程技术规范	JGJ 102—2003
	130	民用建筑修缮工程施工标准	JGJ/T 112—2019
	131	金属与石材幕墙工程技术规范	JGJ 133—2001
	132	夏热冬冷地区居住建筑节能设计标准	JGJ 134—2010
	133	外墙外保温工程技术标准	JGJ 144—2019

分类	序号	标准名称	标准编号
	134	种植屋面工程技术规程	JGJ 155—2013
	135	清水混凝土应用技术规程	JGJ 169—2009
	136	自流平地面工程技术标准	JGJ/T 175—2018
	137	公共建筑节能改造技术规范	JGJ 176—2009
	138	公共建筑节能检测标准	JGJ/T 177—2009
	139	住宅厨房和卫生间排烟（气）道制品	JG/T 194—2018
	140	展览建筑设计规范	JGJ 218—2010
	141	住宅厨房家具及厨房设备模数系列	JG/T 219—2017
	142	倒置式屋面工程技术规程	JGJ 230—2010
	143	采光顶与金属屋面技术规程	JGJ 255—2012
	144	城市居住区热环境设计标准	JGJ 286—2013
	145	住宅室内防水工程技术规范	JGJ 298—2013
	146	单层防水卷材屋面工程技术规程	JGJ/T 316—2013
	147	机械式停车库工程技术规范	JGJ/T 326—2014
	148	建筑地面工程防滑技术规程	JGJ/T 331—2014
	149	人造板材幕墙工程技术规范	JGJ 336—2016
	150	装配式住宅建筑设计标准	JGJ/T 398—2017
专用标准	151	热反射金属屋面板	JG/T 402—2013
	152	既有社区绿色化改造技术标准	JGJ/T 425—2017
	153	住宅建筑室内装修污染控制技术标准	JGJ/T 436—2018
	154	民用建筑绿色性能计算标准	JGJ/T 449—2018
	155	老年人照料设施建筑设计标准	JGJ 450—2018
	156	建筑防护栏杆技术标准	JGJ/T 470—2019
	157	建筑金属围护系统工程技术标准	JGJ/T 473—2019
	158	温和地区居住建筑节能设计标准	JGJ 475—2019
	159	轻钢龙骨式复合墙体	JG/T 544—2018
	160	城市公共厕所设计标准	CJJ14—2016
	161	建筑屋面雨水排水系统技术规程	CJJ142—2014
	162	公共建筑节能设计标准	DB11/687—2015
	163	居住建筑节能设计标准	DB11/891—2020
	164	住宅设计规范	DB11/1740—2020
	165	公共建筑机动车停车配建指标	DB11/T 1813—2020
	166	电动汽车充电基础设施规划设计标准	DB11/T 1455—2017
	167	住宅区及住宅管线综合设计标准	DB11/1339—2016
	168	站城一体化工程消防安全技术标准	DB11/1889—2021
	169	建筑工程清水混凝土施工技术规程	DB11/T 464—2015

分类	序号	标准名称	标准编号
专用标准	170	平战结合人民防空工程设计规范	DB11/ 994—2021
	171	城市基础设施工程人民防空防护设计标准	DB11/ 1741—2020
	172	屋面保温隔热技术规程	DB11/T 643—2021
	173	屋面防水技术标准	DB11/T 1945—2021
	174	强风易发多发地区金属屋面技术规程	DBJ/T 15—148—2018
	175	居住区绿地设计规范	DB11/T214—2016
	176	城市附属绿地设计规范	DB11/T1100—2014
	177	海绵城市雨水控制与利用工程设计规范 *	DB11/685—2021
	178	电动自行车停放场所防火设计标准	DB11/1624—2019
	179	海绵城市建设设计标准	DB11/T 1743—2020
	180	公园无障碍设施设置规范	DB11/T 746—2010
	181	居住区无障碍设计规程	DB11/1222—2015
	182	公共建筑无障碍设计标准	DB11/1950—2021
	183	社区养老服务设施设计标准	DB11/ 1309—2015
	184	电动汽车充换电设施系统设计标准	T/ASC 17—2021
其他专业标准	185	建筑结构可靠性设计统一标准	GB 50068—2018
	186	建筑结构荷载规范	GB 50009—2012
	187	室内空气质量标准	GB/T 18883—2022
	188	消防给水及消火栓系统技术规范	GB 50974—2014
	189	民用建筑供暖通风与空气调节设计规范	GB 50736—2012
	190	民用建筑电气设计标准	GB 51348—2019
	191	建筑物防雷设计规范	GB 50057—2010
	192	20kV 及以下变电所设计规范	GB 50053—2013
	193	混凝土结构工程施工质量验收规范	GB 50204—2015
其他领域标准	194	垂直绿化工程技术规程	CJJ/T 236—2015
	195	园林绿化工程施工及验收规范	CJJ82—2012
	196	屋顶绿化规范	DB11/T 281—2015
	197	城市用地分类与规划建设用地标准	GB 50137—2011
	198	城镇燃气设计规范	GB 50028—2006（2020 年版）
	199	城市工程管线综合规划规范	GB 50289—2016
	200	城镇雨水系统规划设计暴雨径流计算标准	DB11/T969—2016
	201	公园服务基本要求	GB/T 38584—2020
	202	城市抗震防灾规划标准	GB 50413—2007
	203	城乡建设用地竖向规划规范	CJJ 83—2016

续表

分类	序号	标准名称	标准编号
材料 和 产品 标准	204	中空玻璃	GB/T 11944—2012
	205	防盗安全门通用技术条件	GB 17565—2007
	206	自动扶梯和自动人行道的制造与安装安全规范	GB 16899—2011
	207	建筑用安全玻璃 第1部分：防火玻璃	GB 15763.1—2009
	208	建筑用安全玻璃 第2部分：钢化玻璃	GB 15763.2—2005
	209	建筑用安全玻璃 第3部分：夹层玻璃	GB 15763.3—2009

附录 A-2 主要标准设计（图集）列表

分类	序号	图集名称	标准编号	类型	备注
通用及消防	1	《建筑设计防火规范》图示	18J811-1	国标图集	《建筑设计防火规范》GB 50016—2014（2018 年版）配套图集
	2	《民用建筑设计统一标准》图示	20J813	国标图集	《民用建筑设计统一标准》GB 50352—2019 配套图集
	3	工程做法	19BJ1-1	北京标图集 BJ 系列	北京市工程建设标准设计文件 BJ 系列
外墙内墙	4	工程做法	05J909	国标图集	
	5	蒸压加气混凝土砌块、板材构造	13J104	国标图集	
	6	混凝土小型空心砌块墙体建筑与结构构造	19J102-1 19G613	国标图集	
	7	加气混凝土砌块、条板	12BJ2-3	北京标图集 BJ 系列	
	8	框架填充轻集料砌块	14BJ2-2		
	9	装配式建筑蒸压加气混凝土板围护系统	19CJ85-1	国标图集	
	10	轻钢龙骨内隔墙	03J111-1	国标图集	
屋面	11	种植屋面建筑构造	14J206	国标图集	
	12	屋面详图	19BJ5-1	北京标图集 BJ 系列	
楼梯	13	楼梯 栏杆 栏板（一）	22J403-1	国标图集	
	14	楼梯、平台栏杆及扶手	16BJ7-1	华北标 BJ 系列图集	
	15	钢梯	08BJ7-2	华北标 BJ 系列图集	
门窗	16	特种门窗（二）防射线门窗、快速软质卷帘门、气密门、防洪闸门窗、隧道防护门、会展门、电磁屏蔽门窗	17J610-2	国标图集	
	17	快速软卷帘门 透明分节门 滑升门 卷帘门	08CJ17	国标图集	
	18	防火门窗	12J609	国标图集	

续表

分类	序号	图集名称	标准编号	类型	备注
其他	19	建筑隔声与吸声构造	08J931	国标图集	修编
	20	住宅排气道（一）	16J916-1	国标图集	
	21	卫生间、浴卫隔断、厨卫排气道系统	14BJ8-1	华北标 BJ 系列图集	
	22	民用建筑内的燃气锅炉房设计	14R106	国标图集	
	23	窗井、设备吊装口、排水沟、集水坑	07J306	国标图集	
	24	抗爆、泄爆门窗及屋盖、墙体建筑构造	14J938	国标图集	
	25	装配式混凝土结构住宅建筑设计示例（剪力墙结构）	15J939-1	国标图集	

附录 A-3 主要政策、规定、指南、导则列表

分类	序号	名称	文号	范围	备注
规划	1	建筑工程设计文件编制深度规定（2016 年版）		全国	
	2	北京地区建设工程规划设计通则（2003 年版）	2003 年版	北京	
	3	建设工程规划验收若干问题技术要点		北京	
	4	北京市绿化条例		北京	
	5	关于北京市建设工程附属绿化用地面积计算规则（试行）		北京	
	6	北京市既有建筑改造工程消防设计指南（2023 年版）		北京	2023 年 4 月 1 日起施行
质量和施工图审查	7	北京市绿色建筑施工图设计要点（2021 年版）		北京	
	8	北京市房屋建筑工程施工图事后检查要点（试行）	京规自发〔2022〕236 号	北京	2022 年 9 月 1 日起施行
	9	北京市规划和自然资源委员会关于进一步明确施工图审查执行新标准时间的通知	京规自发〔2021〕17 号	北京	
	10	关于进一步加强住宅工程质量提升工作的通知	（住建委 2019 年 11 月）	北京	
面积	11	容积率计算规则	市规发〔2006〕851 号	北京	
	12	关于规范房屋面积测算工作有关问题的通知	京建法〔2012〕17 号	北京	
装配式	13	北京市人民政府办公厅关于进一步发展装配式建筑的实施意见	京政办发〔2022〕16 号	北京	
安全	14	关于进一步加强玻璃幕墙安全防护工作的通知	建标〔2015〕38 号	全国	
	15	建筑安全玻璃管理规定	发改运行〔2003〕2116 号	全国	
	16	外墙外保温防火隔离带技术导则	京建发〔2012〕249 号	北京	
	17	建设工程安全生产管理条例	国务院令第 393 号	全国	
	18	关于进一步加强公共交通领域电梯安全工作的通知	京质监特设发〔2012〕143 号	北京	
	19	危险性较大的分部分项工程安全管理规定	建设部令第 37 号	全国	
	20	住房城乡建设部办公厅关于实施《危险性较大的分部分项工程安全管理规定》有关问题的通知	建办质〔2018〕31 号	全国	
	21	北京市房屋建筑和市政基础设施工程危险性较大的分部分项工程安全管理实施细则	京建法〔2019〕11 号	北京	

续表

分类	序号	名称	文号	范围	备注
材料	22	北京市禁止使用建筑材料目录（2018 年版）	京建发〔2019〕149 号	北京	
	23	北京市推广、限制和禁止使用建筑材料目录（2014 年版）	京建发〔2015〕86 号	北京	
	24	北京市绿色建筑和装配式建筑适用技术推广目录（2019）	京建发〔2019〕421 号	北京	

附录 B 《北京地区建设工程规划设计通则》(2003 版)中与日照间距相关的规定摘录

2.4.2 建筑间距的系数

1. 居住建筑间距的系数

(1) 遮挡建筑为板式建筑

板式居住建筑的长边平行相对布置时,建筑间距根据其朝向和与正南的夹角不同(附图 2.4.2-1),长边之间的建筑间距系数不得小于附表 2.4.2-1 规定的建筑间距系数。

附表 2.4.2-1　群体布置时板式居住建筑的间距系数

建筑朝向与正南夹角	0°~20°	20°以上~60°	60°以上
新建区	1.7	1.4	1.5
改建区	1.6	1.4	1.5

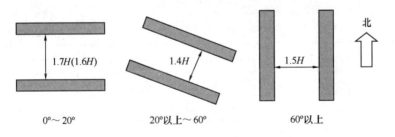

附图 2.4.2-1　板式建筑遮挡建筑

在规划设计中要特别注意两个临界角度(20°、60°)的准确性。

在正南北向按照 1.6(改建区)或 1.7(新建区)间距系数计算后,建筑间距大于 120m 时,可按 120m 控制建筑间距。在正东西向按照 1.5 间距系数计算后,建筑间距大于 50m 时,可按 50m 控制建筑间距。

(2) 遮挡建筑为塔式建筑

单栋建筑在两侧无其他遮挡建筑(含规划建筑)时(附图 2.4.2-2),与其正北侧居住建筑的间距系数不得小于 1.0。在正南北向按照 1.0 间距系数计算后,建筑间距大于 120m 时,可按 120m 控制建筑间距。

多栋塔式建筑成东西向单排布置时,与其北侧居住建筑的建筑间距系数,按下列规定

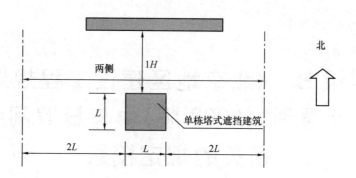

附图 2.4.2-2 塔式建筑遮挡建筑

执行（附图 2.4.2-3）：

相邻塔式建筑的间距等于或大于单栋塔式建筑的长度时（该间距范围内无其他遮挡建筑），建筑间距系数不得小于 1.2。

相邻塔式建筑的间距小于单栋塔式建筑的长度时（该间距范围内无其他遮挡建筑），塔式居住建筑长高比的长度，应按各塔式居住建筑的长度和间距之和计算，并根据其不同的长高比，采用不得小于附表 2.4.2-2 规定的建筑间距系数；如相邻建筑与其两侧相邻建筑的间距小于该相邻建筑的长度时，应计算全部相关建筑的长度和间距之和。

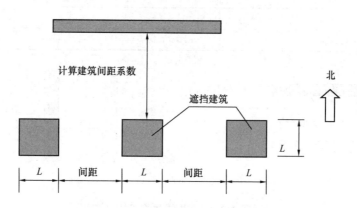

附图 2.4.2-3 多栋塔式建筑遮挡建筑

附表 2.4.2-2 多栋塔式居住建筑的间距系数

遮挡阳光 建筑群的长高比	1.0 以下	1.0～2.0	2.0 以上～2.5	2.5 以上
新建区	1.0	1.2	1.5	1.7
改建区	1.0	1.2	1.5	1.6

长高比大于 1 且小于 2 的单栋建筑与其北侧居住建筑的间距，可按上述规定执行。

在正南北向按照相应间距系数计算后，建筑间距大于 120m 时，可按 120m 控制建筑间距。

2. 公共建筑间距的标准

（1）板式建筑与中小学教室、托儿所和幼儿园的活动室、医疗病房等公共建筑的建筑间距系数，须采用不得小于附表2.4.2-3规定的建筑间距系数。

附表2.4.2-3 中小学教室、托儿所和幼儿园的活动室、医疗病房建筑的间距系数

建筑朝向与正南夹角	0°～20°	20°以上～60°	60°以上
建筑间距系数	1.9	1.6	1.8

（2）塔式建筑与中小学教室、托儿所和幼儿园的活动室、医疗病房等建筑的建筑间距系数由城市规划行政主管部门视具体情况确定，即若能保证上述建筑在冬至日有2h日照情况下，可采用小于附表2.4.2-3的间距系数，但不得小于关于塔式居住建筑间距系数的规定。

（3）板式建筑与办公楼、集体宿舍、招待所、旅馆等建筑的建筑间距系数，除特殊情况外不得小于1.3。

（4）塔式建筑遮挡前款所列建筑的阳光时，按塔式居住建筑间距的规定执行。但建筑间距系数不得小于1.3。

（5）下列建筑被遮挡阳光时，其建筑间距系数由城市规划行政主管部门按规划要求确定：

二层或二层以下的办公楼、集体宿舍、招待所、旅馆等建筑。

商业、服务业、影剧院、公用设施等建筑。

与遮挡阳光的建筑属于同一单位的办公楼、集体宿舍、招待所、旅馆等建筑。

四层或四层以上的生活居住建筑与三层或三层以下生活居住建筑的间距。

2.4.3 建筑间距的计算方法

1. 建筑间距系数的规定系指被遮挡建筑有窗户时的情况，如一建筑无窗户与另一居住建筑有窗户相对的，可比规定的距离适当减少，但须符合消防间距的要求。

2. 当遮挡建筑与被遮挡建筑有室外地平差时，遮挡建筑的建筑高度从被遮挡建筑的室外地坪计算。与遮挡建筑同期规划的被遮挡建筑底层为非居住用房时，可将遮挡建筑的高度减去被遮挡建筑底层非居住用房的层高后计算建筑间距（附图2.4.3-1）。

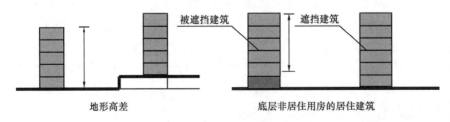

附图2.4.3-1 遮挡建筑高度计算

3. 板式建筑遮挡北侧居住建筑阳光时，按照正南北向间距的1.6计算建筑间距。

4. 在计算复杂形体的遮挡建筑与其正北方向被遮挡建筑的间距时，可采取对遮挡建

筑从北至南做东西向剖面的方式,剖面的长高比小于 1 时,按塔式计算;大于 1 时按板式计算。

5. 在计算复杂形体的遮挡建筑与其正东西方向被遮挡建筑的间距时,可采取对遮挡建筑从东至西做南北向剖面的方式,剖面的长高比小于 1 时,按塔式计算;大于 1 时按板式计算。

6. 两栋四层或四层以上的生活居住建筑(至少一栋为居住建筑)的间距,采用规定的建筑间距系数仍小于以下距离的,应先按照间距系数核算后,对照本条规定取最大值;在没有建筑间距系数规定时,可直接取本条规定的相应数值。

两建筑的长边相对的,不小于 18m。(A)

一建筑的长边与另一建筑的端边相对的,不小于 12m。(B)

两建筑的端边相对的,不小于 10m。(C)

以上规定为居住建筑在相对边上有居室窗,另一建筑也同时开窗的情况下的六层以下建筑之间的建筑间距(附图 2.4.3-2)。

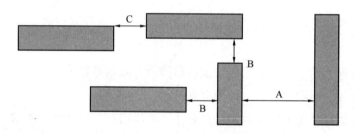

附图 2.4.3-2 建筑间距控制

7. 应对新建建筑周围现状或规划居住建筑的日照情况进行测算,其测算结果应满足《城市居住区规划设计标准》GB 50180—2018 的有关标准。